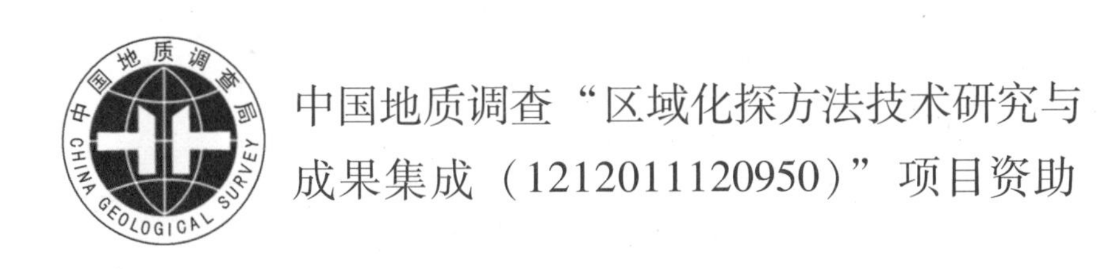

中国地质调查“区域化探方法技术研究与
成果集成（1212011120950）”项目资助

豫西牛头沟金矿地球化学找矿模型与定量预测

龚庆杰　喻劲松　韩东昱　刘宁强
吴发富　佟依坤　贾玉杰　马云涛　著

北　京
冶　金　工　业　出　版　社
2015

内 容 提 要

本书以豫西熊耳山矿集区内的牛头沟金矿床为例，提出了在对基岩、土壤到水系沉积物的地球化学勘查过程中建立地球化学找矿模型的工作流程，并在调研前人研究成果的基础上，提出成晕剥蚀系数的概念及其计算公式，旨在以地球化学指标定量表征矿体的剥蚀程度。本书在修正面金属量法地球化学定量预测计算公式的基础上，对豫西熊耳山矿集区金潜在资源量进行了地球化学定量预测。

本书以实例形式阐述了典型矿床地球化学建模和矿集区地球化学定量预测的工作流程，可供产、学、研部门的广大地质工作者和高等院校矿床学、地球化学专业的师生参考阅读。

图书在版编目(CIP)数据

豫西牛头沟金矿地球化学找矿模型与定量预测/龚庆杰等著.—北京：冶金工业出版社，2015.7

ISBN 978-7-5024-6918-4

Ⅰ.①豫… Ⅱ.①龚… Ⅲ.①金矿床—地质地球化学—找矿—地质模型—研究—河南省 ②金矿床—地质地球化学—成矿预测—河南省 Ⅳ.①P618.51

中国版本图书馆CIP数据核字(2015)第124181号

出 版 人 谭学余
地 址 北京市东城区嵩祝院北巷39号 邮编 100009 电话 (010)64027926
网 址 www.cnmip.com.cn 电子信箱 yjcbs@cnmip.com.cn
责任编辑 徐银河 唐晶晶 美术编辑 吕欣童 版式设计 孙跃红
责任校对 石 静 责任印制 马文欢
ISBN 978-7-5024-6918-4
冶金工业出版社出版发行；各地新华书店经销；北京博海升彩色印刷有限公司印刷
2015年7月第1版，2015年7月第1次印刷
787mm×1092mm 1/16；11.75印张；280千字；174页
58.00元

冶金工业出版社 投稿电话 (010)64027932 投稿信箱 tougao@cnmip.com.cn
冶金工业出版社营销中心 电话 (010)64044283 传真 (010)64027893
冶金书店 地址 北京市东四西大街46号(100010) 电话 (010)65289081(兼传真)
冶金工业出版社天猫旗舰店 yjgycbs.tmall.com
(本书如有印装质量问题，本社营销中心负责退换)

前　言

全国矿产资源潜力评价项目是我国对矿产资源的一次重要的国情调查。区域地球化学调查获得的海量数据为全国矿产资源潜力评价提供了坚实的基础，如何应用区域地球化学资料对矿产资源潜力进行评价成为化探工作者的紧迫任务。全国矿产资源潜力评价化探项目组提出了全国典型矿床地球化学建模和金属资源量地球化学定量预测的科研任务。为研究典型矿床地球化学建模和金属资源量地球化学定量预测的方法技术，中国地质调查局承担了区域化探方法技术研究与成果集成（编号 1212011120950）工作项目，并委托中国地质大学（北京）承担其中豫西牛头沟金矿地球化学建模和熊耳山矿集区金潜在资源量定量预测的科研课题。自 2011 年承担课题至今，课题组在充分吸收前人研究成果的基础上，经野外地质调查、样品采集与分析测试、化探资料综合分析等系列工作，以实例形式提出了典型矿床地球化学建模的工作流程和矿集区金属资源量地球化学定量预测的方法。

根据我国成矿区带划分，豫西熊耳山矿集区位于华北陆块南缘成矿带之小秦岭 – 豫西成矿亚带内，区内有色金属以金、钼为主，次为银、铅、锌、铜等。尽管区内发育有元古代和印支期形成的矿床，但该区有色金属的成矿时代主要集中在晚侏罗世至早白垩世。牛头沟金矿床位于熊耳山矿集区中部，目前累计探明金的金属量达 36t，是近几年在该区所发现的大型金矿床之一。

牛头沟矿区出露地层主要为太古宇太华群和中元古界熊耳群，太华群岩性以黑云斜长片麻岩为主，夹有斜长角闪岩和混合变粒岩，熊耳群岩性以安山岩为主。矿区侵入岩以花岗岩岩体为主，还发育有石英斑岩脉和角砾岩体。矿区构造以北西向牛头沟断裂为主，是矿区最重要的控岩、控矿断裂。矿体形态受构造蚀变带形态控制，属于地表出露矿体。

基于收集和分析测试获得的熊耳山地区岩石地球化学数据，在剔除蚀变岩石和矿石后采用均值 – 标准差方法确定了熊耳山地区区域岩石中微量元素的异常下限，为牛头沟金矿区确定找矿（或成矿）指示元素提供了参考。基于蚀变岩石和矿石地球化学数据，采用异常衬度法确定了牛头沟金矿区找矿指示元素组合为 Au、W、Mo、Bi、Cu、Pb、Zn、Cd、Ag、As、Sb、Hg、Co、Y、F，共15 项。

从基岩风化到土壤再到水系沉积物的地球化学发展过程中，样品的风化程度可用花岗岩风化指标 WIG 来进行定量表征。片麻岩风化土壤从粗粒级到细粒级其风化程度逐渐增强，但随着土壤样品粒度逐渐变细，安山岩的风化程度却未表现出逐渐增强的特征。这种差异主要取决于基岩样品的结构（即结晶粒度），由此认为土壤样品粒级的粗细并不能较好地反映其风化程度的强弱。对于源自同一母岩的土壤样品，微量元素在其中的含量因其风化程度不同可表现出显著差异，这对勘查地球化学研究中确定元素异常下限具有重要参考价值。

采集 0.147～0.25mm（60～100 目）水系沉积物或土壤组合样品在牛头沟金矿区开展了 31.5km^2 的化探普查工作（1∶5 万工作比例尺）。采用水系沉积物中位值倍数法来确定成矿指示元素的异常下限，绘制了 15 种成矿指示元素的单元素地球化学异常图，结果发现上述 15 种成矿指示元素在该区 1∶5 万化探普查中均可作为找矿指示元素。牛头沟金矿区 1∶5 万化探普查工作中所采集的 0.147～0.25mm（60～100 目）水系沉积物或土壤样品在找矿指示元素组合方面对该区原生晕基岩样品具有很好的继承性。

基于 1∶20 万区域化探数据，采用水系沉积物中位值倍数法制作了豫西熊耳山矿集区的单元素地球化学异常图，确定该区找矿指示元素组合为 Au、W、Mo、Bi、Pb、Zn、Ag、Co、Y、F，共 10 项。

依据主成矿元素与找矿指示元素的异常特点以及有色金属矿产信息确定了预测区的圈定原则，本书提出了一种绘制地球化学综合异常图的方法，在豫西熊耳山矿集区内以牛头沟金矿区为模型区圈定 10 个金找矿预测区。

通过面金属量守恒与分散特征分析提出面金属量的大小应该反映已剥蚀矿体的信息，基于剥蚀系数的概念修正了面金属量法估算金属资源量的计算公式。在调研前人研究成果的基础上，提出成晕剥蚀系数的概念及其计算公式，旨在以地球化学指标定量表征矿体的剥蚀程度。

借鉴风化过程中金背景值与样品风化指标 WIG 的定量关系，计算了牛头沟金矿区及 10 个金预测区的金背景面。依据修正的面金属量法估算金属资源量的计算公式，对豫西熊耳山矿集区金的潜在资源量进行了地球化学定量预测。

本书是在项目研究基础上经过深化总结成书的，内容由八个章节及结语组成。参加本书编写的包括：前言由龚庆杰、喻劲松编写；第一章、第二章由龚庆杰、吴发富、刘宁强编写；第三章由韩东昱、佟依坤、马云涛编写；第四章由刘宁强、贾玉杰、马云涛编写；第五章由龚庆杰、佟依坤、贾玉杰编写；第六章由喻劲松、韩东昱编写；第七章由龚庆杰、刘宁强编写；第八章由龚庆杰、喻劲松、韩东昱编写；结语由龚庆杰编写。全书由龚庆杰统稿。

本书所述研究工作是在中国地质调查局、中国地质科学院地球物理地球化学勘查研究所、中国地质调查局发展研究中心相关领导和专家的指导下开展的。中国地质调查局牟绪赞、奚小环、李敏，中国地质科学院地球物理地球化学勘查研究所任天祥、史长义、张华、成杭新、孔牧，中国地质调查局发展研究中心向运川、刘荣梅、吴轩，中国地质大学（武汉）马振东、龚鹏，中国地质大学（北京）邓军、汪明启、杨忠芳、杨立强、冯海艳、王中亮、周连壮、胡杨、闫磊、徐增裕、李金哲、陈晶，中国黄金集团公司黄绍峰、李志国、姚伟宏、王改超、石建喜等对本项目研究给予了大力支持和指导，提出了许多宝贵的建议和修改意见。国土资源部勘查地球化学质量监督检测中心（中国地质科学院地球物理地球化学勘查研究所）、国土资源部武汉矿产资源监督检测中心（武汉综合岩矿测试中心）、核工业地质分析测试研究中心、中国地质大学（北京）地球化学实验室等单位帮助完成了大量样品加工与分析测试工作。对以上单位和个人，在此一并表示衷心的感谢！

由于作者水平所限，书中不妥之处，敬请广大读者批评指正。

作 者

2015 年 4 月

目　录

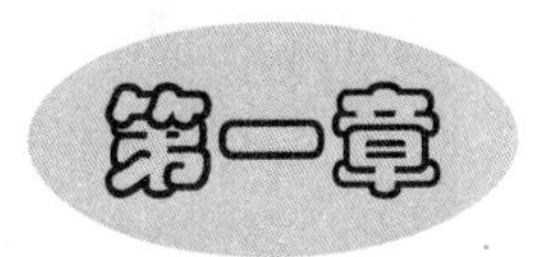

区 域 地 质

豫西牛头沟金矿床位于河南省洛阳市嵩县大章乡三人场村，矿区东南距大章镇约25km，在成矿带划分上牛头沟矿床位于华北陆块南缘成矿带之小秦岭－豫西成矿亚带（徐志刚等　2008）的熊耳山矿集区（吴发富等　2012）。

第一节　区 域 地 层

熊耳山地区东西长约80km，南北宽约15～40km，面积约2000km^2（郭保健等　2005），位于华北克拉通南缘与秦岭造山带相接的地带，东侧以三门峡－宝丰断裂（SBF）为界，与嵩箕地块毗邻，南侧以栾川断裂（LF）为界，紧邻北秦岭造山带，是华北克拉通南缘太古界基底隆起区之一，与西侧的小秦岭和崤山基底隆起区以及东侧的外方山基底隆起区呈岛链状分布（图1－1）。

据吴发富等人（2012）和Deng等人（2014）的文献，熊耳山矿集区的东西长110km，南北宽70km，面积7700km^2（图1－2）。区内出露地层主要为太华群、宽坪群、熊耳群、汝阳群、官道口群、栾川群等以及显生宇地层（图1－2）。

熊耳山矿集区出露地层可分为上、中、下三个构造层：（1）太华群中深变质岩系构成了该地区的结晶基底，其原岩为一套火山岩－沉积岩组合。（2）由熊耳群火山岩系、汝阳群或官道口群沉积岩系构成的盖层沉积，其中熊耳群为一套中（基）－酸性火山岩组合，构成本区的第一盖层，官道口群或汝阳群总体上为一套浅海陆源碎屑岩－碳酸盐岩沉积，不整合于熊耳群之上。（3）在中新生代伸展断陷盆地内，发育有红层碎屑沉积岩（李永峰　2005，郭保健等　2005，王志光等　1997）。

一、太华群

华北地块南缘的太华群构成了熊耳山地区的结晶基底。太华群变质岩系经历了地壳早期阶段多次变形变质、混合岩化和岩浆活动、构造叠加，是不同时期构造－热事件多次叠加复合所造成的综合结果。成岩后经受多期次强烈的区域变质、混合岩化及构造变形作用的改造，为成矿元素的活化迁移提供了必要条件（李永峰　2005，王志光等　1997）。

太华群广泛出露于华北地层区豫西地层分区内，经陕西－河南沿小秦岭－熊耳山－外方山一带呈岛链状穹窿出露于小秦岭、崤山、熊耳山、鲁山以及舞阳等地，总体呈北西－

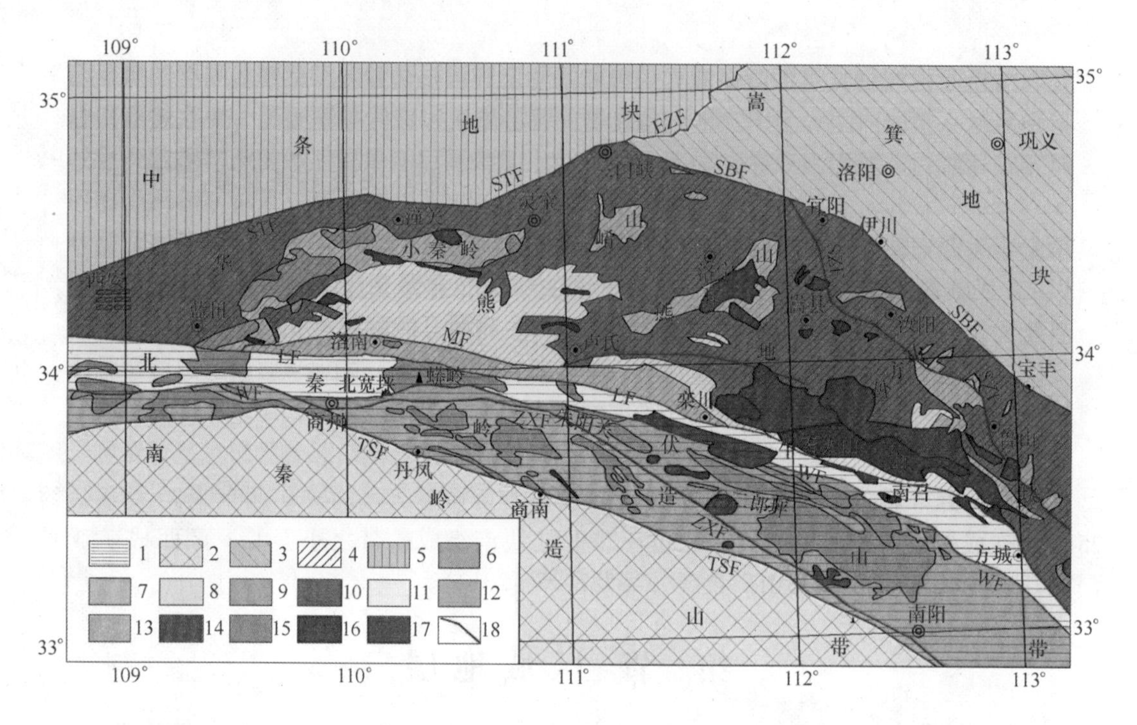

图 1－1 华北克拉通南缘构造纲要图（马丽芳等 2002）

1—北秦岭造山带；2—南秦岭造山带；3—嵩箕地块；4—华熊地块；5—中条地块；6—二郎坪群；7—栾川群；8—官道口群；9—汝阳群；10—熊耳群；11—宽坪群；12—秦岭群；13—太华群；14—燕山期侵入岩；15—古生代侵入岩；16—中－新元古代侵入岩；17—嵩阳期侵入岩；18—断裂

STF—三门峡－潼关断裂；EZF—中条山东缘断裂；SBF—三门峡－宝丰断裂；SZF—三门峡－鲁山－驻马店断裂；MF—马超营断裂；LF—栾川断裂；WF—瓦穴子断裂；ZXF—朱阳关－夏馆断裂；TSF—天水－商南断裂

南东向展布（图 1－1）。在熊耳山地区嵩县西北一带，太华群主要分布于龙脖－花山复背斜的轴部，向北至北东向洛宁山前断裂以北为新生界地层覆盖，向南沿近东西向（局部北西西、北东东）与熊耳群呈角度不整合接触（图 1－2），出露总面积约 450km^2（郑榕芬 2006，林慈銮 2006）。

河南省地调一队 1982 年在测制 1∶5 万洛宁南部熊耳山地区区域地质图时，针对该区岩性特征对太华群地层进行划分，按照不同的岩性组合，将该区太华群自下而上分为草沟组（Arc）、石板沟组（Arsh）、龙潭沟组（Arl）、龙门店组（Arln）、段沟组（Ard）。各岩性组发育情况及岩性特征自下而上简述如下：

（1）草沟组（Arc）岩性以黑云斜长条带状混合岩为主，夹角闪斜长条带状混合岩和混合质斜长角闪片麻岩。其中普遍有变质超基性岩和变质辉长岩分布，并有辉长岩或辉绿玢岩脉侵入。草沟组原岩主要为一套中酸性火山岩夹中基性火山岩和少量砂泥质沉积岩组合，代表了太华群早期中酸性火山喷发为主的沉积环境。

（2）石板沟组（Arsh）岩性主要为角闪斜长片麻岩、混合质角闪斜长片麻岩、混合质黑云角闪斜长片麻岩、黑云变粒岩、斜长角闪岩、角闪岩团块等，中上部局部地段发育大理岩、透辉石大理岩、白云石大理岩等小夹层或透镜体，总厚度为 2820m。原岩为一套基性火山岩夹中酸性火山岩和沉积岩组合。

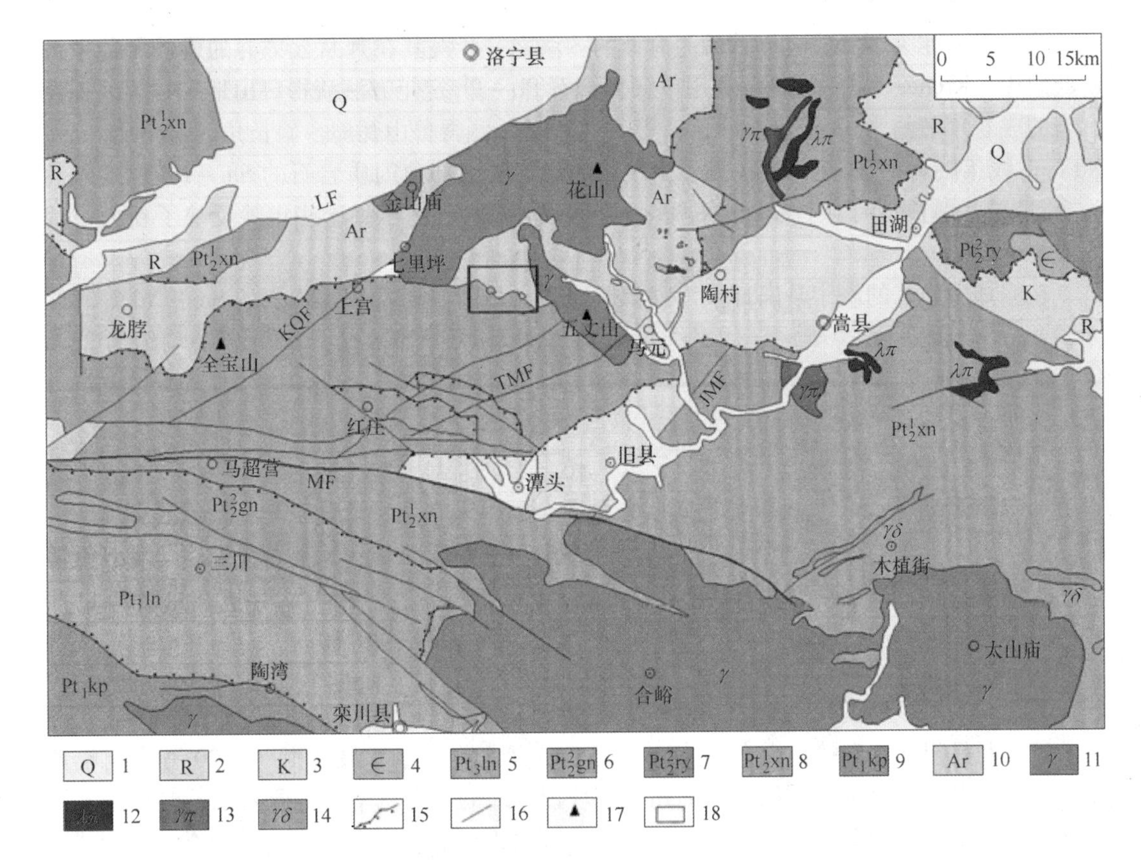

图1-2 豫西熊耳山矿集区地质简图（Deng et al 2014，吴发富等 2012）

1—第四系；2—新近系与古近系；3—白垩系；4—寒武系；5—栾川群；6—官道口群；7—汝阳群；8—熊耳群；9—宽坪群；10—太华群；11—花岗岩；12—石英斑岩；13—花岗斑岩；14—花岗闪长岩；15—不整合界线；16—断层；17—山峰；18—牛头沟矿区范围

MF—马超营断裂；LF—洛宁山前断裂；KQF—康山－七里坪断裂；TMF—陶村－马元断裂；JMF—旧县－蛮峪断裂

（3）龙潭沟组（Arl）和龙门店组（Arln）该两组岩性组合相近，岩性主要由角闪斜长片麻岩与黑云角闪斜长片麻岩互层和含铁岩系组成。原岩为一套中酸性火山岩和砂质黏土岩沉积组合，夹中基性火山岩和铁硅质岩、白云质灰岩和泥质灰岩组成的含铁岩系，代表了太华群中期间性火山喷发的沉积环境，具有大规模的火山喷发环境向正常沉积环境过渡的特点（河南省地质矿产局 1989）。

（4）段沟组（Ard）岩性主要为混合质（石榴）矽线黑云斜长片麻岩、夹混合质斜长角闪片麻岩、黑云变粒岩、斜长角闪岩及斜长透辉石岩、浅粒岩等，厚694m。原岩为一套泥质－碎屑沉积岩，夹镁铁质火山岩。代表了一个相对稳定的浅海沉积环境及后期基性火山活动复活的喷发－沉积环境（河南省地质矿产局 1989）。

目前关于太华群的地质年龄主要有以下三种观点：（1）太华群应属新太古界（沈福农 1994）。（2）将太华群分为三部分，即大于2550Ma的草沟群，2550～2300Ma的石板沟群，2300～2050Ma的龙潭沟群（胡受奚等 1988）。（3）丁莲芳（1996）从古生物学、岩石地层学、构造地质学及同位素地质学等几个方面分析，认为太华群应分为上下两部分，上部表壳岩系为下元古界，下部为上太古界。

同位素是作为判断成岩年龄最为有效的方法之一，尤其在判断太华群的成岩年龄中被广泛应用。Kröner 等人(1988) 利用单颗粒锆石 Pb - Pb 定年方法获得鲁山地区石英闪长片麻岩的成岩年龄约为 28 亿年，薛良伟等人（1995）测得鲁山瓦屋乡斜长角闪岩全岩 Sm - Nd 等时线年龄为 27.7 亿年。在熊耳山地区的洛宁县南部角闪质岩石的 Sm - Nd 模式年龄为 29 亿年，斜长角闪岩中岩浆锆石 Pb - Pb 年龄为 26.7 亿年。这些年龄反映了新太古代的成岩事件。

在熊耳山地区的洛宁县南部及嵩县穆册地区，角闪质岩石和片麻岩的 Sm - Nd 等时线年龄、Ar - Ar 坪年龄、Ar - Ar 等时线年龄及 LA - ICP - MS 锆石 U - Pb 年龄均约为 23.5 亿年。在鲁山县瓦屋乡石墨矽线片麻岩中碎屑锆石 SHRIMP U - Pb 年龄为 22.5 亿 ~23.1 亿年，而岩浆锆石年龄约为 21.5 亿年。这些年龄反映了古元古代的成岩事件。

杨长秀（2008）所报道的片麻岩中变质锆石的 SHRIMP U - Pb 年龄为 18.5 亿年则反映后期的变质事件，不代表太华群的成岩年龄。

上述年龄数据表明太华群的形成主要集中在 26.7 亿 ~28.5 亿年和 21.5 亿 ~23.7 亿年两个时段，即约 28 亿年和 23 亿年。因此，太华群的形成时代应为新太古代至古元古代。

二、宽坪群

宽坪群是组成北秦岭造山带的构造 - 岩石单元之一。该群最初由《1:20 万商南幅地质图及说明书》定名为宽坪组，指商州北宽坪镇以北的一套低中级变质岩系，时代被定为古元古代。金守文于 1976 年在研究河南西峡以北地区的变质地层时将其定名为“宽坪群”并一直延用至今（闫全人等 2008）。

宽坪群是北秦岭造山带一个重要的组成部分，南、北分别以斜峪关 - 瓦穴子断裂和铁炉子 - 栾川断裂与其他岩群接触，西起甘肃天水的利桥，向东经陕西宝鸡、眉县、户县、商县、丹凤，进入河南的卢氏、栾川、南召、方城（图 1 - 1），隐没于南阳盆地后，又断续出露，直达桐柏 - 信阳北部，总体呈北西向带状展布，绵延千余千米（何世平等 2007）。

宽坪群由三部分组成（何世平等 2007）：(1) 下部广东坪组，主要为绿片岩和斜长角闪岩，原岩主要为基性火山熔岩。(2) 中部四岔口组，主要由云母石英片岩、长英质片麻岩组成，原岩属于一套变质碎屑岩。(3) 上部谢湾组，主要为黑云母大理岩和斜长角闪岩，原岩为泥沙质碳酸盐岩夹基性火山岩。变质程度从低绿片岩相到低角闪岩相。

宽坪群的形成年龄应变化在 8.8 亿 ~21.7 亿年，时代跨越古、中、新元古代。张寿广等人（1991）曾认为宽坪群不是一个简单的地层单位，而是由若干个构造岩片堆叠而成的岩石、地层和构造岩片组合体。本书认同张寿广等人（1991）的观点，同时参考大地构造演化中宽坪裂陷与熊耳裂陷的叠接观点（燕建设等 2000），以及上述宽坪群同位素年龄与熊耳群同位素年龄的关系，认为将宽坪群划归古中元古代较为合适，其同位素年龄以 20 亿年左右和 17.5 亿年左右作为两个重要成岩期，在编制地质图件时以 Pt_1kp 符号标注（记为古元古代），以表明其形成略早于熊耳群（Pt_2^1xn，即中元古代早期）。

三、熊耳群

1959 ~1965 年，秦岭区域地质调查队在进行 1:20 万洛宁幅、栾川幅和鲁山幅区域地质调查工作时，将不整合在华北陆块南缘结晶基底上的一套巨厚古相火山岩命名为“熊耳群”，并进一步细分为上、中、下熊耳组。建群地点在河南省栾川县北部与洛宁县交界的熊耳山。

熊耳群是区内分布面积最广泛的一套古老火山岩，是一套低变形和低变质的火山岩地层，是华北克拉通结晶基底形成后规模最大、涉及范围最广的岩浆活动产物（Zhao et al 2002，李亚林 1997）。它以熔岩占绝对优势，沉积岩夹层及火山碎屑岩很少，约占地层总厚度的4.3%。熔岩以玄武安山岩、安山岩质岩石为主，次为英安－流纹质岩石，典型的玄武岩很少。熊耳群作为古老大陆地壳基底的下部盖层，一般不整合于太古界结晶基底或古元古界地层之上，覆盖其上的是一套中、新元古界陆源碎屑岩、碳酸盐岩及冰碛岩盖层（关保德 1996）。

熊耳群火山岩系在熊耳山地区出露最为完整，主要出露于熊耳山南坡，分布面积约为2800km^2。熊耳群中有大量金矿（点）产出，类型从蚀变破碎带型、石英脉型到爆破角砾岩型，还有斑岩型伴生金及砂金矿等，具有良好的金成矿背景（李亚林等 1997，刘红樱等 1996）。

据河南省区域地质志（河南省地质矿产局 1989）的划分方案，熊耳群自下而上划分为大古石组、许山组、鸡蛋坪组和马家河组四个岩组。

（1）大古石组。岩性主要为红色砾岩、河湖相含砾砂岩、长石石英砂岩、凝灰质砂岩及粉砂岩等，为一套陆相碎屑岩建造。底部砾岩厚度不稳定，在熊耳山地区，大古石组过渡为含砾砂岩、砂岩，砂岩主要是长石砂岩和石英砂岩，以及长石石英砂岩、长石岩屑砂岩等。自下而上可分为下、中、上三段。下段主要由数个砂砾岩－砂岩－页岩的沉积韵律层构成。中段主要是紫红色页岩、泥岩，夹有灰色砂岩、粉砂岩。上段以中－厚层灰色砂岩为主，夹有紫红色页岩，粒径从数毫米至数十厘米不等；分选差到无分选；多为棱角状，少数为浑圆状，磨圆较差。砂岩具有明显的正粒序层理。颗粒以次棱角状到次圆状为主，粒径可从细砂级到粗砂级；主要组分为石英、长石，杂基为泥质或铁质黏土砂。砂岩夹有紫红色页岩，厚约5cm，并偶尔见有泥裂构造（徐勇航等 2008，李亚林等 1997，河南省地质矿产局 1989）。

（2）许山组。岩性主要为灰绿、灰紫色安山玢岩、玄武安山岩、辉石安山岩，夹少量英安岩、英安流纹岩，为一套中（偏基）性火山岩系，以富含辉石、夹少量火山碎屑岩及正常沉积岩为主要特征。在嵩县西部研究区，安山岩发育为有特征的杏仁状构造。杏仁成分复杂，主要有石英、长石、方解石及绿泥石等。斑晶主要为斜长石，次为黑云母和角闪石、辉石等（裴玉华等 2007，李亚林等 1997，河南省地质矿产局 1989）。

（3）鸡蛋坪组。岩性主要为紫红、灰黑色流纹斑岩、英安斑岩及石英斑岩，常夹火山碎屑岩、杏仁状安山玢岩、辉石安山玢岩等，为一套以中酸性熔岩为主，夹酸性与中性熔岩、凝灰岩、沉凝灰岩、凝灰质细－粉砂岩的岩石组合。该组的变化特征一般是：从下到上，中酸性岩比例增大，中基性岩比例减少，火山碎屑岩层数增多，厚度增大；成分上表现为玄武安山岩－安山岩－粗安岩。鸡蛋坪组自下而上可分为三段：一段为中酸性火山岩，岩性为紫红色流纹岩、英安岩、流纹质凝灰岩，夹杏仁状安山岩、粗安岩、凝灰岩等，局部夹火山集块岩、火山角砾岩、火山角砾熔岩，为流纹构造、球粒构造发育；二段为紫灰色杏仁状流纹英安岩、石英粗安岩、杏仁状安山岩；三段为流纹岩，局部夹薄层安山岩、凝灰岩，下部夹火山角砾岩（裴玉华等 2007，刘红樱等 1996，河南省地质矿产局 1989）。

（4）马家河组。岩性主要为灰紫、紫灰色安山玢岩夹少量流纹斑岩、英安岩、辉石安山玢岩、安山玄武岩、玄武玢岩、火山碎屑岩及正常沉积岩。火山碎屑岩主要有晶屑凝灰岩、集块岩及过渡类型岩石，正常沉积岩有砂质页岩、泥岩、铁质灰岩、长石石英砂岩、杂砂岩、砾砂岩等。马家河组与下伏鸡蛋坪组呈喷发不整合接触，接触面呈穹凹状。熔岩具杏仁状及枕状构造。斑状结构不及许山组发育。杏仁构造较发育，杏仁多呈复质，成层分带明显，常见有钾长石及石英等组成的不规则大杏仁体，有时可见杏仁内含少量金属硫化物。正常沉积碎屑岩及火山碎屑岩夹层较许山组明显增多。马家河组沉积岩中还发育有硅质岩（徐勇航等 2008，裴玉华等 2007，河南省地质矿产局 1989）。

关于熊耳群的形成时代，自20世纪80年代以来，许多学者做了很多工作。

乔秀夫等人（1985）研究认为熊耳群的形成年龄在1.70～1.40Ga。胡受奚（1988）认为熊耳群的形成年龄为1.78Ga。黄萱等人（1990）、陈衍景和富士谷（1992）研究认为熊耳群形成年龄为1.65～1.71Ga。孙大中等人（1993）用4种测年方法得到39个年龄数据，认为熊耳群的结晶年龄为1.83Ga。任富根等人（1996）认为熊耳群的上限年龄约为1.75Ga。这些年龄均在2000年以前测试，变化范围在1.44～1.83Ga，其主要差异在于熊耳群年龄的上限与下限，除去极值部分，平均年龄在1.73Ga。

本书重点采用2000年以后所报道的测年数据，尤其是基于锆石SHRIMP和LA－ICP－MS的U－Pb测年数据。

熊耳群火山岩中的继承锆石所测年龄变化为2.69～1.85Ga。1.85Ga是熊耳群马家河组安山岩中继承锆石的形成年龄（He et al 2009），这表明熊耳群马家河组的成岩年龄应小于1.85Ga。鸡蛋坪组和许山组流纹岩中继承锆石的年龄均为1.91Ga（He et al 2009），这表明熊耳群最早的许山组火山岩形成年龄应小于1.91Ga。前文宽坪群年龄分析表明20亿年左右是一重要成岩期，太华群年龄分析表明23亿年左右是一重要成岩期。因此，熊耳群继承锆石的形成年龄变化在2.15～2.35Ga，与太华群成岩年龄相一致，而2.53Ga和2.69Ga的锆石年龄则与太华群的另一成岩期相一致，这暗示熊耳群源岩可能与太华群有关。

赵太平等人（2001）所测位于嵩县龙脖村熊耳群马家河组顶部流纹斑岩的锆石的年龄为1.96Ga，这一年龄较所测辉石闪长岩年龄（1.76Ga）明显偏大，也较上述马家河组年龄下限1.85Ga（He et al 2009）偏大。赵太平等人（2001）也指出熊耳群岩石混有结晶基底的老锆石，因此本书认为1.96Ga的单颗粒锆石同位素稀释法年龄偏大是由于混有继承锆石所致。

熊耳群火山岩的成岩年龄主要变化在1.73～1.80Ga，平均值为1.77Ga（He et al 2009，Zhao et al 2004，赵太平等 2001，任富根等 2000）。Zhao（2002）和Peng（2008）等人在计算Sm－Nd模式年龄时分别采用1.76Ga和1.78Ga，这与平均值1.77Ga相一致。

He等人（2009）所报道的1.45Ga的锆石SHRIMP U－Pb年龄与乔秀夫等人（1985）所测全岩Rb－Sr等时线年龄相一致，这可能代表熊耳群之后的热事件。任富根等人（2000）所报道的1.64Ga单颗粒锆石同位素稀释法年龄偏小，可能是由于存在后期变质锆石所致。

综上所述，熊耳群的形成年龄应在1.73～1.80Ga，其平均成岩年龄为1.77Ga，属于中元古代早期。

四、汝阳群

中条运动之后，华北板块已初具规模，构成了统一的华北古陆。进入元古代后，沿古大陆的南部边缘又发生了大规模的裂陷运动，形成了一个三叉裂谷系。之后三叉裂谷系便进入缓慢冷却和热收缩条件下的下沉阶段，由此形成相对稳定下降的沉积盆地，并接受了大量沉积，形成汝阳群（豫西）及官道口群（小秦岭）碎屑岩、碳酸盐岩沉积组合（雷振宇等　1996）。

在熊耳山矿集区内汝阳群主要出露在东北部，其南部与白垩系呈不整合接触，北部与新近系呈断层接触，东部与寒武系呈断层接触（图1－2）。

区域上汝阳群呈角度不整合覆于熊耳群之上，中下部为碎屑岩，上部为碳酸盐岩。

关于汝阳群下界时代问题，前人经常将熊耳群与华北地台上的大洪峪组进行对比，将汝阳群与华北地台的高于庄组对比（王学仁等　1990，李钦仲等　1985）。但也有部分学者认为汝阳群为新元古界，依据在汝阳群和高山河组出现的大型具刺疑源类化石，其时代不老于新元古代（高林志等　2002，尹崇玉和高林志　1995，阎玉忠和朱士兴　1992，胡云绪和付嘉媛　1982）。

根据目前的研究，可初步确定汝阳群应相当于中元古界，其证据为：（1）从微古植物组合面貌看，汝阳群与蓟县系基本相似；其叠层石组合，主要见于蓟县系雾迷山组及铁岭组中（河南省地质矿产局　1989）。（2）从同位素年龄看，云梦山组只有一个年龄数据采自舞阳县夹于云梦山组下部的火山岩夹层（安山玢岩），Rb－Sr等时线年龄为(1283±378)Ma。采自汝阳县洛峪沟北大尖组海绿石砂岩中的海绿石K－Ar法年龄为1140～1256Ma，平均为（1183±73)Ma（杨式溥和周洪瑞　1995）。

综上所述，汝阳群的形成年龄应晚于熊耳群上限1.73Ga，而汝阳群所测年龄集中在1.14～1.28Ga，因此汝阳群形成时代应属中元古代。

五、官道口群

官道口群，是一套滨浅海相陆源碎屑－碳酸盐岩－火山岩建造或含叠层石碳酸盐岩沉积建造，不整合覆于熊耳群之上。前人的研究结果表明，官道口群蕴藏着该区重要的钼、钨、铅、锌、银等多金属矿产，是该区重要的赋矿层位（胡受奚等　1988）。银家沟硫铁铅锌多金属矿床、百炉沟MVT铅锌矿床和神洞沟SEDEX型铅锌矿床等赋存于官道口群地层内，具层控特征（王长明等　2007）。

熊耳山研究区官道口群主要分布在中西部马超营断裂北部和南部。在马超营断裂北部主要分布在旧县－潭头盆地西部，呈北西向狭长分布，与熊耳群呈不整合接触或断层接触。在马超营断裂南部主要呈北西向带状分布，与下覆熊耳群呈不整合接触，与上覆栾川群呈断层接触（图1－2）。

官道口群是一套滨浅海相陆源碎屑－碳酸盐岩－火山岩建造或含叠层石碳酸盐岩沉积建造，普遍含燧石条带、条纹、团块及蜂窝状燧石层，以含火山物质及富镁、高硅、多碳为特征（王长明等　2007）。

官道口群高山河组属碎屑岩建造，近底部夹有层状中基性火山岩层，不整合覆于熊耳群火山岩之上（河南省地质矿产局 1989）.，而熊耳群年龄为1.73～1.80Ga，平均约为1.77Ga，因此管道口群的下限年龄应小于1.73Ga。

官道口群上覆地层栾川群白术沟组板岩Rb－Sr等时线年龄为（902±48）Ma。侵入于冯家湾组的花岗岩体锆石U－Pb法同位素年龄为999Ma。因此，官道口群的上限年龄应大于999Ma。

据陕西省区调队1985年资料，高山河组下部泥质板岩Rb－Sr等时线年龄为（1394±43）Ma（河南省地质矿产局 1989）。

综上所述，官道口群的形成年龄应晚于熊耳群上限1.73Ga，应早于地层内侵入岩体年龄999Ma，官道口群高山河组下部泥质板岩所测年龄约为1.40Ga，因此官道口群形成时代应属中元古代。

六、栾川群

古元古代以来古华北板块南缘处于裂陷拉张环境，早期的裂陷形成了汝阳群及官道口群，晚期裂陷的过程形成了栾川群。栾川群为一套陆源碎屑－碳酸盐岩－碱性火山岩沉积组合，覆于官道口群之上，其上被震旦系或寒武系平行不整合覆盖（邢矿 2005，石铨曾等 1996，河南省地质矿产局 1989）。

熊耳山研究区栾川群主要分布在西南区，南与宽坪群成不整合接触，北与官道口群呈断层接触，东与熊耳群的马家河组呈断层接触。

栾川群除部分地层受到较强的动力变质作用而导致变质程度较深外，整体仍属于绿片岩相的浅变质岩。岩石类型有千枚岩类、片岩类、大理岩类、石英岩、变粒岩类、变岩浆岩类和花岗岩侵入体（邢矿 2005）。

关于栾川群的上下界时代问题，争议主要在于白术沟组与大红口组的归属问题（王跃峰 2000）。现以白术沟组为底界，大红口组为顶界讨论栾川群的时代问题。

栾川群与下伏官道群为整合接触，其上被震旦系三岔口组平行不整合覆盖，上、下界限基本清楚，层位应属上元古界（河南省地质矿产局 1989）。

栾川群微古植物延续时代虽较长，但多见于蓟县系－青白口系，栾川群叠层石，主要产于白术沟组及煤窑沟组中，多见于蓟县系上部层位及青白口系（河南省地质矿产局 1989）。

白术沟组含炭粉砂质板岩Rb－Sr等时线年龄值为（902±48）Ma。侵入于煤窑沟组的橄榄辉长岩全岩K－Ar年龄值为743Ma。

据张宗清等测得大红口组变粗面岩及侵入其中的变辉长岩的8个样品，分别测得Rb－Sr等时线年龄值为（660±27）Ma及Sm－Nd等时线年龄值为（682±60）Ma，这两个极其吻合的年龄值代表栾川群形成的上限（石铨曾等 1996，蒋干清等 1994，河南省地质矿产局 1989）。

据上述几方面资料综合考虑，栾川群应归属于晚元古代。

七、显生宇地层

（一）寒武系

寒武系广泛出露于豫西、豫北地区及淅川－内乡一带。在熊耳山研究区仅东部小范围出露。寒武系地层主要为一套地台型砾岩、砂岩、页岩、灰岩、鲕粒灰岩及白云岩等，属滨海氧化环境中的沉积产物。含有丰富的华北型三叶虫化石，还有腕足类、牙型石及软舌螺、单板类等多门类小壳动物化石（河南省地质矿产局　1989）。

（二）白垩系

白垩系发育较好，主要见于豫西、豫西南等地区。在熊耳山研究区内白垩系主要出露于东部，西南面与熊耳群呈断层接触，其他面与熊耳群、寒武系、新近系呈不整合接触（河南省地质矿产局　1989）。

下白垩统地层的岩性主要为灰绿、黄褐及紫红色粉砂质黏土岩、泥灰岩、夹砂岩及砾岩，厚327～516m。属湖泊相沉积。上白垩统地层的岩性主要为棕红、紫红、灰白及灰黑色砂砾岩、砾岩及泥质粉砂岩。

（三）古近系与新近系

古近系主要分布于潭头－大章及德亭两个新生代断陷盆地中，面积约为115km^2。自下而上分为四个组：高峪沟组、大章组、潭头组和石台街组（河南省地质矿产局　1989）。

（1）高峪沟组为一套紫红色岩系，分布于潭头－大章和德亭两个盆地中，面积约为52km^2，呈角度不整合覆于中元古界地层之上，厚度为780～1253m。

（2）大章组为一套灰－灰黄色巨厚层状或厚层状砾岩、砂质砾岩、紫红色或褐紫色砂质黏土岩，与下伏高岭沟组呈整合接触，厚度为386～714m。

（3）潭头组仅出露在潭头－大章盆地，德亭盆地缺失，岩性主要为厚层状砂质砾岩与泥灰岩互层，夹深灰色、黑灰色薄层状、透镜状炭质黏土岩及有机质黏土岩薄层和透镜体，夹油页岩及煤线，厚度为461m。

（4）石台街组地层分布在潭头－大章盆地南部，岩性组合为紫红色－褐红色砂质黏土岩与紫灰色砂质砾岩互层，杂色、灰褐色厚层状砂质砾岩夹薄层状，透镜状砂质黏土岩，该层厚度为1087～1425m。

新近系主要分布在区域东北角的上西河－关帝庙一带。主要岩性组合为灰白色、灰黄色中厚层状砂砾岩夹薄层泥粗砂及红色砂质黏土岩；灰白色中－厚层状含钙质结核砂质黏土岩；紫红色砂质黏土岩夹灰白色砂砾岩。厚度为149m。

（四）第四系

第四系在熊耳山研究区内主要分布在北部，与太华群、熊耳群和新近系接触。区内不甚发育，主要分布于伊河两岸。成分主要为土黄色、灰黄色黄土层夹粗砂层；河漫滩冲积的砂砾石层。厚度为22～30m（河南省地质矿产局　1989）。

第二节　区域岩浆岩

熊耳山研究区内岩浆活动极为发育，岩浆作用贯穿本区整个地质演化历史，具有长期性、多次活动性的特点。太古代主要为中基性－酸性火山岩和奥长花岗岩、英云闪长岩、花岗闪长岩（TTG岩系）等侵入岩；元古代熊耳期以中基性－中酸性火山喷发最为显著；

燕山期本区岩浆活动达到高峰，以大规模的酸性岩浆侵入为特点，形成了本区有代表性的五丈山、花山、金山庙、合峪、太山庙等花岗岩基（图1－2），派生了许多酸性的岩枝、岩脉等小斑岩体，并伴生有多处隐爆角砾岩体。燕山期大规模的岩浆活动与本区金、铅、银、钼等矿产密切相关（李永峰 2005，张国伟等 1996，吴新国和李文宣 1994）。

一、五丈山岩体

五丈山岩体呈北西－南东向舌状展布（图1－2），侵入于太古界太华群片麻岩和中元古界熊耳群安山岩地层中，面积约为61km^2（王志光等 1997），岩性为似斑状黑云二长花岗岩、巨斑状角闪黑云二长花岗岩、中－细粒角闪黑云二长花岗岩。

五丈山岩体多呈浅红或灰白色，中粗粒花岗结构，块状构造；斑晶为浅肉红色钾长石，大小一般为0.8～1.2cm，基质主要为石英（25%～35%）、钠长石（20%～30%）、黑云母（8%）、角闪石（5%）；副矿物主要为磁铁矿、榍石、锆石等；钾长石主要为条纹长石，斜长石普遍具有钠长石聚片双晶（李永峰 2005，毕献武和骆庭川 1995，范宏瑞等 1994）。

二、花山岩体

花山位于河南省西部洛宁、嵩县和宜阳三县交界处，呈北东向弧形分布于五丈山岩体北部，侵入于太古界太华群片麻岩、混合岩内，南西部局部侵入到熊耳群地层中，面积约为280km^2（王志光等 1997），岩性主要为巨斑状黑云角闪二长花岗岩，似斑状黑云母二长花岗岩和中－细粒角闪黑云二长花岗岩。

花山岩体多呈浅肉红色、肉红色，似斑状结构，块状构造，斑晶主要为钾长石、更长石和少量石英，斑晶粒径一般为1.5cm×2.5cm，钾长石多呈巨斑状分布，内部相粒度可达4cm×5cm，含量为30%～40%，钾长石斑晶内部常包裹斜长石、黑云母等矿物。基质以更长石为主（25%～35%），其次为石英（20%～30%）、角闪石（8%）、黑云母（5%）等；副矿物为榍石、磁铁矿、磷灰石、锆石等（李永峰 2005，毕献武等 1995，范宏瑞等 1994）。

三、金山庙岩体

金山庙岩体呈不规则三角状分布在花山岩体北西部外围，侵入于太华群中，面积约为10km^2（王志光等 1997），为中－细粒角闪黑云二长花岗岩。

金山庙岩体呈灰白色，中－细粒花岗结构，主要矿物为更长石（30%～35%）、石英（30%～35%）、微斜长石（30%）、黑云母（3%～5%）；副矿物主要为磁铁矿、榍石、锆石等（李永峰 2005，毕献武等 1995，范宏瑞等 1994）。

四、合峪岩体

合峪花岗岩基位于华山－熊耳山台隆区，外方山隆起带，紧邻马超营断裂带南侧，呈北西向哑铃状分布，侵于熊耳群火山岩中，面积约为420km^2（王志光等 1997），是豫西地区燕山期最大的花岗岩基。

合峪岩体是四期岩浆侵入作用形成的复式岩体，各期侵入关系明显且矿物成分基本相同，具有似斑状或斑状结构，斑晶以条纹长石为主，基质主要为条纹长石、斜长石、石英和黑云母，并含磷灰石、榍石、磁铁矿等副矿物，但不同期次侵入体的斑晶含量、各主要矿物所占比例、矿物粒度具有显著差别。第一次侵入体分布于岩体核部，为似斑状黑云母二长花岗岩，钾长石斑晶含量为1%～5%，粒径在（0.8cm×1.0cm）～（1.0cm×1.5cm），黑云母含量为5%；第二期呈环带状分布于第一期周围，为似斑状黑云母二长花岗岩，斑晶粒径多为1.5cm×2.5cm，钾长石斑晶含量为8%～15%；第三期侵入体规模最大，分布于合峪复式岩体边缘和外围，岩性为巨斑状黑云母二长花岗岩，钾长石斑晶粒径一般在（4cm×6cm）～（8cm×12cm），分布不均匀，多呈聚斑，含量变化于20%～40%范围内，局部可达60%以上，黑云母含量较前两次侵入体也有所升高，高于5%；第四次为“燕山晚期第三阶段花岗岩类”，主要呈岩脉或岩株侵入到前述不同阶段的花岗岩体或前中生代地层中，多为正长岩、石英正长岩等（李诺等 2009a，李诺等 2009b）。如果不考虑第四期岩脉，则合峪花岗岩三期钾长石斑晶含量从早到晚逐渐升高，粒径也逐渐增大，以大于1cm的斑晶称为巨晶的定义，合峪花岗岩三期均可称为巨斑状黑云母二长花岗岩，但其钾长石斑晶粒径差异显著。

五、太山庙岩体

太山庙岩体分布于华北陆块南缘豫西地区汝阳县太山庙一带，呈岩基产出，出露面积约为290km²（图1-2）。岩体北侧和东侧与熊耳群火山岩呈侵入接触，外接触带熊耳群火山岩中有花岗岩枝穿插，内接触带花岗岩体中偶见熊耳群火山岩顶盖，表明该岩体的剥蚀程度不大；西侧侵入合峪花岗岩体中；南部与伏牛山花岗岩体呈断层接触。

太山庙岩体可以划分为3个期次。第1期为中粗粒碱长花岗岩，位于岩体南部，出露面积约为155km²，与伏牛山呈断层接触，与合峪岩体呈侵入接触。岩石呈浅肉红色，中粗粒花岗结构，晶洞、块状构造。岩石由条纹长石（45%～65%）、钠长石（10%～15%）、石英（25%～30%）及少量的黑云母组成，粒径为3～7mm；副矿物有锆石、磷灰石、独居石、磁铁矿、钛铁矿、萤石等。第2期为中粒碱长花岗岩，分布于岩体中部，出露面积约为78km²，与第1期中粗粒碱长花岗岩呈侵入接触。岩石呈灰白-肉红色，细中粒花岗结构，晶洞、块状构造。岩石由条纹长石（50%～60%）、钠长石（10%～20%）、石英（25%～30%）及少量的黑云母组成，粒径为1～3.5mm；副矿物有锆石、磷灰石、独居石、磁铁矿、钛铁矿、萤石等。第3期为碱长花岗斑岩，主要出露于岩体的北部，出露面积为56km²，侵入于熊耳群火山岩中，并与第1、2期花岗岩呈侵入接触；其次呈小岩株状分布于第2期细中粒碱长花岗岩体中。岩石呈灰白-浅肉红色，斑状结构，晶洞、块状构造。斑晶由石英、条纹长石和少量钠长石组成，基质为细粒、微粒花岗结构，由条纹长石、钠长石和石英组成；副矿物有锆石、磷灰石、独居石、磁铁矿、钛铁矿、萤石等（叶会寿等 2008）。

六、成岩年龄

关于熊耳山研究区内花岗岩体的形成时代，从20世纪80年代至今，已有人通过K-Ar、Ar-Ar、Rb-Sr、锆石U-Pb、SHRIMP U-Pb、LA-ICP-MS U-Pb等方法的年龄测定，获得了大量年龄数据，但是不同测试方法或相同测试方法不同测试对象之间年龄差异却比较大。

同一个岩体同位素年龄之所以出现不同的年龄值，主要有三个方面的影响因素：同位素测试方法、同位素封闭温度、岩浆岩体为多期次复式岩体。

本书选择近年来（2005 年至今）国内外报道的熊耳山地区岩体的 SHRIMP 锆石 U－Pb 年龄、LA－ICP－MS 锆石 U－Pb 年龄、角闪石 Ar－Ar 年龄、黑云母 Ar－Ar 年龄来分析熊耳山地区岩浆岩体的成岩年龄（表1－1）。

表1－1 熊耳山地区岩浆岩体同位素年龄（Deng et al 2014）

地 点	岩 性	样 号	测试方法	年龄/Ma	误差/Ma	MSWD	资料来源
祈雨沟	花岗斑岩	QYG16－5	LA－ICP－MS 锆石 U－Pb	134.1	2.3	1.90	姚军明等 2009
	石英斑岩	QYJ708D009B1	LA－ICP－MS 锆石 U－Pb	150.1	1.1	0.05	Deng et al 2014
	石英斑岩	QYJ708D009B1	LA－ICP－MS 锆石 U－Pb	165.0	0.6	0.96	Deng et al 2014
雷门沟	花岗斑岩	LM－2	SHRIMP 锆石 U－Pb	136.2	1.5	1.70	李永峰等 2006
	花岗斑岩	LM－2	SHRIMP 锆石 U－Pb	143.8	2.5		Deng et al 2014
	花岗斑岩	LM－2	SHRIMP 锆石 U－Pb	126.8	2.7		李永峰等 2006
	石英斑岩	LMD001B1	LA－ICP－MS 锆石 U－Pb	125.4	0.8	0.32	Deng et al 2014
牛头沟	石英斑岩	D060B2	LA－ICP－MS 锆石 U－Pb	159.7	1.0	0.36	Wang et al 2012
	石英斑岩	D060B2	LA－ICP－MS 锆石 U－Pb	144.2	2.5	0.66	Wang et al 2012
五丈山	花岗岩	W1	SHRIMP 锆石 U－Pb	163.3	2.1	2.30	李永峰 2005
	花岗岩	W1	SHRIMP 锆石 U－Pb	156.8	1.2	0.90	李永峰 2005
	花岗岩	WZS1	SHRIMP 锆石 U－Pb	157	1	0.90	Mao et al 2010
	花岗闪长岩	03YX036B1	角闪石 Ar－Ar 坪年龄	156.0	1.1		Han et al 2007a
	花岗闪长岩	03YX036B1	角闪石 Ar－Ar 等时线	156.8	3.1	0.66	Han et al 2007a
花 山	花岗岩	HS2	SHRIMP 锆石 U－Pb	142.2	2.7	3.20	李永峰 2005
	花岗岩	HS2	SHRIMP 锆石 U－Pb	132.0	1.6	1.25	李永峰 2005
	花岗岩	HS2	SHRIMP 锆石 U－Pb	132	2	2.0	Mao et al 2010
	花岗岩	HP2	SHRIMP 锆石 U－Pb	130.7	1.4	1.50	李永峰 2005
	花岗岩	HP2	SHRIMP 锆石 U－Pb	131	1	1.5	Mao et al 2010
合 峪	花岗岩	HY－1	SHRIMP 锆石 U－Pb	127.2	1.4	1.25	李永峰 2005
	花岗岩	HY－1	SHRIMP 锆石 U－Pb	127	1	1.3	Mao et al 2010
	正长花岗岩	03YX074B1	黑云母 Ar－Ar 坪年龄	131.8	0.7	0.66	Han et al 2007a
	正长花岗岩	03YX074B1	黑云母 Ar－Ar 等时线	132.5	1.1		Han et al 2007a
	花岗岩脉	Q29－1	LA－ICP－MS 锆石 U－Pb	132.6	0.7	0.09	Tang et al 2013
	花岗岩脉	Q30－19	LA－ICP－MS 锆石 U－Pb	132.8	0.6	0.05	Tang et al 2013
	正长花岗岩	HY02	LA－ICP－MS 锆石 U－Pb	134.5	1.5	0.53	郭波等 2009
	花岗岩	HY－73	LA－ICP－MS 锆石 U－Pb	135.3	4.9	4.10	高昕宇等 2010
	花岗岩	HY－4	LA－ICP－MS 锆石 U－Pb	135.4	5.4	3.80	高昕宇等 2010

续表 1－1

地　点	岩　性	样　号	测试方法	年龄/Ma	误差/Ma	MSWD	资料来源
合　峪	花岗岩	HY－74	LA－ICP－MS 锆石 U－Pb	141.4	5.4	2.80	高昕宇等　2010
	花岗岩	HY－14	LA－ICP－MS 锆石 U－Pb	148.2	2.5	2.30	高昕宇等　2010
	阶段Ⅰ	HY0701	LA－ICP－MS 锆石 U－Pb	143.0	1.6	1.4	Li et al　2012
	阶段Ⅱ	HY0702	LA－ICP－MS 锆石 U－Pb	138.4	1.5	1.4	Li et al　2012
	阶段Ⅲ		LA－ICP－MS 锆石 U－Pb	135			Li et al　2012
	阶段Ⅳ	YCL	LA－ICP－MS 锆石 U－Pb	133.6	1.3	1.4	Li et al　2012
太山庙	花岗岩	TSM5	SHRIMP 锆石 U－Pb	115.0	2.0	1.30	叶会寿等　2008
	花岗岩	TSM5	SHRIMP 锆石 U－Pb	115	2	1.3	Mao et al　2010
东　沟	花岗斑岩	DG－B5	SHRIMP 锆石 U－Pb	112	1.3	1.06	Ye et al　2008
	花岗斑岩	DG－B5	SHRIMP 锆石 U－Pb	112	1	1.1	Mao et al　2010
	花岗斑岩	DG－02	LA－ICP－MS 锆石 U－Pb	114.0	1.0	0.33	戴宝章等　2009
	花岗斑岩	DG－05	LA－ICP－MS 锆石 U－Pb	117.0	1.0	0.33	戴宝章等　2009
石窑沟	正长花岗岩	ZK51811－1	LA－ICP－MS 锆石 U－Pb	134.3	1.1	1.4	Han et al　2013
	正长花岗岩	ZK518－14	LA－ICP－MS 锆石 U－Pb	134.0	1.5	1.1	Han et al　2013
上房沟	正长花岗岩	08SYG01－4	LA－ICP－MS 锆石 U－Pb	132.8	1.1	1.5	Han et al　2013
	正长花岗岩	ZK518－14	LA－ICP－MS 锆石 U－Pb	142.8	0.9	1.0	Han et al　2013
	正长花岗岩	08LC57－1	LA－ICP－MS 锆石 U－Pb	148.1	1.1	0.9	Han et al　2013
	花岗斑岩	S1	SHRIMP 锆石 U－Pb	158	3	1.8	Mao et al　2010
南泥湖	花岗斑岩	N2	SHRIMP 锆石 U－Pb	157	3	1.8	Mao et al　2010
	花岗斑岩	100716－1	LA－ICP－MS 锆石 U－Pb	176.3	1.7	0.98	向君峰等　2012
	花岗斑岩	100716－1	LA－ICP－MS 锆石 U－Pb	146.7	1.2	0.76	向君峰等　2012
三道庄	花岗斑岩	100719－7	LA－ICP－MS 锆石 U－Pb	158.2	1.2	0.40	向君峰等　2012
	花岗斑岩	100719－7	LA－ICP－MS 锆石 U－Pb	145.2	1.5	0.45	向君峰等　2012
	花岗斑岩	100716－2	LA－ICP－MS 锆石 U－Pb	145.7	1.2	0.50	向君峰等　2012

注：锆石 U－Pb 年龄为 $^{206}Pb/^{238}U$ 的年龄。

表 1－1 所示测年数据表明：（1）五丈山花岗岩体的成岩年龄约为 163Ma 和 157Ma；（2）花山花岗岩体的成岩年龄约为 132Ma 和 142Ma；（3）合峪花岗岩体记录的热事件年龄有 127Ma、132Ma、135Ma、141Ma 和 148Ma；（4）太山庙早期中粗粒碱长花岗岩体的成岩年龄约为 115Ma。除了上述 4 个主要花岗岩体外，东沟钼矿区花岗斑岩的成岩年龄约为 115Ma；石窑沟钼矿区花岗斑岩记录的热事件年龄有 134Ma、143Ma 和 148Ma；上房沟、南泥湖和三道庄钼矿区花岗斑岩记录的热事件年龄有 158Ma、147Ma 和 145Ma；雷门沟钼矿区和祈雨沟金矿区花岗斑岩的成岩年龄约为 135Ma 和 144Ma；牛头沟金矿区和祈雨沟金矿区石英斑岩的年龄约为 165Ma、160Ma、150Ma、144Ma 和 125Ma。

综合上述年龄分析，熊耳山地区在晚侏罗统至早白垩统岩浆岩体记录的成岩年龄约为 160Ma、150Ma、143Ma、133Ma、125Ma 和 115Ma（Deng et al　2014）。

第三节 区域构造

区域上沿栾川断裂、马超营断裂发育大规模的由北向南的逆冲推覆，沿三门峡－宜阳－鲁山断裂发育大规模的由南向北的逆冲推覆（张国伟等 2001）。熊耳山地区位于该两大边界推覆系统的上盘（图1－1）。区内地壳运动活跃，变形强烈，构造作用复杂，既有元古代早期伸展夭折裂谷，又有板块俯冲挤压造山的逆冲推覆构造，同时还有造山期后走滑断裂和伸展构造，具有多期次、多阶段的特点。前中生代长期受冈瓦纳、劳亚和古特提斯等古板块构造的控制，形成东西向为主的主造山期构造。中新生代以来位于太平洋板块、印度板块和欧亚板块内西伯利亚地块3个构造动力学系统的汇交复合部位，使之处于前后两期动力学系统转换时期和过程之中（张国伟等 2001，Meng 和 Zhang 2000），区域构造体制发生转换，应力场转换频繁，构造类型多样。

一、断裂

熊耳山研究区由于受上述板块边界深断裂和秦岭褶皱带长期活动的影响，构造形态复杂，断裂较发育（李永峰 2005），以近东西向和北东向为主，其次为北西向及近南北向，夹持于洛宁山前断裂（LF）与马超营断裂（MF）之间（图1－2）。

（一）近东西向断裂

近东西向断裂主要是马超营断裂（MF）（图1－2）。该断裂位于华北地台南缘，豫西栾川断裂带北部，熊耳山结晶基底穹状隆起南侧，是熊耳山南坡最大的近东西向区域性大断裂，统称马超营断裂带。该断裂带沿前河－康山－卢氏一线分布，延伸近200km，东起潭头盆地，向西经狮子庙、马超营、卢氏，沿走向呈舒缓波状延伸，在康山至红庄一带断层走向为近东西向，在前河－店房一带断层走向为290°～300°，总体走向为270°～300°，断层面大多向北倾，倾角为50°～80°。断层带总体向西收敛，向东撒开，由3～5条次级平行断层组成，并在走向上呈分枝、复合关系，断裂带宽度达4km以上。

马超营断裂（MF）切割了区内太华群及熊耳群所有地层，将华熊地块分割为南北两区，并且控制了本区中生代花岗岩体的产出。在熊耳山地区，马超营断裂带（MF）内的主体岩性为熊耳群火山岩。马超营断裂（MF）经历了韧性和脆性变形作用，在该构造带内发育有构造片岩、糜棱岩，构造片理化碎裂岩等（燕建设等 2000）。

（二）北东向断裂

北东向断裂是熊耳山研究区内最为发育的控矿构造带，在平面上有等距性分布的特点（王志光等 1997），自西向东分别为洛宁山前断裂（LF）、康山－七里坪断裂（KQF）、陶村－马元断裂（TMF）、伊川－潭头断裂（或旧县－蛮峪断裂）JMF等以及与北东向断裂平行的次级断裂（图1－2）。该北东向断裂具有早期右行剪切和晚期左行剪切特征，是马超营断裂的次一级派生构造（张元厚等 2006，陈衍景和富士谷 1992），经历多期活动，与本区金、银、多金属等内生金属矿床的形成和分布有极为密切的关系。

1. 洛宁山前断裂

洛宁山前断裂（LF）又称为嵩坪沟－秀才岭断裂，长度大于90km，宽20m至数百米，走向为61°～80°，倾向北西，倾角为25°～80°，是熊耳山地区北部的控盆断裂，是洛宁断陷与熊耳山断隆区的分界线，断裂北部为古近系卢氏－洛宁断陷盆地，南侧为太华群中深变质岩和中元古界熊耳群火山岩（图1－2）。断裂带中发育构造角砾岩、碎裂岩、片理化带以及构造泥。常见硅化、钾化、褐铁矿化现象（齐金忠等　2005），并且断裂带内有明显的金矿化。

洛宁山前断裂经历了多期活动。断裂带内见有侏罗纪中晚期的石英闪长岩呈串珠状侵入（王志光等　1997），并且该断裂又切割了古近系地层以及燕山期的花山花岗岩。花山花岗岩和金山庙花岗岩位于该断裂带东侧，而且长轴方向均与断裂走向一致。可见，该断裂对花山、金山庙等燕山期花岗岩的侵入具有一定的控制作用，因此对本区内大量金属矿床的形成是极其重要的。

2. 康山－七里坪断裂

康山－七里坪断裂（KQF）长达32km，宽数米到近300m，走向为北东45°～70°，倾向北西，局部倾向南东，倾角50°～75°（图1－2）。断层带内部发育有挤压片理、糜棱岩及断层角砾岩、碎裂岩、断层泥等。在上宫一带，该断裂向北东方向撒开，向南西方向收敛。总体特征表现出以脆性变形为主，并有少量的韧性变形。

康山－七里坪断裂早期挤压，晚期拉伸。拉伸具体时间很可能发生于燕山期，与本区燕山期花岗岩侵位时间相当。在上宫地区及五丈山岩体中，也可以见到该组断裂存在，而在花山岩体（七里坪一带）未见到该组断裂切穿或通过花山岩体，这表明该构造活动形成于花山岩体侵位之前（张元厚等　2006，齐金忠等　2005）。

3. 陶村－马元断裂

陶村－马元断裂（TMF）走向26°～50°，倾向南东，倾角为55°～86°，长12km（图1－2）。在陶村到焦园一带呈破碎带，宽约400m，内部产有片麻岩、碳酸盐、石英脉等角砾，内部节理基本上与之平行，产状为150°∠50°。

在该断裂的局部地段发育金矿化，但目前在该断裂中还未发现有工业矿体（齐金忠等　2005），其次一级断裂控制了祁雨沟金矿床、红庄金矿床等金矿体的产出，说明该断裂可能为控矿、导矿构造。从红庄金矿中赋存在该断裂的次级断裂中金矿体的产出特征，可以看出该断裂在成矿期具有左行剪切运动的特点。在晚白垩世后该断裂主要表现为张性特点，控制了潭头、旧县一带白垩纪陆相火山岩、古近纪沉积盆地的产出（张元厚等　2006）。

4. 伊川－潭头断裂

伊川－潭头断裂又称田湖断裂，北起伊川，南至潭头，总体走向为北东，长大于100km。断裂在中部切割较深，为46km，而在南部和北部较浅，为35～39km（齐金忠等　2005）。

该断裂在旧县－蛮峪一带出露较好，又称旧县－蛮峪断裂（JMF）（图1－2），长13.5km，宽25～50m，走向50°～60°，倾向北西，倾角为50°～70°，断层带内棱角状角砾岩、断层泥，透镜体发育，其力学性质为张性。

（三）北西向断裂

北西向断裂在熊耳山研究区内不是很发育，主要可见的是控制五丈山岩体产出的一些北西向断裂束（左峪河断裂、牛头沟断裂）。它们是一组在基底及盖层中都有发育的断裂。向南东方向延伸与伊川－潭头边界断裂交汇（图1－2）。

北西向断裂具有多期活动的特点。在前河、店房、上宫等地所见到的北西向断裂（产状为30°～40°∠54°～65°）切割了北东向断裂；而在祁雨沟、牛头沟等地所见到的北西向断裂（产状为14°～70°∠28°～49°）被北东向断裂所切割。

北西向与北东向断裂的交汇部位常控制着小斑岩体的产出。例如在祁雨沟地区，其交汇部位控制了众多的小斑岩体和隐爆角砾岩体的形成。

（四）近南北向断裂

大规模的南北向断裂在本区发育很少，仅在龙脖西边太华群与熊耳群的接触带处出露的一条南北向断裂带规模较大，延伸可达10km以上，破碎带宽达7m，倾向东，倾角为75°。北段切于古近系红层与太古界片麻岩之间，南段为熊耳山群火山岩与太华群之接触面。从北段露头看，有两期活动特征。早期为张性活动，断裂带底面粗糙不平，发育有1米多宽的张性角砾岩带，角砾成分为火山岩，大小混杂，棱角明显，硅质和泥砂质胶结，质地坚硬；晚期活动以压性为主，兼具扭性，在断裂带中见约有1m的挤压片理化带，压扭性断裂面切割张性角砾岩和古近系红层。

以上断裂为本区区域性的断裂，除此以外，还有一系列次级的、规模较小的断裂，从而构成了较为复杂的构造断裂系统，控制了本区的岩浆及热液活动。

二、褶皱

熊耳山矿集区内基本褶皱构造骨架为龙脖－花山背斜及相伴的山前大断裂，构造线方向为70°～80°，不同大地构造演化阶段的构造层有不同的褶皱构造形式（郑榕芬 2006）。

龙脖－花山背斜是本区最重要的盖层褶皱，其长轴总体为北东东向，位于熊耳山主峰，穹窿呈椭圆形，西起龙脖，东至花山，其南西端有西庙－嵩坪沟花岗斑岩，东段有花山花岗岩及金山庙花岗岩出露，两翼盖层由熊耳群组成，与太华群的接触关系是南北两侧均为拆离断层，南翼熊耳群地层出露较完整，其北翼受断裂破坏和剥蚀作用而与新近系接触（图1－2）。次级褶皱为草沟－段沟背形构造，宽坪沟－全宝山向形构造，轴向近南北向，枢纽向南倾伏，在平面上略有Z形波状弯曲（骆文轩 2008）。高建京（2007）研究认为熊耳山北坡铅银矿床（点）主要集中于龙脖－花山背斜西段轴部，尤其是次一级的草沟背斜轴部及其附近；矿田内片麻理一般走向为北北东－北东，倾向为南东东－南东，倾角为45°～60°，局部可见到层间小褶皱，其轴向产状与片麻理产状基本一致。

骆文轩（2008）研究认为，龙脖－花山褶皱基底太华群片麻岩主要由火山岩和少量沉积岩经多期构造变形变质作用而成，在形成过程中经历了多期复杂的褶皱变形，发生了多期构造变形运动。本区发生过三次较大的褶皱构造变动。第一期褶皱以片麻理的形成和片麻理的褶皱为特点，它是太古代早期构造变形变质作用的产物。第二期褶皱以片麻理的褶皱为主，同时第一期形成的无根褶皱、平卧长英质小褶皱也发生褶皱和弯曲，形成轴面近直立，近南北向的开阔背向形，即草沟背形、宽坪沟－全宝山向形等。第三期褶皱是指片麻理褶皱发生同轴叠加褶皱，使形成的开阔背、向形紧闭起来，指示当时剪切方向。这种构造发育不广，仅在少量露头可见。

三、拆离断层

熊耳山地区出露的结晶基底太华群、盖层熊耳群和白垩－古近系粗碎屑山间陆相盆地沉积这三个构造层之间均呈不整合接触关系和拆离断层接触关系（图1－2）。熊耳山地区为一典型的变质核杂岩，其核部由太古界太华群结晶基底组成，太华群在区域上呈长垣状或哑铃状分布，熊耳群覆盖其上（石铨曾等　2004，王志光和张录星　1999）。石铨曾等人（2004）研究认为本区发育变质核杂岩构造，太华群古老变质结晶基底构成变质核杂岩体，其盖层为中元古界熊耳群构造层及白垩－古近系构造层。

本区构造活动频繁且强烈，沿基底变质核杂岩和盖层的不整合面发育拆离断层，其规模大、数量多、走向各异，与成矿有非常密切的关系。熊耳群在变质核杂岩体的南北两侧分布，之间发生明显的拆离现象。拆离断层沿太古界太华群结晶基底与上覆中元古界熊耳群盖层的不整合面展布；其中熊耳山北坡的熊耳群沿不整合面发生了显著的拆离，而南坡拆离效应不明显（王志光等　1997，郭保健等　1997）。拆离断层产状平缓，由强烈片理化的韧性剪切带、微角砾岩带、绿泥石化碎裂岩带及脆性正断层组成（石铨曾等　2004）。本区发育变质核杂岩构造及拆离断层，是区域伸展构造的记录，也是燕山中晚期中国东部岩石圈减薄事件的浅部响应（毛景文等　2005）。

（一）北部拆离断层带

北部的拆离断层分为主拆离断层与次级拆离断层，主拆离断层是分割基底太华群与盖层之间的拆离断层，次级拆离断层是熊耳群和白垩－古近系盖层之间的拆离断层。拆离构造在熊耳山北坡表现尤为典型。其由西往东全长超过80km，总体走向为北东东，出露宽度从几十米至几百米，产状平缓稳定，倾向一般为350°～10°，倾角为15°～25°。郭保健等人（1997）认为北拆离断层规模最大，岩石蚀变强烈，拆离断层带内金、银等成矿元素富集系数较高。

（二）南部拆离断层带

熊耳群盖层整体是由南向北滑移，变质核杂岩与滑脱拆离断层的南界面位于大麻院－上宫－松里沟－上庄－牛头沟一线。总体走向近东西向，局部边界呈锯齿状。拆离带发育于太华群结晶基底与熊耳群盖层的接触面上，其特征是绿片岩带发育。宽度变化在20～100m。片理化带多发育在熊耳群火山岩系一侧，太华群中局部见绿泥石角砾岩及微角砾岩带，不整合面被拆离断层的片理化带所代替（郭保健等　1997）。

第四节　区域矿产

小秦岭－熊耳山地区西起陕西的华县，东至河南嵩县，呈长约250km、宽为15～

40km 的狭长带状区域，是我国第二大金矿基地（卢欣祥等 2004）。该大型金矿带自西向东又分成四个矿集区，即小秦岭、崤山、熊耳山、外方山矿集区，其中熊耳裂陷盆地（熊耳山地区）是继小秦岭金矿集区之后该成矿带的第二大金矿集区。区内构造－岩浆活动频繁，受岩浆热液与构造运动的联合作用，发育大量不同规模、不同类型的金、钼、银、铅、锌、铜等矿床。矿床具有分布广泛、类型多样、成因复杂的特征。

熊耳山矿集区的东西长 110km，南北宽 70km，面积为 7700km^2，区内矿产以金、钼为主，银、铅、锌、铜次之。

一、区域金矿床

本书对区内金矿床资料进行系统收集，共计整理出 45 个主要矿床及矿点。各矿床空间分布及其基本特征分别如图 1－3 和表 1－2 所示。

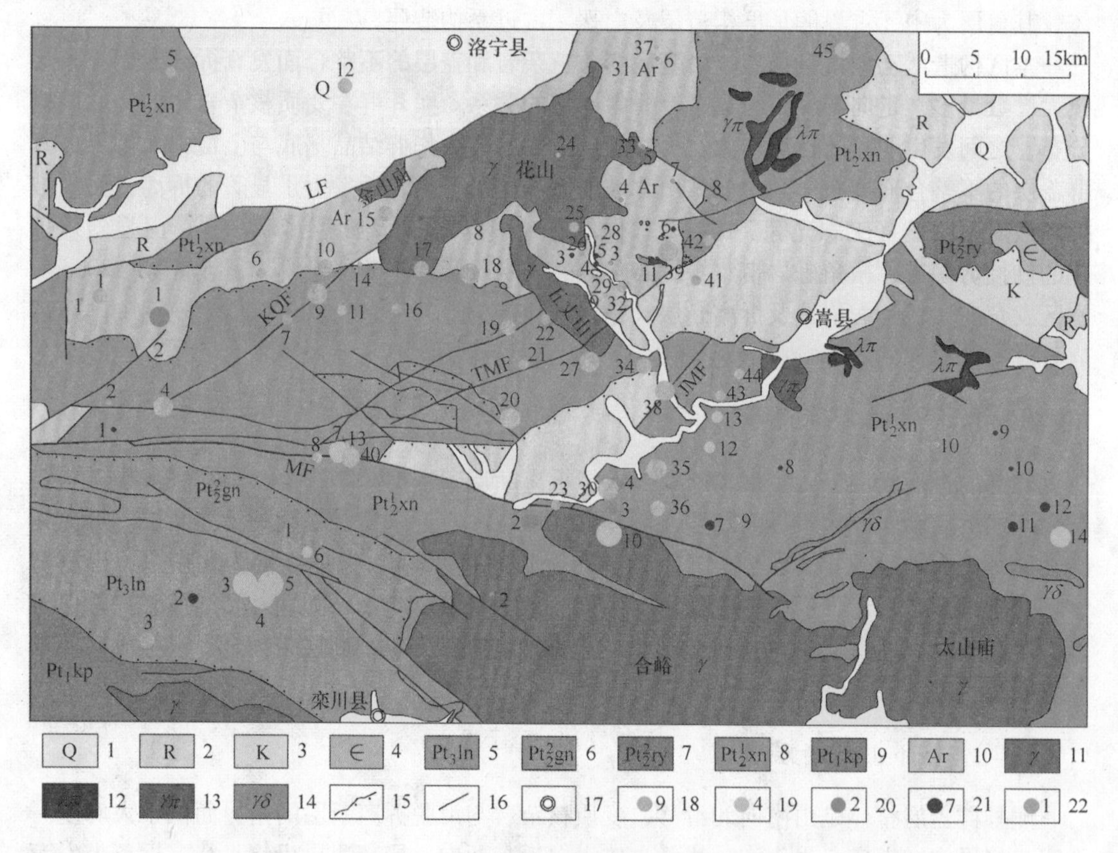

图 1－3 豫西熊耳山矿集区金属矿产简图

1—第四系；2—新近系与古近系；3—白垩系；4—寒武系；5—栾川群；6—官道口群；7—汝阳群；8—熊耳群；9—宽坪群；10—太华群；11—花岗岩；12—石英斑岩；13—花岗斑岩；14—花岗闪长岩；15—不整合界线；16—断层；17—地名；18—金矿床及其编号；19—钼矿床及其编号；20—银矿床及其编号；21—铅锌矿床及其编号；22—铜矿床及其编号

MF—马超营断裂；LF—洛宁山前断裂；KQF—康山－七里坪断裂；TMF—陶村－马元断裂；JMF—旧县－蛮峪断裂

金矿床资源储量规模以金金属量为标准划分：大于 100t 为超大型，介于 100 ~ 20t 为大型，介于 20 ~ 5t 为中型，介于 5 ~ 1t 为小型，小于 1t 为矿点（或矿化点）。

表 1-2　熊耳山地区金矿床

矿床编号	矿床名称	矿床规模	行政隶属地	资料来源
1	蒿坪沟	中　型	洛宁县	贡二辰等　2008
2	三　门	矿　点	卢氏县	*
3	三　合	中　型	栾川县	曹月怀等　2010
4	康　山	大　型	栾川县	王海华等　2001
5	金鸡山	小　型	洛宁县	陈书中　2010
6	吉家洼	小　型	洛宁县	颜正信　2012
7	西青岗坪	小　型	洛宁县	丁汉铎和王清利　2010
8	元　岭	小　型	栾川县	李潘科等　2008
9	上　宫	大　型	洛宁县	于伟　2011
10	虎　沟	中　型	洛宁县	王子刚等　2012
11	西山底	小　型	洛宁县	*
12	樊家岔	中　型	灵宝市	任志媛　2012
13	南　坪	矿　点	栾川县	侯红星和聂凤莲　2006
14	七里坪	矿　点	洛宁县	潘磊和韩靖龙　2012
15	小池沟	中　型	洛宁县	李国平等　2012
16	李岗寨	小　型	洛宁县	*
17	青岗坪	中　型	洛宁县	刘国营和刘国庆　2009
18	牛头沟	大　型	嵩　县	贾玉杰等　2013
19	萑香洼	中　型	嵩　县	高亚龙　2009
20	北　岭	大　型	栾川县	孟宪峰　2011
21	栗子沟	小　型	嵩　县	刘国华和许令兵　2012
22	万　村	小　型	嵩　县	孔宏杰等　2011
23	中　营	小　型	栾川县	*
24	华　山	矿　点	宜阳县	*
25	乱石盘	小　型	嵩　县	吴发富等　2012
26	母猪凹沟	矿　点	嵩　县	吴发富等　2012
27	槐树坪	大　型	嵩　县	徐红伟等　2009
28	乱石盘	矿　点	嵩　县	吴发富等　2012
29	土　门	矿　点	嵩　县	门道改等　2012
30	前　河	大　型	嵩　县	姚松明等　2013
31	料　凹	矿　点	宜阳县	*
32	大石门沟	小　型	嵩　县	周晓玉和张同林　2011
33	铜　洞	矿　点	宜阳县	*
34	瑶　沟	中　型	嵩　县	程广国等　1997
35	庙　岭	大　型	嵩　县	翟雷等　2012
36	店　房	中　型	嵩　县	张智慧等　2013

续表 1 -2

矿床编号	矿床名称	矿床规模	行政隶属地	资料来源
37	沙 岭	矿 点	宜阳县	*
38	东 湾	大 型	嵩 县	白德胜等 2007
39	祈雨沟	大 型	嵩 县	郭东升等 2007
40	红 庄	大 型	栾川县	侯红星和张德会 2014
41	高都川	中 型	嵩 县	程书乐等 2011
42	上胡沟	小 型	嵩 县	*
43	凡台沟	小 型	嵩 县	*
44	武松川	小 型	嵩 县	*
45	仓珠峪	中 型	灵宝市	*

注：*引自全国矿产资源潜力评价项目全国矿产地信息成果。

二、区域钼矿床

本书对区内钼矿床资料进行系统收集，共计整理出 14 个主要矿床及矿点。各矿床空间分布及其基本特征分别如图 1 -3 和表 1 -3 所示。

钼矿床资源储量规模以钼金属量为标准划分：大于 50 万吨为超大型，介于 50 万 ~10 万吨为大型，介于10 万 ~1 万吨为中型，介于 1 万 ~0.2 万吨为小型，小于 0.2 万吨为矿点（或矿化点）。

表 1 -3 熊耳山地区钼矿床

矿床编号	矿床名称	矿床规模	行政隶属地	资料来源
1	寨 凹	大 型	洛宁县	邓小华等 2008
2	龙门店	小 型	洛宁县	魏庆国等 2009
3	上房沟	超大型	栾川县	瓮纪昌等 2008
4	南泥湖	超大型	栾川县	叶会寿等 2006
5	三道庄	超大型	栾川县	瓮纪昌等 2010
6	马 圈	小 型	栾川县	宋要武 2002
7	石窑沟	大 型	栾川县	高亚龙等 2010
8	菠菜沟	矿 点	洛宁县	*
9	后 沟	矿 点	嵩 县	*
10	鱼池岭	超大型	嵩 县	李诺等 2009a
11	雷门沟	大 型	嵩 县	陈小丹等 2011
12	纸 房	小 型	嵩 县	邓小华等 2008
13	前范岭	小 型	嵩 县	高阳等 2010
14	东 沟	大 型	汝阳县	马红义等 2007

注：*引自全国矿产资源潜力评价项目全国矿产地信息成果。

三、区域银矿床

本书对区内银矿床资料进行系统收集，共计整理出 4 个主要矿床及矿点。各矿床空间分布及其基本特征分别如图1－3和表1－4所示。

银矿床资源储量规模以银金属量为标准划分：大于5000t为超大型，介于5000～1000t为大型，介于1000～200t为中型，介于200～40t为小型，小于40t为矿点（或矿化点）。

表1－4　熊耳山地区银矿床

矿床编号	矿床名称	矿床规模	行政隶属地	资料来源
1	铁炉坪	大　型	洛宁县	高建京等　2011
2	汤池沟	中　型	栾川县	*
3	马老石沟	小　型	嵩　县	张宇宏等　2011
4	蛇里沟	中　型	嵩　县	*

注：*引自全国矿产资源潜力评价项目全国矿产地信息成果。

四、区域铅锌矿床

本书对区内铅锌矿床资料进行系统收集，共计整理出12个主要矿床及矿点。各矿床空间分布及其基本特征分别如图1－3和表1－5所示。

铅锌矿床资源储量规模以铅锌金属总量为标准划分：大于250万吨为超大型，介于250万～50万吨为大型，介于50万～10万吨为中型，介于10万～2万吨为小型，小于2万吨为矿点（或矿化点）。

表1－5　熊耳山地区铅锌矿床

矿床编号	矿床名称	矿床规模	行政隶属地	资料来源
1	直状沟	矿　点	卢氏县	*
2	童　沟	小　型	栾川县	*
3	安　沟	矿　点	嵩　县	周晓玉和张同林　2012
4	西　坪	矿　点	嵩　县	*
5	白草山	矿　点	嵩　县	*
6	大公峪	矿　点	嵩　县	*
7	庄　沟	小　型	嵩　县	靳遂道等　2013
8	秋　盘	矿　点	嵩　县	*
9	油房庄	矿　点	嵩　县	*
10	银洞湾	矿　点	嵩　县	*
11	西灶沟	小　型	汝阳县	印修章和胡爱珍　2004
12	老代仗沟	小　型	汝阳县	付治国等　2008

注：*引自全国矿产资源潜力评价项目全国矿产地信息成果。

五、区域铜矿床

本书对区内铜矿床资料进行系统收集，共计整理出10个主要矿床及矿点。各矿床空间分布及其基本特征分别如图1－3和表1－6所示。

铜矿床资源储量规模以铜金属量为标准划分：大于250万吨为超大型，介于250万～50万吨为大型，介于50万～10万吨为中型，介于10万～2万吨为小型，小于2万吨为矿点（或矿化点）。

表1-6 熊耳山地区铜矿床

矿床编号	矿床名称	矿床规模	行政隶属地	资料来源
1	马 圈	小 型	栾川县	宋要武 2002
2	大青沟	矿 点	栾川县	李新等 2008
3	小铜贯沟	矿 点	嵩 县	*
4	马家沟	矿 点	嵩 县	*
5	铜洞沟	矿 点	宜阳县	*
6	太山庙	矿 点	宜阳县	*
7	曹家花园	矿 点	嵩 县	*
8	上马蹄沟	矿 点	嵩 县	*
9	油陆沟	矿 点	嵩 县	刘玉清 2009
10	下枣园	矿 点	嵩 县	*

注：*引自全国矿产资源潜力评价项目全国矿产地信息成果。

六、区域金钼矿床成矿年龄

在收集前人可靠测年资料及分析测试的基础上，Deng 等人（2014）系统分析了熊耳山地区金、钼矿床成矿年龄（表1-7）。

表1-7 熊耳山地区金、钼矿床成矿同位素年龄（Deng et al 2014）

矿 床	样品类型	样 号	测年方法	年龄/Ma	误差/Ma	资料来源
祁雨沟金矿床	J2：石英钾长石脉	QYG-1	Kfs Ar-Ar 坪年龄	115.3	1.5	王义天等 2001
	J2：石英钾长石脉	QYG-1	Kfs Ar-Ar 等时线	114.3	3.8	王义天等 2001
	J2：石英钾长石脉	QYG-2	Kfs Ar-Ar 坪年龄	122.0	0.4	王义天等 2001
	J2：石英钾长石脉	QYG-2	Kfs Ar-Ar 等时线	125.1	1.6	王义天等 2001
	J4：黄铁矿胶结物	08B8	Py Rb-Sr 等时线	126.0	11	Han et al 2007b
	J7：钼矿石	QYG-17	Mo Re-Os 模式年龄	139.6	2.2	姚军明等 2009
	J7：钼矿石	QYG-31	Mo Re-Os 模式年龄	134.1	2.3	姚军明等 2009
	J7：钼矿石	QYG-30	Mo Re-Os 模式年龄	132.7	2.5	姚军明等 2009
	J7：钼矿石	QYG-1	Mo Re-Os 模式年龄	131.6	1.7	姚军明等 2009
	J7：钼矿石	QYG-2	Mo Re-Os 模式年龄	133.3	2.5	姚军明等 2009
		舍弃	5 样品等时线	135.6	5.6	姚军明等 2009
		舍弃	5 样品平均年龄	134	4	姚军明等 2009
			4 样品平均年龄	132.7	2.2	Deng et al 2014
雷门沟钼矿床	花岗斑岩	lmg-1	Mo Re-Os 模式年龄	131.6	2.0	李永峰等 2006
	花岗斑岩	lmg-2	Mo Re-Os 模式年龄	133.1	1.9	李永峰等 2006
			2 样品平均年龄	132.4	1.9	李永峰等 2006
东沟钼矿床	钼矿石	DG-1	Mo Re-Os 模式年龄	116.5	1.7	Ye et al 2008
	钼矿石	DG-2	Mo Re-Os 模式年龄	115.5	1.7	Ye et al 2008
			2 样品平均年龄	116.0	1.7	Deng et al 2014

续表 1-7

矿床	样品类型	样号	测年方法	年龄/Ma	误差/Ma	资料来源
鱼池岭钼矿床	钼矿石	PD587-1	Mo Re-Os 模式年龄	138.1	2.2	周珂等 2009
	钼矿石	PD477	Mo Re-Os 模式年龄	131.7	1.9	周珂等 2009
	钼矿石	PD587-5	Mo Re-Os 模式年龄	131.6	2.3	周珂等 2009
	钼矿石	PD587-6	Mo Re-Os 模式年龄	130.3	2.0	周珂等 2009
	钼矿石	PD620-1	Mo Re-Os 模式年龄	130.8	1.9	周珂等 2009
	钼矿石	PD628	Mo Re-Os 模式年龄	130.4	2.2	周珂等 2009
			5 样品平均年龄	131.1	0.8	周珂等 2009
			5 点等时线年龄	131.2	1.4	周珂等 2009
	钼矿石	0704001	Mo Re-Os 模式年龄	141.8	1.6	李诺等 2009a
	钼矿石	0704003	Mo Re-Os 模式年龄	140.8	2.2	李诺等 2009a
	钼矿石	0704015	Mo Re-Os 模式年龄	137.3	2.9	李诺等 2009a
	钼矿石	0704022	Mo Re-Os 模式年龄	134.8	1.8	李诺等 2009a
	钼矿石	0704007	Mo Re-Os 模式年龄	133.7	1.8	李诺等 2009a
		舍弃	5 点等时线年龄	144.3	5.2	李诺等 2009a
			2 样品平均年龄	134	0.6	Deng et al 2014
			3 样品平均年龄	140	1.4	Deng et al 2014
前河金矿床	钼矿石	QHN02	Mo Re-Os 模式年龄	134.5	0.6	Tang et al 2013
	钼矿石	QHN04	Mo Re-Os 模式年龄	134.7	0.6	Tang et al 2013
	金矿石	QH29	绢云母 Ar-Ar 坪年龄	127.0	1.6	Tang et al 2013
	金矿石	Q240	绢云母 Ar-Ar 坪年龄	123.8	1.3	Tang et al 2013
石窑沟钼矿床	钼矿石	SYG-1-1	Mo Re-Os 模式年龄	134.1	2.2	Han et al 2013
	钼矿石	SYG-1-2	Mo Re-Os 模式年龄	133.6	1.8	Han et al 2013
	钼矿石	SYG-2	Mo Re-Os 模式年龄	128.9	1.9	Han et al 2013
	钼矿石	SYG-3	Mo Re-Os 模式年龄	134.1	2.0	Han et al 2013
	钼矿石	SYG-4	Mo Re-Os 模式年龄	131.3	1.9	Han et al 2013
			5 点平均年龄	132.3	2.8	Han et al 2013
南泥湖矿田	三道庄矿石	SDZ-1	Mo Re-Os 模式年龄	144.5	2.2	Li et al 2004
	三道庄矿石	SDZ-2	Mo Re-Os 模式年龄	145.4	2.0	Li et al 2004
	三道庄矿石	SDZ-3	Mo Re-Os 模式年龄	145.0	2.2	Li et al 2004
	上房沟矿石	SF-1	Mo Re-Os 模式年龄	143.8	2.1	Li et al 2004
	上房沟矿石	SF-2	Mo Re-Os 模式年龄	145.8	2.1	Li et al 2004
	南泥湖矿石	NNF-1	Mo Re-Os 模式年龄	141.8	2.1	Li et al 2004
	矿田钼矿石	6 样品	Mo Re-Os 等时线	141.5	7.8	Li et al 2004
	矿田钼矿石	10 样品	Mo Re-Os 平均年龄	145.0	0.7	向君峰等 2012
	矿田钼矿石	1 样品	Mo Re-Os 等时线	146.0	1.1	向君峰等 2012
前范岭钼矿床	钼矿石	6 样品	Mo Re-Os 模式年龄	239.3	5.2	高昕宇等 2010
	钼矿石	6 样品	Mo Re-Os 等时线	239	13	高昕宇等 2010
寨凹钼矿床	钼矿石		Mo Re-Os 等时线	1760	30	Deng et al 2013
龙门店钼矿床	钼金矿石	5 样品	Mo Re-Os 等时线	1853	36	Li et al 2011
		4 样品	Py Re-Os 等时线	1855	29	Li et al 2011

表 1 – 7 所示测年数据表明：（1）祈雨沟金矿区存在四期成矿年龄，分别为 115Ma、125Ma、133Ma 和 140Ma；（2）雷门沟钼矿成矿年龄约为 132Ma；（3）东沟超大型钼矿床的成矿年龄约为 116Ma；（4）鱼池岭超大型钼矿床的成矿年龄约为 134Ma 和 140Ma；（5）前河金矿床成矿年龄约为 125Ma；（6）石窑沟钼矿床成矿年龄约为 132Ma；（7）南泥湖钼矿田的成矿年龄约为 143 ~ 146Ma；（8）前范岭钼矿床的成矿年龄约为 233 ~ 248Ma；（9）寨凹钼铜矿床和龙门店钼矿床的成矿年龄约为 1.8Ga。

综合上述年龄分析，熊耳山地区最年轻的成矿年龄约 115Ma，较老的成矿年龄有 125Ma、133Ma、142Ma、239Ma、1800Ma。在晚侏罗统至早白垩统发育四期成矿作用，其成矿年龄分别约为 115Ma、125Ma、133Ma 和 142Ma。这四期成矿年龄与该区岩浆岩体所记录的热事件年龄相对应（图 1 – 4），但目前尚未发现 150Ma 和 160Ma 热事件对应的成矿事件（Deng et al　2014）。

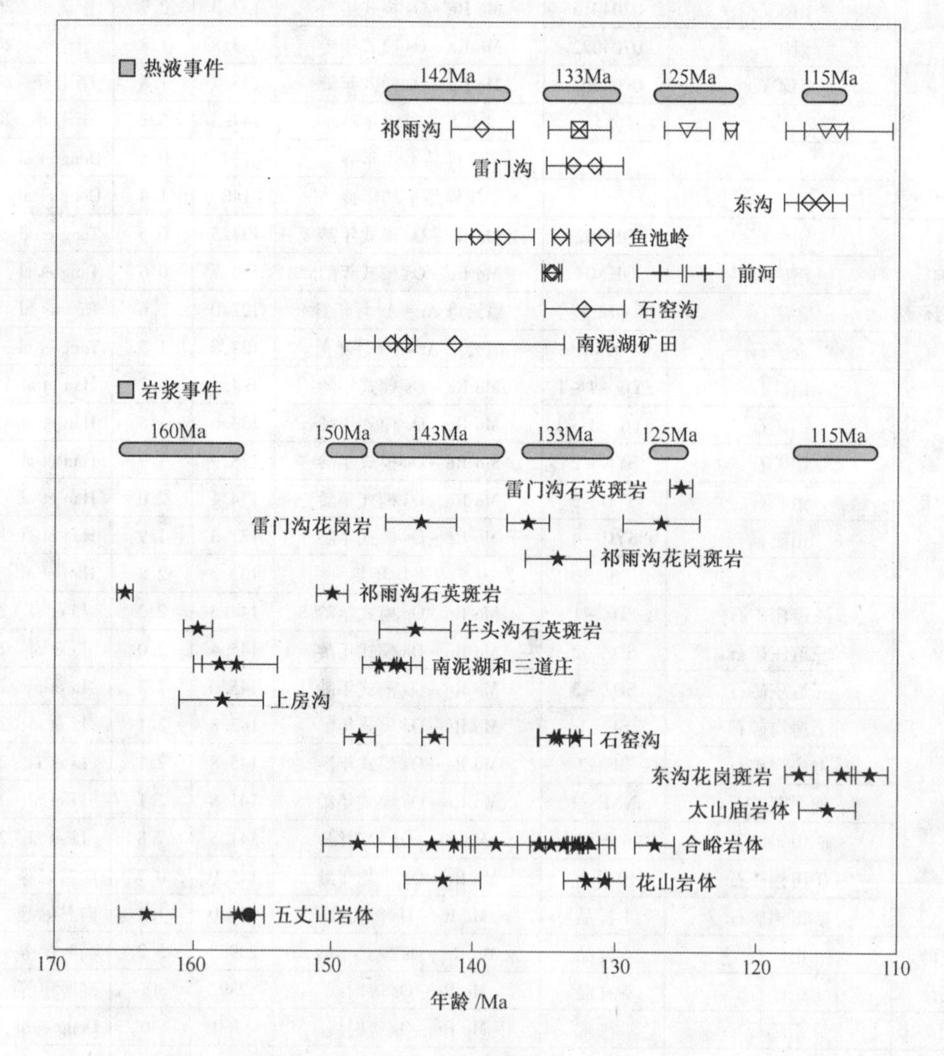

图 1 – 4　熊耳山地区岩浆热事件与成矿热事件的对应关系（Deng et al　2014）

★—锆石 U – Pb；●—角闪石 Ar – Ar；▲—黑云母 Ar – Ar；◇—辉钼矿 Re – Os；
⊠—黄铁矿 Rb – Sr；▽—钾长石 Ar – Ar；+—绢云母 Ar – Ar

小　结

（1）豫西牛头沟金矿床位于熊耳山矿集区，区内出露地层有太古界太华群和元古界宽坪群、熊耳群、汝阳群、官道口群、栾川群以及显生宇地层，其中以太华群和熊耳群为主。太华群岩性以黑云斜长片麻岩和斜长角闪片麻岩为主，次为斜长角闪岩和变粒岩。熊耳群为一套低变形和低变质的火山岩系，熔岩以玄武安山岩、安山岩质岩石为主，次为英安–流纹质岩石，典型的玄武岩很少。在结晶基底太华群与盖层熊耳群之间发育拆离断层。

（2）熊耳山矿集区内岩浆活动以燕山期大规模的酸性岩浆侵入为特点，形成了本区有代表性的五丈山、花山、金山庙、合峪、太山庙等花岗岩基，并派生了许多酸性的岩枝、岩脉等小斑岩体，伴生有多处隐爆角砾岩体。在晚侏罗统至早白垩统岩浆岩体记录的成岩年龄约为160Ma、150Ma、143Ma、133Ma、125Ma和115Ma，共6期。

（3）熊耳山矿集区内褶皱不甚发育，构造以断裂为主。区内基本褶皱构造骨架主要为龙脖–花山背斜及相伴的山前大断裂。区内断裂以近东西向和北东向为主，其次为北西向和近南北向，矿集区夹持于洛宁山前断裂与马超营断裂之间。

（4）熊耳山矿集区是豫西成矿带中继小秦岭金矿集区之后的第二大金矿集区。区内有色金属以金、钼为主，次为银、铅、锌、铜等。尽管区内发育有元古代和印支期形成的矿床，但该区有色金属的成矿时代主要集中在晚侏罗世至早白垩世，成矿年龄约为142Ma、133Ma、125Ma和115Ma，共4期。

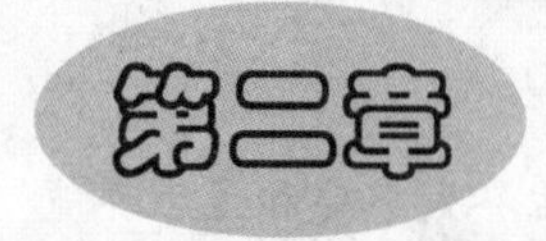

矿床地质

牛头沟金矿床位于豫西熊耳山地区中部（图1-2），是近几年在该区所发现的大型金矿床之一，矿区主要包括松里沟矿段、西岭-沙土凹矿段、南沟-小岭矿段、木耳沟矿段和上庄矿段，面积超过30km^2（贾玉杰等 2013）。

第一节 矿区地质

牛头沟金矿研究区东西长7km，南北宽4.5km，面积为31.5km^2（图2-1）。

一、地层

矿区出露地层主要为太古宇太华群和中元古界熊耳群，具有典型的双层结构（贾玉杰等 2013）。太华群岩性可以划分为三种类型，分别为黑云斜长片麻岩（Ar*tha*）、斜长角闪岩（Ar*thb*）和混合变粒岩（Ar*thc*）。熊耳群地层以许山组中基性熔岩为主，可以划分为含大斑晶的玄武安山岩（Pt_2xna）和致密玄武安山岩（Pt_2xnb）两种（图2-2）。

二、构造

矿区构造以断裂为主，主要发育北西向断裂，北东向断裂次之，南北向和东西向断裂较弱（辛志刚 2010，姚伟宏和王志军 2006）。

北西向断裂以牛头沟断裂为主，是矿区最重要的控岩、控矿断裂，矿区5个矿段均明显受该断裂控制，断裂具有多期次活动的特征。在松里沟矿段，北西向控矿断裂倾向北东，倾角为30°~60°，断层泥发育。在小岭矿段，北西向控矿断裂倾向南西，倾角为35°~47°，断裂带内发育石英硫化物矿脉。在上庄矿段，北西向控矿断裂倾向北东，倾角为30°~55°，可见断层泥。沙土凹角砾岩体和木耳沟角砾岩体的展布均受北西向断裂的控制。

北东向断裂为牛头沟金矿区的次级控矿断裂，自矿区西北至东南依次有陈吴子沟、阴寺沟、南沟、上庄四条断裂，呈近似等间距分布（图2-1）。在北东向断裂与北西向断裂的交汇处出现矿体或矿化增强现象，尤其在角砾岩体内部的断裂交汇处表现更为明显。

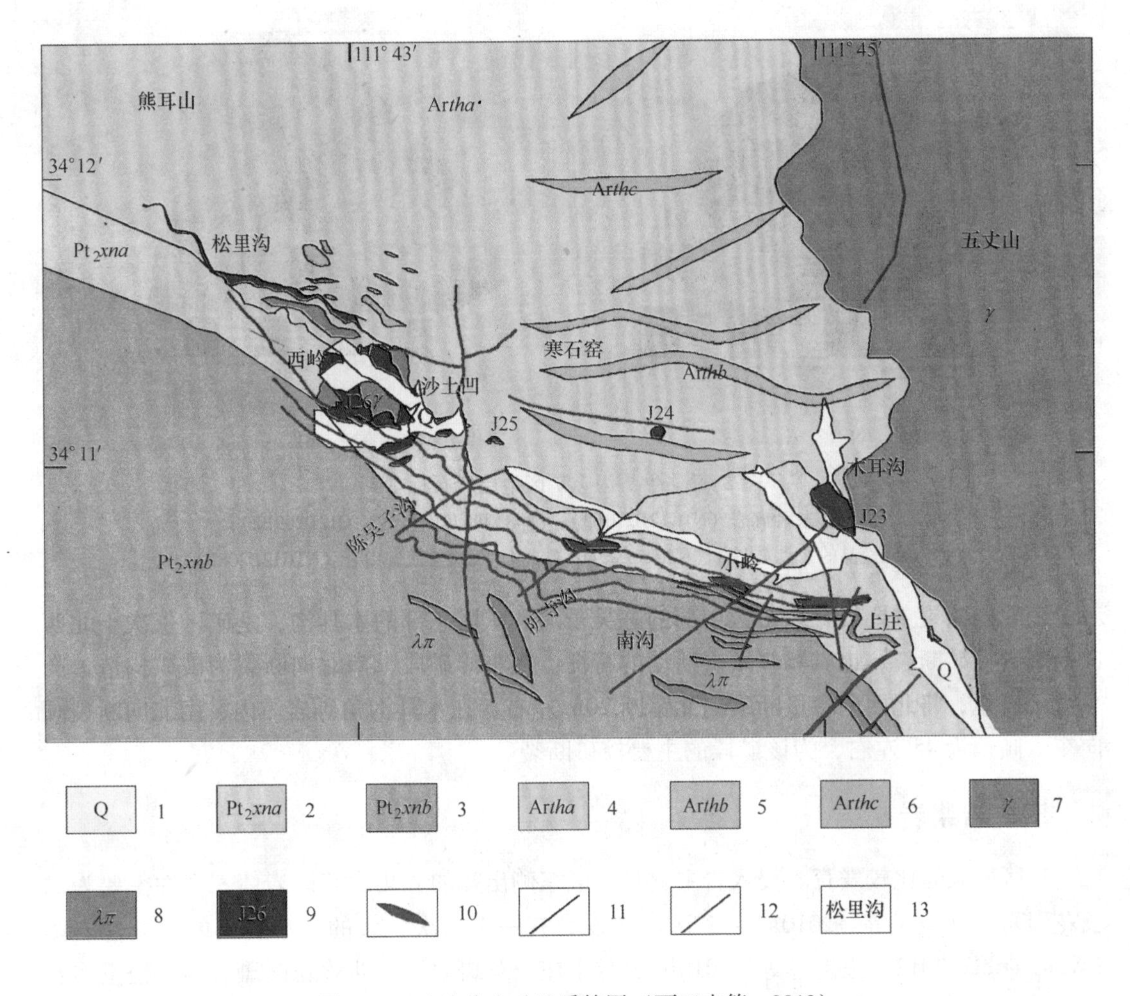

图2-1 牛头沟金矿地质简图（贾玉杰等 2013）

1—第四系；2—大斑晶玄武安山岩；3—玄武安山岩；4—黑云斜长片麻岩；
5—斜长角闪岩；6—混合变粒岩；7—花岗岩；8—石英斑岩；
9—角砾岩体及编号；10—金矿体；11—岩性界线；12—断层；13—地名

(a) (b)

(c)

(d)

图2-2 牛头沟金矿区地层岩石标本

（a）黑云斜长片麻岩（NTG12D210B3）；（b）斜长角闪岩（NTG12D209B2）；
（c）含大斑晶的玄武安山岩（NTG12D201B1）；（d）无斑玄武安山岩（NTG12D208B3）

南北向断裂主要发育在矿区中部的陈吴子沟和矿区东部的木耳沟，是矿区仅次于北西向断裂的控矿断裂，也具有多期次活动的特征。在小岭矿段，南北向断裂为破矿构造，产状近于直立，将北西向含量断裂向北错断20m左右。在木耳沟角砾岩体内，南北向断裂倾向东，倾角为45°左右，为该矿段的主要控矿断裂。

三、岩浆岩

矿区岩浆岩比较发育。侵入岩主要是矿区东侧出露的五丈山花岗岩体，岩性主要为二长花岗岩（王卫星等 2010a）。矿区内还发育有一系列次一级的中小规模的中酸性岩体（Wang et al 2012，王卫星等 2010b），如上庄石英斑岩体、西岭花岗斑岩体、松里沟石英斑岩脉、沙土凹和木耳沟角砾岩体，以及其他一些小型花岗斑岩体、闪长岩脉、石英斑岩脉、伟晶岩脉等（图2-3）。

五丈山花岗岩体的成岩年龄约为163Ma和157Ma（Mao et al 2010，Han et al 2007a，李永峰 2005），牛头沟金矿上庄矿段石英斑岩的成岩年龄约为160Ma和144Ma（Wang et al 2012）。

(a)

(b)

(c)

(d)

图2-3　牛头沟金矿区侵入岩岩石标本

（a）五丈山中粗粒花岗岩（D059B1）；（b）西岭-沙土凹矿段花岗斑岩（D082B1）；
（c）松里沟矿段石英斑岩（D001B1）；（d）木耳沟矿段角砾岩体内石英斑岩（D061B1）

第二节　矿 体 地 质

牛头沟金矿区松里沟、南沟-小岭、上庄3个矿段为蚀变岩型矿体，木耳沟和沙土凹两个矿段为隐爆角砾岩型矿体（吴发富等　2012，辛志刚　2010）。

一、矿体特征

松里沟、小岭、上庄矿段矿体均严格受北西向断裂控制（图2-1）。松里沟矿段北西向主控断裂出露长度大于2.4km，宽度为10~20m。金矿体严格受北西向断裂带控制，总体走向为295°~315°，倾向25°~45°，倾角为30°~50°。矿体平均厚度为16.6m，向深部逐渐变薄。矿体形态受构造蚀变带形态控制，在走向、倾向上有膨大与分枝复合现象（图2-4），属于地表出露矿体，遭受风化剥蚀（佟依坤等　2014，闫磊　2013）。

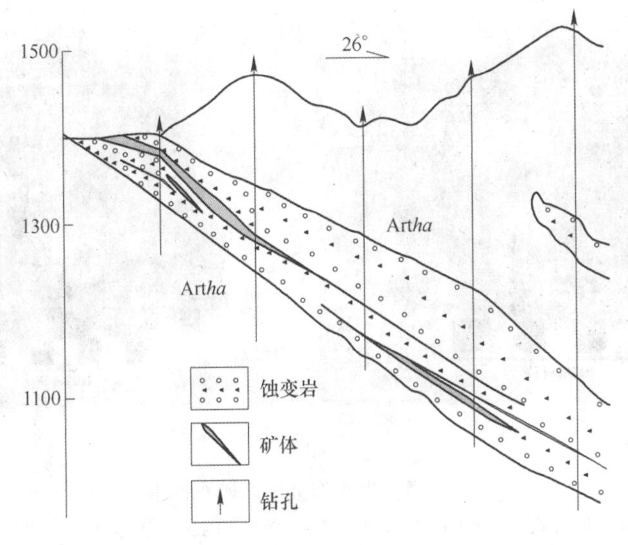

图2-4　松里沟矿段0号勘探线剖面图（闫磊　2013）

沙土凹和木耳沟两个角砾岩体（在区域上角砾岩体编号分别为 J26 和 J23，图 2－1）均受北西向主断裂控制。沙土凹角砾岩体具有北西向叠加北东向断裂控矿的特征，角砾成分主要为安山岩和片麻岩，胶结物普遍矿化。木耳沟角砾岩体具有近南北向断裂叠加控矿的特征，在北西向主断裂与近南北向断裂交汇处矿化增强，角砾成分主要为安山岩、片麻岩和二长花岗岩，胶结物以硫化物为主（闫磊　2013）。

牛头沟金矿的主矿段为松里沟矿段，在松里沟矿段以Ⅰ号矿体为主矿体。Ⅰ号矿体走向长 1320m，控制最大斜深 717m；矿体最大厚度为 67.58m，平均厚度为 16.60m，向深部逐渐变薄，厚度变化系数为 78.52%，属厚度稳定型；平均品位为 1.13g/t，品位变化系数为 92.31%（辛志刚　2010）。

二、矿石特征

牛头沟金矿矿石类型主要有三种：破碎蚀变岩型、角砾岩型和石英脉型，主体为破碎蚀变岩型（图 2－5）。矿石中主要的金属矿物为黄铁矿，其次为黄铜矿、方铅矿、闪锌矿、辉钼矿、磁铁矿等；主要的脉石矿物有石英、绢云母、绿泥石、方解石、高岭石等（闫磊　2013）。

(a)　(b)　(c)　(d)

图 2－5　牛头沟金矿区矿石标本

(a) 片麻岩矿石（NTG12D202B2）；(b) 斜长角闪岩矿石（NTG12D209B5）；(c) 安山岩矿石（NTG12D208B4）；(d) 石英硫化物脉矿石（NTG12D205B12）

矿石结构主要包括自形-半自形中粗粒结构、交代残余结构、碎裂结构等（辛志刚　2010）。矿石构造主要有脉状构造、块状构造、浸染状构造、角砾状构造、杏仁状构造、斑点状构造、条带状构造等（闫磊　2013，辛志刚　2010）。

三、围岩蚀变

矿区内蚀变类型主要有钾长石化、硅化、绿帘石化、绿泥石化、高岭土化、碳酸岩化等（图2-6），矿化类型主要有黄铁矿化、黄铜矿化、方铅矿化、辉钼矿化等（闫磊　2013，辛志刚　2010）。

图2-6　牛头沟金矿区蚀变岩标本

（a）钾化片麻岩（NTG12D205B9）；（b）黄铁矿化斜长角闪岩（NTG12D205B10）；（c）绿泥石化黄铁矿化斜长角闪岩（NTG12D209B1）；（d）硅化黄铁矿化安山岩（NTG12D201B2）

黄铁矿化与黄铜矿化与金矿化关系最为密切，常常与金矿化伴生产出，表现出多期次特征。矿区内多处发育辉钼矿化和方铅矿化，其中辉钼矿化相对较多，矿化一般受节理面控制，远离节理面矿化渐弱（闫磊　2013）。

四、勘查概况

牛头沟金矿是由河南省地矿局地调一队于20世纪80年代在豫西熊耳山地区进行化探

异常查证及矿产勘查时所发现，当时矿床规模仅属于一矿化点。

1989～1993年，河南省地质局地调一队在以前工作的基础上对松里沟矿段进行普查评价工作，认为该矿含金较贫，工业意义不大，停止了地质工作，同时提交了《河南省嵩县松里沟矿区金矿普查地质报告》。

1996～1998年，河南省地矿局地调一队在以往工作基础上对嵩县牛头沟地区再次开展金矿找矿工作，结果发现了松里沟、木耳沟、陈吴子沟等矿段，并提交了《河南省嵩县牛头沟地区金矿普查地质报告》。

2003～2005年，洛阳市矿业发展中心受探矿权人的委托，对牛头沟金矿沙土凹矿段进行了普查找矿工作，提交金金属量约4.1t，牛头沟金矿矿床规模仍属于小型金矿床。

2005～2007年，河南省地质矿产技术开发公司在上庄矿段开展金矿详查工作，通过探槽、坑道、钻探工程探获金金属量约4.6t，提交了《河南省嵩县上庄矿区金矿详查报告》，牛头沟金矿矿床规模达到中型金矿床。

2008年，北京金有地质勘查有限责任公司与河南省嵩县金牛有限责任公司合作，在松里沟矿段和上庄矿段进行了大规模详细的钻探工程，探获内蕴经济资源量（331+332+333）矿石量23029149t，金金属量26074.05kg，平均品位1.13g/t，其中松里沟矿段金金属量达24t，提交了《河南省嵩县牛头沟金矿区松里沟矿段勘探地质报告》，牛头沟金矿矿床规模达到大型金矿床。

2008～2010年，中国地质大学（北京）与河南省嵩县金牛有限责任公司合作在沙土凹矿段进行地质考察及坑探工作，探获金金属量约2.0t。

截至目前，牛头沟金矿累计探明金金属量达36t，为一大型金矿床。

小 结

（1）牛头沟金矿床位于豫西熊耳山地区中部，目前累计探明金金属量达36t，是近几年在该区所发现的大型金矿床之一。

（2）矿区出露地层主要为太古宇太华群和中元古界熊耳群，太华群岩性以黑云斜长片麻岩为主，夹有斜长角闪岩和混合变粒岩，熊耳群岩性以许山组安山岩为主。矿区侵入岩以花岗岩体为主，还发育有石英斑岩脉和角砾岩体。矿区构造以北西向牛头沟断裂为主，是矿区最重要的控岩、控矿断裂。

（3）矿区主要包括松里沟矿段、西岭－沙土凹矿段、南沟－小岭矿段、木耳沟矿段和上庄矿段，其中松里沟、南沟－小岭、上庄3个矿段为蚀变岩型矿体，木耳沟和沙土凹两个矿段为隐爆角砾岩型矿体。矿体形态受构造蚀变带形态控制，属于地表出露矿体。

（4）矿石类型有破碎蚀变岩型、角砾岩型和石英脉型，其中以破碎蚀变岩型为主。矿石矿物主要为黄铁矿，其次为黄铜矿、方铅矿、闪锌矿、辉钼矿、磁铁矿等；脉石矿物主要有石英、绢云母、绿泥石、方解石、高岭石等。

（5）矿区蚀变类型主要有钾长石化、硅化、绿帘石化、绿泥石化、高岭土化、碳酸岩化等。

河南牛头沟金矿床地质特征见表2－1。

表2－1　河南牛头沟金矿床地质特征

序号	分　类	项目名称	项目描述
1	基本信息	经济矿种	金
2	基本信息	矿床名称	河南牛头沟金矿床
3	基本信息	行政隶属地	河南省嵩县
4	基本信息	矿床规模	大型
5	基本信息	中心坐标经度	111.73°
6	基本信息	中心坐标纬度	34.18°
7	基本信息	经济矿种资源量	36t
8	基本信息	矿体出露状态	出露
9	地质特征	矿床类型	蚀变岩型－角砾岩型
10	地质特征	矿区地层与赋矿建造	太华群斜长片麻岩，熊耳群安山岩，二者均为赋矿建造
11	地质特征	矿区岩浆岩	五丈山花岗岩基，花岗斑岩与石英斑岩脉，角砾岩体
12	地质特征	矿区构造与控矿要素	发育北西向、北东向和近南北向三组断裂，北西向断裂为主控岩控矿断裂，断裂交汇处矿体或矿化增强
13	地质特征	矿体空间形态	受断裂破碎带控制，呈硅化体或脉状；受角砾岩体形态控制，透镜状、囊状
14	地质特征	矿石类型	蚀变岩型、角砾岩型和石英脉型
15	地质特征	矿石矿物	主要为黄铁矿，其次为黄铜矿、方铅矿、闪锌矿、辉钼矿、磁铁矿等
16	地质特征	矿区矿化蚀变	矿化蚀变主要有黄铁矿化、黄铜矿化、方铅矿化、辉钼矿化等；围岩蚀变主要有钾长石化、硅化、绿帘石化、绿泥石化、高岭土化、碳酸岩化等

注：矿床类型引自辛志刚（2010）和吴发富等（2012）。

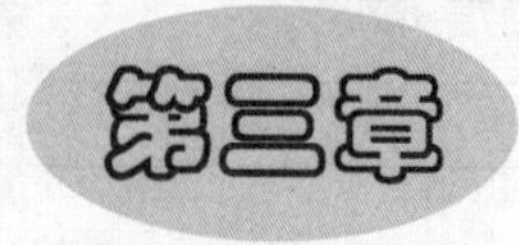

岩石地球化学勘查

本章岩石地球化学勘查从区域岩石、矿区蚀变岩和矿石中元素含量分析来确定牛头沟金矿岩石地球化学勘查的找矿（或成矿）指示元素组合。

第一节 区域岩石

一、地球化学数据

实测及收集到牛头沟金矿区区域新鲜岩石样品24件，其39项元素（含氧化物）含量分析结果见表3－1。计算区域24件岩石元素含量数据的统计参数，并将其列在表3－1中。

表3－1 区域岩石39项元素（含氧化物）分析数据及其统计参数

序号	岩石	样号	SiO_2	Al_2O_3	Fe_2O_3	Na_2O	K_2O	CaO	MgO	Ti	Mn	P	W	Sn	Mo
1	片麻岩	NTG12D209B8	72.12	12.11	3.23	1.91	6.94	1.43	0.36	1618	542	218	2.98	1.91	1.07
2	片麻岩	NTG12D209B9	73.22	12.89	2.04	2.28	6.18	0.92	0.49	599	464	131	1.84	1.71	0.24
3	片麻岩	NTG12D210B3	71.55	12.78	3.61	2.86	5.69	1.46	0.29	2038	464	262	0.58	3.45	1.06
4	片麻岩	D049B1	76.94	12.32	1.45	1.91	5.54	0.67	0.33	1082	190	106	1.32	1.69	1.40
5	斜长角闪岩	D002B2	54.23	13.55	14.14	2.64	1.74	5.29	3.86	11788	2243	2740	4.17	1.95	1.74
6	斜长角闪岩	NTG12D209B2	57.62	13.36	11.31	2.79	2.70	4.04	3.10	10250	1471	2882	2.35	2.51	0.94
7	安山岩	NTG12D201B1	53.82	15.90	9.24	3.29	2.64	6.88	3.79	6773	1161	1397	2.30	1.67	0.67
8	安山岩	NTG12D207B1	55.61	15.47	9.42	2.18	3.13	6.32	4.42	7133	1006	1528	0.70	1.50	3.84
9	安山岩	NTG12D208B1	51.43	16.74	10.53	2.89	3.02	6.62	5.10	7732	1161	1615	0.83	1.57	0.64
10	安山岩	NTG12D208B3	55.91	12.75	12.36	1.47	2.19	6.95	2.82	13486	1161	4585	3.62	2.32	1.50
11	花岗岩	YG08D035B1	65.69	18.20	2.81	3.46	3.38	4.02	1.16	2701	434	735	0.25	1.21	1.39
12	花岗岩	YG08D036B1	67.72	15.50	3.83	2.58	5.64	2.59	1.24	2959	651	976	0.25	1.33	1.13
13	花岗岩	YG08D038B1	63.72	17.32	3.55	4.57	3.57	4.42	1.37	2577	774	873	0.68	1.44	0.58
14	花岗岩	YG08D038B3	63.55	15.12	5.47	3.55	5.40	3.47	1.66	3776	929	1354	0.51	2.28	0.73
15	花岗岩	YG08D041B2	68.27	15.00	3.96	2.78	4.44	2.76	1.22	3023	702	1018	0.27	1.62	0.99
16	花岗岩	D082B1	70.22	16.42	2.67	2.73	5.46	0.14	0.48	1788	227	400	7.13	1.54	0.95

续表3-1

序号	岩 石	样 号	SiO_2	Al_2O_3	Fe_2O_3	Na_2O	K_2O	CaO	MgO	Ti	Mn	P	W	Sn	Mo
17	花岗岩	D059B1	71.34	15.78	2.23	3.53	4.91	1.33	0.24	1401	422	346	1.35	1.12	0.62
18	花岗岩	D083B1	70.88	16.48	2.10	3.50	5.07	0.94	0.26	1522	218	358	3.80	1.51	1.25
19	花岗岩	YG08D038B2	65.08	18.13	2.38	4.69	3.39	4.22	0.91	1918	464	568	0.36	1.32	0.88
20	花岗岩	YG08D043B1	78.41	12.86	0.72	2.99	4.20	0.61	0.05	383	303	73	0.27	0.79	1.15
21	花岗岩	D074B1	73.48	13.85	2.02	1.64	7.39	0.27	0.26	904	46	410	2.74	0.87	1.15
22	石英斑岩	D001B1	76.10	13.85	0.79	0.01	7.95	0.01	0.20	300	142	20	2.80	1.03	0.62
23	石英斑岩	D061B1	77.81	12.64	0.25	1.66	6.51	0.38	0.05	288	6	55	0.48	0.63	1.93
24	石英斑岩	D061B2	67.59	17.83	0.55	1.87	11.19	0.11	0.26	298	24	64	0.66	0.60	6.65
样品数			24	24	24	24	24	24	24	24	24	24	24	24	24
最大值			78.41	18.20	14.14	4.69	11.19	6.95	5.10	13486	2243	4585	7.13	3.45	6.65
最小值			51.43	12.11	0.25	0.01	1.74	0.01	0.05	288	6	20	0.25	0.60	0.24
中位值			67.99	15.06	3.02	2.75	4.99	2.02	0.70	1978	464	489	1.07	1.52	1.07
平均值			66.76	14.87	4.61	2.66	4.93	2.74	1.41	3598	634	946	1.76	1.56	1.38
标准差			8.21	1.97	4.14	1.02	2.15	2.39	1.55	3837	534	1111	1.70	0.64	1.32
异常下限			83.18	18.82	12.88	4.70	9.24	7.53	4.52	11271	1701	3169	5.17	2.85	4.02
上陆壳			65.90	15.19	5.00	3.90	3.37	4.20	2.21	3000	600	590	2.0	5.5	1.5
富集系数			1.01	0.98	0.92	0.68	1.46	0.65	0.64	1.20	1.06	1.60	0.88	0.28	0.92

序号	岩 石	样 号	Bi	Cu	Pb	Zn	Cd	Au	Ag	As	Sb	Hg	Li	Be	B
1	片麻岩	NTG12D209B8	0.07	7.9	40	17	39	5.8	90	0.57	0.15	13.0	4.54	1.41	2.59
2	片麻岩	NTG12D209B9	0.04	7.4	16	19	43	6.3	77	0.42	0.09	13.0	6.92	2.33	7.76
3	片麻岩	NTG12D210B3	0.01	8.3	32	54	73	6.2	37	0.45	0.10	13.0	2.94	2.14	2.28
4	片麻岩	D049B1	0.28	7.3	26	15	47	4.1	64	0.71	0.10	3.2	3.35		
5	斜长角闪岩	D002B2	0.08	10.0	11	180	51	5.4	71	0.88	0.52	4.7	18.78		
6	斜长角闪岩	NTG12D209B2	0.18	26.9	12	171	42	5.9	76	0.84	0.24	13.0	13.46	2.46	2.74
7	安山岩	NTG12D201B1	0.02	12.7	10	70	74	4.0	39	0.68	0.48	6.0	13.70	2.22	2.79
8	安山岩	NTG12D207B1	0.07	11.9	14	83	81	5.6	99	0.34	0.02	13.0	14.44	1.32	1.64
9	安山岩	NTG12D208B1	0.06	12.9	14	98	63	5.0	65	0.66	0.18	13.0	10.38	1.38	2.38
10	安山岩	NTG12D208B3	0.22	21.1	13	80	51	7.4	61	1.00	0.18	13.0	12.96	1.76	1.62
11	花岗岩	YG08D035B1	0.05	6.9	20	42	34	0.9	45	0.54	0.01	3.7	15.84		
12	花岗岩	YG08D036B1	0.08	7.8	32	59	32	2.0	46	0.71	0.01	3.7	26.94		
13	花岗岩	YG08D038B1	0.07	7.6	25	60	37	4.0	40	0.51	0.15	16.0	24.17	3.12	6.88
14	花岗岩	YG08D038B3	0.06	11.5	27	80	44	1.7	52	0.33	0.10	6.0	23.59	2.71	4.41
15	花岗岩	YG08D041B2	0.10	10.4	32	69	68	0.8	49	0.54	0.03	3.7	34.24		
16	花岗岩	D082B1	0.21	6.4	22	30	74	6.8	56	0.71	0.16	6.3	8.45		
17	花岗岩	D059B1	0.06	6.6	52	40	52	1.2	51	0.71	0.05	5.8	3.56		
18	花岗岩	D083B1	0.26	11.0	57	37	22	0.3	43	0.54	0.08	4.7	6.34		

续表 3－1

序号	岩　石	样　号	Bi	Cu	Pb	Zn	Cd	Au	Ag	As	Sb	Hg	Li	Be	B
19	花岗岩	YG08D038B2	0. 03	5. 4	23	42	36	3. 2	37	0. 26	0. 10	9. 0	16. 15	3. 1	3. 42
20	花岗岩	YG08D043B1	0. 09	5. 9	76	25	31	0. 7	33	0. 54	0. 17	3. 7	10. 33		
21	花岗岩	D074B1	0. 33	4. 6	17	22	73	5. 0	78	0. 71	0. 29	5. 8	4. 04		
22	石英斑岩	D001B1	0. 20	3. 4	75	56	59	6. 4	176	0. 54	0. 79	3. 2	3. 05		
23	石英斑岩	D061B1	0. 07	9. 3	24	15	43	4. 5	63	0. 71	0. 05	3. 7	1. 20		
24	石英斑岩	D061B2	0. 06	7. 1	32	18	41	5. 1	79	0. 71	0. 12	3. 7	3. 77		
样品数			24	24	24	24	24	24	24	24	24	24	24	11	11
最大值			0. 33	27	76	180	81	7. 4	176	1. 00	0. 79	16	34. 2	3. 12	7. 76
最小值			0. 01	3. 4	10	15	22	0. 3	33	0. 26	0. 01	3. 2	1. 20	1. 32	1. 62
中位值			0. 07	7. 9	25	48	45	4. 7	59	0. 62	0. 11	5. 9	10. 4	2. 22	2. 74
平均值			0. 11	10	29	58	50	4. 1	64	0. 61	0. 17	7. 7	11. 8	2. 18	3. 50
标准差			0. 09	5. 2	19	44	17	2. 2	30	0. 18	0. 19	4. 4	8. 79	0. 65	2. 05
异常下限			0. 29	19. 9	67	145	84	8. 5	123	0. 97	0. 54	16. 4	29. 4	3. 48	7. 60
上陆壳			0. 127	25	20	71	98	1. 8	50	1. 50	0. 20	8	20	3	15
富集系数			0. 89	0. 38	1. 46	0. 81	0. 51	2. 27	1. 27	0. 41	0. 87	0. 96	0. 59	0. 73	0. 23

序号	岩　石	样　号	F	Co	Ni	V	Cr	Zr	Nb	Th	U	La	Y	Sr	Ba
1	片麻岩	NTG12D209B8	870	2. 4	1. 55	10	12. 6	271	20. 8	30. 4	2. 37	104. 2	42. 2	183	1081
2	片麻岩	NTG12D209B9	927	1. 1	1. 62	11	8. 6	145	8. 4	28. 6	3. 36	76. 4	15. 6	166	836
3	片麻岩	NTG12D210B3	316	2. 3	1. 94	7	13. 2	403	18. 7	38. 4	1. 89	133. 4	50. 0	217	1554
4	片麻岩	D049B1		2. 4	2. 47	13	8. 2	199	14. 6	37. 0	8. 79	82. 1	48. 8	170	269
5	斜长角闪岩	D002B2		18. 3	13. 0	233	11. 3	257	12. 9	5. 4	0. 68	52. 1	47. 2	354	435
6	斜长角闪岩	NTG12D209B2	1117	22. 6	22. 6	142	65. 2	294	13. 0	5. 5	0. 80	59. 4	41. 8	336	979
7	安山岩	NTG12D201B1	967	20. 5	31. 1	116	124	166	9. 3	2. 4	0. 62	33. 6	21. 8	544	1131
8	安山岩	NTG12D207B1	649	25. 4	36. 1	127	150	173	10. 7	3. 3	0. 60	38. 7	28. 8	466	1399
9	安山岩	NTG12D208B1	820	26. 5	35. 2	135	141	189	10. 4	2. 8	0. 58	42. 5	27. 2	528	1245
10	安山岩	NTG12D208B3	1651	23. 1	8. 93	172	49. 3	296	10. 3	4. 1	0. 68	60. 8	49. 2	459	1173
11	花岗岩	YG08D035B1		6. 4	3. 43	41	9. 9	89	14. 2	11. 1	1. 57	31. 5	13. 8	826	895
12	花岗岩	YG08D036B1		7. 4	3. 30	54	8. 6	162	21. 6	29. 6	6. 44	40. 7	20. 5	565	1393
13	花岗岩	YG08D038B1	833	9. 5	5. 23	58	12. 6	97	13. 5	10. 3	2. 30	32. 5	11. 5	866	828
14	花岗岩	YG08D038B3	974	10. 6	4. 20	102	19. 6	185	19. 2	16. 3	3. 73	46. 3	21. 2	658	1671
15	花岗岩	YG08D041B2		8. 1	3. 63	58	9. 0	178	24. 0	28. 5	5. 16	38. 3	20. 5	531	1012
16	花岗岩	D082B1		1. 3	3. 08	41	6. 7	180	13. 9	18. 1	1. 71	35. 1	11. 9	172	866
17	花岗岩	D059B1		2. 5	2. 08	23	11. 7	148	21. 6	18. 5	1. 88	20. 1	14. 5	1037	2117
18	花岗岩	D083B1		2. 0	1. 91	27	14. 7	153	18. 5	18. 2	4. 29	28. 4	16. 3	849	2857
19	花岗岩	YG08D038B2	543	5. 8	3. 80	38	9. 1	76	9. 3	6. 0	1. 32	25. 6	5. 33	883	918
20	花岗岩	YG08D043B1		0. 5	1. 61	9	2. 9	97	20. 4	28. 4	11. 25	24. 3	5. 49	77	57

续表 3-1

序号	岩 石	样 号	F	Co	Ni	V	Cr	Zr	Nb	Th	U	La	Y	Sr	Ba
21	花岗岩	D074B1		2.7	4.62	25	8.9	139	14.9	25.7	3.99	14.0	6.35	453	2087
22	石英斑岩	D001B1		0.3	1.79	13	2.9	82	13.9	15.9	4.76	7.57	6.80	104	383
23	石英斑岩	D061B1		1.1	1.86	8	4.6	70	8.8	6.3	2.22	7.09	4.13	426	1209
24	石英斑岩	D061B2		1.1	2.18	12	8.8	47	5.1	13.2	2.34	4.80	5.95	422	1834
样品数			11	24	24	24	24	24	24	24	24	24	24	24	24
最大值			1651	26.5	36.1	233	150	403	24.0	38.4	11.3	133	50.0	1037	2857
最小值			316	0.27	1.6	6.6	2.9	47.2	5.1	2.39	0.58	4.80	4.13	77	57
中位值			870	4.2	3.4	39	11	164	13.9	16.1	2.26	36.7	18.4	456	1106
平均值			879	8.5	8.2	61	30	171	14.5	16.8	3.05	43.3	22.4	470	1176
标准差			341	9.0	11.1	62	44	84.9	5.1	11.5	2.70	30.9	15.8	273	635
异常下限			1560	26.5	30.3	186	119	341	24.6	39.8	8.46	105.1	54.0	1017	2446
上陆壳			540	10	20	60	35	190	25	10.7	2.8	30	22	350	550
富集系数			1.63	0.85	0.41	1.02	0.85	0.90	0.58	1.57	1.09	1.44	1.02	1.34	2.14

注：氧化物的含量单位为%，Au、Ag、Cd、Hg的含量单位为ng/g，其他元素的含量单位为μg/g；异常下限=平均值+2×标准差；上陆壳元素含量数据引自Taylor和McLennan（1995），其中P、Hg、F数据引自鄢明才和迟清华（1997）华北地台数据；富集系数=平均值/上陆壳。

由于区域岩石岩性有花岗岩、片麻岩、斜长角闪岩、安山岩、石英斑岩等，其岩性差异比较明显，而主量元素含量高低主要反映岩石的岩性，因此本文对表3-1中7项氧化物和Ti、Mn、P共10项指标不做深入讨论，仅供研究微量元素时作参考。表3-1中29项微量元素除Co、Ni、Cr外其他微量元素的中位值与其平均值均比较接近，这表明数据分布比较均匀，具有较好的代表性。而Co、Ni、Cr元素中位值与其平均值存在较大差异的原因是由于区域岩石岩性差异较大所致。

本章选择平均值来表征区域岩石的总体特征。与上陆壳29项微量元素含量相比，区域岩石中Au具有最大富集系数，其值为2.27；富集系数大于2.0的还有Ba；富集系数介于1.5~2.0的有Th、F；富集系数介于1.2~1.5的有La、Sr、Ag。

在29项微量元素中，上述富集系数大于1.2的共有7项，其中热液成矿元素有Au、Ag；大离子亲石元素有Sr、Ba；高场强元素有Th、La；运矿元素有F。

二、异常下限

区域新鲜岩石中微量元素的含量分布特征为该区岩石地球化学勘查提供了确定元素异常下限或背景上限的可能。此处区域新鲜岩石中微量元素异常下限的确定方法采用均值-标准差法。即

$$T = \overline{X} + 2S$$

式中，T为元素含量的异常下限；$\overline{X}$为元素含量的平均值；S为元素含量的标准差。39项元素在区域岩石中的异常下限计算结果列于表3-1中，这可为确定牛头沟金矿区找矿（或成矿）指示元素提供背景参考值。

三、稀土元素特征

（一）稀土元素配分曲线

基岩岩石是岩石、土壤、水系沉积物等介质地球化学勘查所采集样品的直接或间接物质来源。稀土元素配分曲线为探讨物质来源提供了示踪技术。

稀土元素配分曲线的标准样品通常选择球粒陨石，但由于大多科学问题所涉及的样品属于上陆壳内的样品，Gong 等人（2011）推荐使用上陆壳（UCC）的平均化学组成来代替球粒陨石作为标准样品进行稀土元素配分曲线制图，上陆壳作为标准对反映稀土元素配分曲线形态变化较球粒陨石标准更加灵敏。同时为保证稀土元素配分曲线形态视觉效果的统一性，Gong 等人（2011）建议配分曲线横坐标长度为 6cm、纵坐标长度为每数量级 1.5cm，如当纵坐标刻度达 3 个数量级时其坐标轴长度为 4.5cm。

在分析表 3-1 所示的 39 项指标的基础上也对 14 项稀土元素含量进行了分析。按照上述建议制作区域岩石的稀土元素配分曲线，如图 3-1 所示。

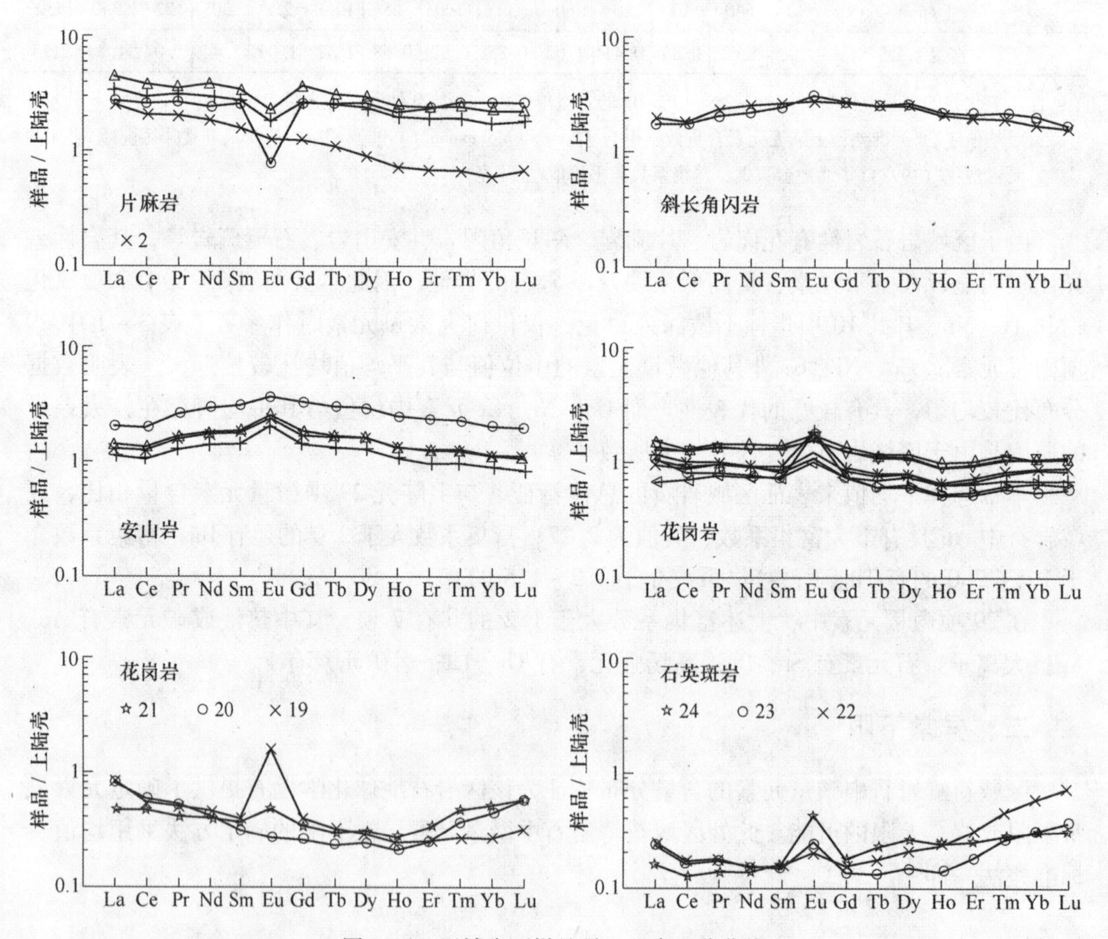

图 3-1 区域岩石样品稀土元素配分曲线

（标注数字为表 3-1 中样品的序号）

如果不考虑铕异常现象，从图 3-1 可以看出：（1）片麻岩具有两种稀土元素配分曲线形态：平坦型与右倾型，右倾型稀土元素含量相对较低。(2) 斜长角闪岩稀土元素配分曲线形态属于平坦型。(3) 安山岩稀土元素配分曲线形态属于平坦型。(4) 花岗岩具有两种稀土元素配分曲线形态：平坦型与右倾型，右倾型稀土元素含量相对较低。(5) 石英斑岩稀土元素配分曲线形态属于左倾型，其稀土元素含量相对于围岩明显偏低。

上述结果表明，熊耳山地区区域地层和花岗岩体岩石的稀土元素配分曲线具有平坦型和右倾型两种类型，其中以平坦型为主；牛头沟金矿区石英斑岩脉的稀土元素配分曲线属于左倾型。

（二）Y－Ho－La 关系

在选择上陆壳（UCC）平均化学组成作为标准样品所制作的稀土元素配分曲线图中（图 3－1），如果不考虑铕异常现象，可将熊耳山地区区域岩石样品的稀土元素配分曲线形态划分成左倾型、平坦型和右倾型三种类型。这三种类型的实质区别在于轻稀土与重稀土之间的分馏行为。通常将轻稀土又称为铈族稀土，将重稀土又称为钇族稀土，这表明 Y 与重稀土具有十分相似的性质。

熊耳山地区区域岩石样品 Y 与重稀土 Ho 的关系如图 3－2 所示，二者具有显著的正比关系：Ho＝0.0379Y，这种正比例关系似乎并不受上述区域岩石岩性差异的影响。由于上陆壳的 Ho、Y 含量分别为 0.8μg/g、22μg/g，其比例系数为 0.0364，所以采用上陆壳标准化后区域岩石 Ho_N、Y_N 的比例系数为 1.04（0.0379/0.0364），即 $Ho_N = 1.04Y_N$。

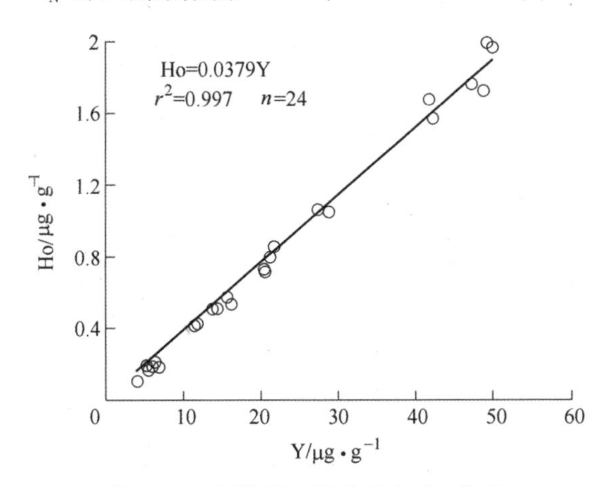

图 3－2　区域岩石样品 Y 与 Ho 关系

在我国区域化探样品 39 项分析指标中，稀土元素仅分析了 La，缺少其他 13 项稀土元素含量，但 39 项分析指标包括了 Y。基于 Y 与 Ho 具有十分相似的性质，可以利用 Y 的标准化数据 Y_N 来计算出 Ho_{NC}（下标 C 代表依据正比关系计算得出的），进而代替 Ho 的标准化数据 Ho_N 在稀土配分曲线中的位置。上述不考虑铕异常的左倾型、平坦型和右倾型三种曲线形态则可由 La_N 和 Ho_{NC} 两个数据来表征稀土元素配分曲线的整体形态。这一应用的前提假设是从轻稀土到重稀土配分曲线呈现出规律性的变化，且不考虑铕异常。

以上陆壳为标准，熊耳山地区区域岩石样品的 La_N 与 Ho_{NC} 的关系如图 3－3 所示。图 3－3(a) 中横坐标为表 3－1 中样品的序号，该图适用于样品数量较少的情况，通过比较 La_N 与 Ho_{NC} 的接近程度来判断样品稀土元素配分曲线的形态。图 3－3(b) 中适用于样品数量较多的情况，其中实线为过原点且斜率为 1 的直线，通过比较数据点与实线的接近程度来判断样品稀土元素配分曲线的形态；图中数据点围绕实线附近分布则反映平坦型特征，数据点明显偏离实线且位于其左上方则反映左倾型特征，数据点明显偏离实线且位于其右下方则反映右倾型稀土元素配分曲线特征。

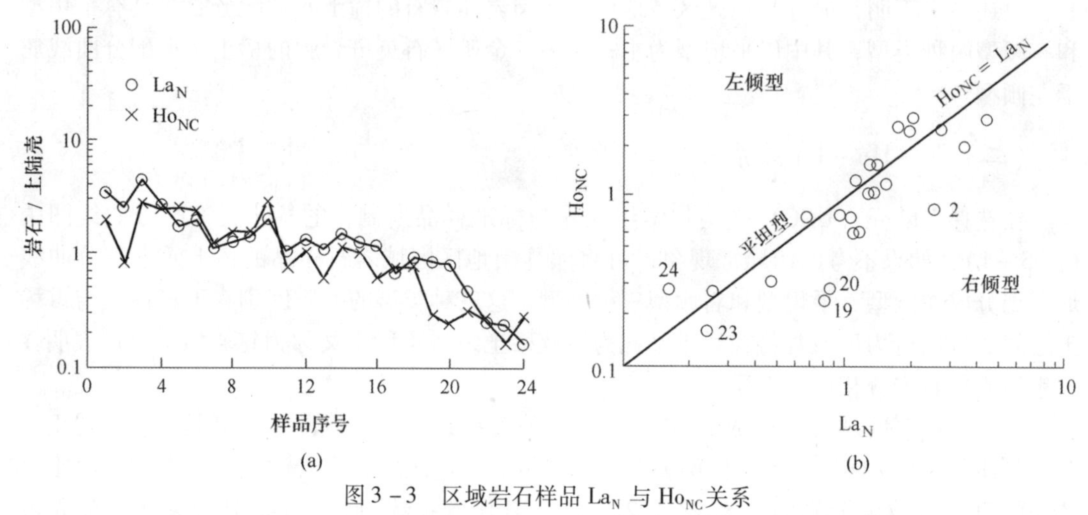

图 3－3　区域岩石样品 La_N 与 Ho_{NC} 关系

（标准样品为上陆壳，La_N、Y_N 为 La、Y 的标准化数据，$Ho_{NC} = 1.04Y_N$，标注数字为样品序号）

（a）样品数量较少的情况；（b）样品数量较多的情况

从图 3－3(a)中可以看出，序号为 2、19、20 的三件样品其 Ho_{NC} 明显低于 La_N，反映出右倾型稀土元素配分曲线的特征，这与图 3－1 中所示结果相一致。从图 3－3(b)中同样可以看出存在明显偏离实线的数据点，经查证其样品序号为 2、19、20 等，这一结果与图 3－3(a)和图 3－1 所示结果相一致。

值得说明的是，图 3－1 中石英斑岩的稀土元素配分曲线属于左倾型，但由于从 La 到 Lu 配分曲线形态并未呈现出渐变的规律，因此仅凭 La、Y 数据（图 3－3）认为其配分曲线特征基本属于平坦型，这从图 3－1 中 La_N、Ho_N 数值比较也可以得到证实。

第二节　矿区蚀变岩

一、地球化学数据

实测及收集到牛头沟金矿区蚀变岩样品 32 件，其 39 项元素（含氧化物）含量分析结果见表 3－2。计算 32 件矿区蚀变岩元素含量数据的统计参数，并将其列在表 3－2 中。

表 3－2　矿区蚀变岩石 39 项元素（含氧化物）分析数据及其统计参数

序号	岩 石	样 号	SiO_2	Al_2O_3	Fe_2O_3	Na_2O	K_2O	CaO	MgO	Ti	Mn	P	W	Sn	Mo
1	片麻岩	NTG12D202B3	69.52	14.35	3.75	4.06	3.82	1.61	0.87	1319	774	349	0.49	1.84	0.41
2	片麻岩	NTG12D204B3	65.60	12.71	4.50	0.20	10.62	2.29	1.15	4436	1084	1004	18.1	2.43	0.41

续表 3 - 2

序号	岩 石	样 号	SiO_2	Al_2O_3	Fe_2O_3	Na_2O	K_2O	CaO	MgO	Ti	Mn	P	W	Sn	Mo
3	片麻岩	NTG12D205B9	65.08	12.67	8.58	0.24	9.07	0.98	0.82	4915	542	1004	15.7	3.58	0.61
4	片麻岩	NTG12D210B2	73.55	12.37	2.19	1.54	7.79	0.79	0.28	1379	387	175	10.7	1.49	1.06
5	斜长角闪岩	D002B1	52.32	12.18	14.57	0.12	10.08	5.35	3.45	10291	1636	2595	99.2	1.94	0.58
6	斜长角闪岩	NTG12D205B1	61.95	13.60	4.66	0.09	11.41	2.79	1.65	5694	1394	1397	90.7	2.84	79.3
7	斜长角闪岩	NTG12D205B2	50.07	14.72	11.40	1.45	7.46	4.30	6.30	6114	2478	1266	13.1	1.54	2.99
8	斜长角闪岩	NTG12D205B3	51.16	13.67	7.82	0.07	9.78	6.03	3.10	4675	2014	1092	17.4	2.75	0.43
9	斜长角闪岩	NTG12D205B4	53.40	16.58	7.77	0.11	11.72	1.32	3.90	5874	1549	1572	21.9	3.81	0.43
10	斜长角闪岩	NTG12D205B6	63.29	12.40	6.03	0.21	10.07	2.57	0.94	3477	697	742	12.9	3.03	0.31
11	斜长角闪岩	NTG12D205B10	57.91	13.06	7.81	0.10	9.17	4.13	3.22	3536	1317	961	14.5	2.65	0.19
12	斜长角闪岩	NTG12D205B11	55.46	12.76	13.22	1.88	4.36	4.24	2.87	13187	1626	3973	10.4	2.39	1.37
13	斜长角闪岩	NTG12D205B13	87.14	2.59	3.84	0.31	1.46	0.40	0.95	420	774	131	1.84	1.27	0.25
14	斜长角闪岩	NTG12D209B1	54.04	11.32	12.51	1.15	3.23	7.54	1.86	7672	1704	2139	20.3	2.86	0.16
15	斜长角闪岩	NTG12D209B6	68.43	12.19	3.47	0.16	10.69	1.34	0.67	1558	465	131	6.40	3.30	6.65
16	斜长角闪岩	NTG12D209B7	71.71	13.19	1.42	0.19	11.77	0.13	0.41	300	697	44	1.34	1.30	0.73
17	安山岩	D040B1	61.21	13.08	9.58	2.07	1.88	6.97	3.38	7242	988	1485	1.90	1.46	1.20
18	安山岩	D054B3	53.54	12.79	12.63	0.56	7.68	4.46	4.30	8485	1934	1646	53.7	3.13	8.02
19	安山岩	NTG12D201B2	52.19	13.94	9.57	0.16	12.09	2.51	3.71	7193	2401	1135	140.3	3.72	0.47
20	安山岩	NTG12D201B4	56.93	13.28	8.93	0.74	9.78	2.61	3.45	6593	1936	1441	43.2	1.76	0.45
21	安山岩	NTG12D203B2	71.08	11.09	4.73	0.21	9.65	0.78	0.44	2577	542	480	6.31	3.50	0.35
22	花岗岩	D013B1	73.97	13.09	1.09	0.84	9.02	0.44	0.35	369	134	56	1.76	0.77	2.10
23	石英斑岩	D060B2	75.54	13.29	1.39	1.28	4.35	2.46	0.19	354	27	46	1.81	0.60	11.2
24	石英斑岩	D060B4	75.94	13.26	0.80	1.29	6.60	0.80	0.12	290	52	23	2.34	0.68	2.14
25	石英斑岩	D060B5	74.20	13.05	1.78	1.59	6.86	0.89	0.09	282	33	31	1.77	0.70	61.5
26	石 英	NTG12D204B2	95.35	1.55	0.66	0.03	0.96	0.29	0.14	300	232	262	3.11	1.50	5.17
27	石 英	NTG12D208B6	63.70	0.71	15.64	0.08	0.10	11.35	1.35	180	1626	87	1.21	0.79	1.30
28	钾长石	D003B1	63.99	17.66	0.68	0.12	15.56	1.01	0.17	399	165	54	1.57	0.60	0.50
29	石英钾长石脉	D031B1	70.08	15.28	0.55	0.15	13.46	0.10	0.16	454	56	35	3.44	0.60	0.44
30	石英钾长石脉	NTG12D205B5	72.42	10.24	3.61	0.11	8.68	1.67	0.70	2038	542	437	5.90	2.22	0.43
31	石英钾长石脉	NTG12D205B8	65.15	12.69	7.18	0.35	9.57	1.39	0.86	4016	697	917	11.7	3.00	0.46
32	碎裂岩	NTG12D203B3	51.45	14.61	8.70	0.12	9.50	4.01	4.90	5155	1936	1048	24.5	3.10	0.13
样品数			32	32	32	32	32	32	32	32	32	32	32	32	32
最大值			95.35	17.66	15.64	4.06	15.56	11.35	6.30	13187	2478	3973	140	3.81	79.25
最小值			50.07	0.71	0.55	0.03	0.10	0.10	0.09	180	26.87	23.19	0.49	0.60	0.13
中位值			64.53	13.05	5.38	0.21	9.12	1.98	0.95	3506	774	830	10.53	2.08	0.54
平均值			64.92	12.19	6.28	0.67	8.07	2.74	1.77	3774	1014	867	20.61	2.10	5.99
标准差			10.81	3.75	4.51	0.87	3.79	2.56	1.69	3397	750	892	32.30	1.05	17.23
异常下限			83.18	18.82	12.88	4.70	9.24	7.53	4.52	11271	1701	3169	5.17	2.85	4.02
异常衬度			0.78	0.65	0.49	0.14	0.87	0.36	0.39	0.33	0.60	0.27	3.99	0.74	1.49

续表 3-2

序号	岩 石	样 号	Bi	Cu	Pb	Zn	Cd	Au	Ag	As	Sb	Hg	Li	Be	B
1	片麻岩	NTG12D202B3	0.33	19.2	72	62	127	42	395	0.56	0.09	6	5.65	2.50	4.07
2	片麻岩	NTG12D204B3	0.23	56.2	224	200	248	11.4	403	0.82	0.69	6	3.78	0.64	2.04
3	片麻岩	NTG12D205B9	0.08	9.9	28	39	40	20	121	0.50	0.21	6	9.28	1.69	3.35
4	片麻岩	NTG12D210B2	0.03	15.7	17	19	38	29	97	1.87	0.30	13	2.92	0.84	4.73
5	斜长角闪岩	D002B1	0.22	15.1	29	110	53	42	137	8.33	1.15	4.7	3.21		
6	斜长角闪岩	NTG12D205B1	1.50	143	154	216	1209	112	2004	1.22	0.39	6	5.16	1.37	1.37
7	斜长角闪岩	NTG12D205B2	0.11	32.1	17	223	63	39	235	0.56	0.45	6	17.5	2.29	1.14
8	斜长角闪岩	NTG12D205B3	0.47	63.6	237	308	1928	86	918	1.04	0.22	6	13.1	0.88	0.89
9	斜长角闪岩	NTG12D205B4	0.44	39.1	41	201	230	120	482	0.87	0.21	6	22.3	0.60	1.10
10	斜长角闪岩	NTG12D205B6	0.11	59.8	18	83	65	19	164	0.46	0.11	6	5.09	0.71	1.18
11	斜长角闪岩	NTG12D205B10	0.18	16.0	17	103	32	17	266	0.45	0.24	6	10.0	1.58	0.76
12	斜长角闪岩	NTG12D205B11	0.06	42.6	16	159	47	25	92	0.76	0.37	6	12.4	3.03	1.48
13	斜长角闪岩	NTG12D205B13	18.7	35.5	1715	7347	33440	290	11800	9.10	0.60	6	4.32	1.12	2.33
14	斜长角闪岩	NTG12D209B1	2.26	58.9	42	127	106	190	583	1.92	0.59	13	11.6	1.49	1.66
15	斜长角闪岩	NTG12D209B6	0.89	24.7	18	18	48	250	413	7.54	0.20	13	6.66	0.19	1.36
16	斜长角闪岩	NTG12D209B7	0.23	24.2	13	14	20	106	631	2.28	0.26	13	4.39	0.24	2.74
17	安山岩	D040B1	0.61	33.1	20	78	95	15	138	0.54	0.06	3.2	5.15		
18	安山岩	D054B3	0.55	44.9	28	141	113	195	127	1.06	0.29	3.7	60.6		
19	安山岩	NTG12D201B2	0.33	21.3	27	90	84	440	1224	1.28	0.40	6	84.0	0.85	1.13
20	安山岩	NTG12D201B4	0.01	9.8	12	94	55	18	83	0.58	0.69	6	29.5	1.29	1.18
21	安山岩	NTG12D203B2	0.96	56.7	32	47	37	290	926	23.5	0.43	6	1.43	0.59	1.24
22	花岗岩	D013B1	0.29	14.5	17	20	47	103	190	1.41	0.28	4.2	2.09		
23	石英斑岩	D060B2	1.42	19.4	43	26	142	83	239	1.59	0.27	3.7	2.00		
24	石英斑岩	D060B4	0.23	12.0	98	39	161	75	769	1.59	0.23	3.2	2.44		
25	石英斑岩	D060B5	0.12	8.3	51	34	229	50	232	0.71	0.07	5.8	2.45		
26	石 英	NTG12D204B2	1.89	66.5	705	65	151	170	7080	0.84	1.01	6	8.33	1.97	2.28
27	石 英	NTG12D208B6	54.9	16.7	13	26	62	200	419	2.14	0.05	96	2.15	0.29	1.49
28	钾长石	D003B1	0.06	11.0	39	18	35	23	183	1.95	0.37	5.3	4.17		
29	石英钾长石脉	D031B1	2.54	6.4	88	15	26	51	1503	1.06	0.27	3.7	1.48		
30	石英钾长石脉	NTG12D205B5	0.09	94.3	14	69	36	17	523	0.58	0.28	6	2.66	0.64	1.31
31	石英钾长石脉	NTG12D205B8	0.17	11.6	24	46	42	13	186	0.62	0.28	6	5.09	3.25	2.24
32	碎裂岩	NTG12D203B3	0.77	35.5	74	278	158	250	672	30.9	0.38	6	27.3	0.92	0.70
样品数			32	32	32	32	32	32	32	32	32	32	32	23	23
最大值			54.9	143	1715	7347	33440	440	11800	30.9	1.15	96	84.0	3.25	4.73
最小值			0.01	6.43	12	14.12	20	11.4	83	0.45	0.05	3	1.43	0.19	0.70
中位值			0.31	24.5	29	73.26	64	63.23	399	1.06	0.28	6	5.12	0.92	1.37
平均值			2.84	34.9	123	322	1224	106	1039	3.39	0.36	9	11.8	1.26	1.82
标准差			10.1	29.2	318	1284	5891	107	2326	6.69	0.25	16	17.7	0.86	1.05
异常下限			0.29	19.9	67	145	*84	8.5	123	0.97	0.54	16.4	29.4	3.48	7.60
异常衬度			9.70	1.75	1.85	2.22	14.65	12.48	8.41	3.51	0.66	0.56	0.40	0.36	0.24

续表 3-2

序号	岩 石	样 号	F	Co	Ni	V	Cr	Zr	Nb	Th	U	La	Y	Sr	Ba
1	片麻岩	NTG12D202B3	602	4.1	5.88	19	14.0	141	10.0	13.9	3.72	37.7	16.7	277	1081
2	片麻岩	NTG12D204B3	790	8.6	4.24	156	17.8	356	29.9	17.5	2.74	55.3	72.8	422	1516
3	片麻岩	NTG12D205B9	1147	3.7	1.87	95	23.7	513	21.7	34.9	2.89	103	50.9	309	1760
4	片麻岩	NTG12D210B2	289	0.9	1.56	22	10.7	265	12.7	31.5	1.75	91.2	25.3	196	1172
5	斜长角闪岩	D002B1		20.6	13.9	328	16.2	228	13.6	6.9	2.36	56.1	45.0	216	303
6	斜长角闪岩	NTG12D205B1	716	9.6	4.78	142	18.6	530	70.8	54.1	3.53	170	71.8	272	432
7	斜长角闪岩	NTG12D205B2	2861	23.4	94.2	195	267.7	155	6.6	1.7	0.56	28.9	28.4	699	688
8	斜长角闪岩	NTG12D205B3	976	28.3	41.2	312	108.3	134	13.4	2.6	2.51	29.2	29.8	393	579
9	斜长角闪岩	NTG12D205B4	1201	14.7	28.2	462	98.9	210	14.2	5.1	3.16	61.2	33.9	237	938
10	斜长角闪岩	NTG12D205B6	408	5.9	3.24	109	19.6	393	16.6	30.6	2.16	81.0	43.3	356	1521
11	斜长角闪岩	NTG12D205B10	2223	13.5	12.4	209	48.5	236	15.0	9.4	2.31	37.5	36.8	312	895
12	斜长角闪岩	NTG12D205B11	1344	8.8	9.82	132	92.8	301	14.4	4.6	0.93	61.2	45.6	538	926
13	斜长角闪岩	NTG12D205B13	791	3.0	4.11	42	16.2	87	2.7	6.8	1.69	61.7	63.4	525	359
14	斜长角闪岩	NTG12D209B1	1070	66.2	18.2	176	58.1	229	9.8	4.2	1.15	49.1	34.6	445	639
15	斜长角闪岩	NTG12D209B6	725	4.1	2.43	46	17.8	170	55.7	17.3	0.70	55.8	43.9	186	879
16	斜长角闪岩	NTG12D209B7	360	2.1	2.41	17	10.6	14	11.7	5.1	0.50	10.3	4.48	182	1481
17	安山岩	D040B1		24.3	32.0	125	105.5	165	10.5	3.7	0.75	43.5	30.9	417	652
18	安山岩	D054B3		19.9	22.7	397	92.8	180	16.1	9.4	6.17	81.5	95.9	532	693
19	安山岩	NTG12D201B2	5110	17.3	31.1	444	111.1	182	12.3	5.6	6.97	60.5	122	156	524
20	安山岩	NTG12D201B4	3216	16.1	29.0	275	113.4	162	8.1	2.5	1.49	29.9	25.3	356	1666
21	安山岩	NTG12D203B2	288	9.3	2.99	39	15.4	463	20.1	34.7	2.67	105	54.5	237	877
22	花岗岩	D013B1		3.2	2.49	21	2.9	98	26.5	63.2	43.6	27.2	25.4	119	570
23	石英斑岩	D060B2		5.5	1.86	7.2	3.9	79	6.8	12.1	9.84	10.3	6.47	146	747
24	石英斑岩	D060B4		0.7	1.81	5.2	2.9	77	12.6	12.4	11.4	10.5	8.36	135	388
25	石英斑岩	D060B5		1.8	1.56	4.9	2.9	75	9.9	14.5	10.9	10.6	8.35	197	641
26	石 英	NTG12D204B2	944	1.1	1.89	52	5.5	30	3.6	10.9	3.79	158	146	945	1698
27	石 英	NTG12D208B6	171	870	9.57	17	36.5	6	0.75	0.29	0.12	1.3	7.08	139	29
28	钾长石	D003B1		1.3	3.34	18	5.4	72	5.5	19.2	5.28	10.2	13.3	482	1383
29	石英钾长石脉	D031B1		1.3	1.61	16	4.3	10	3.6	12.4	2.05	4.61	3.26	241	1656
30	石英钾长石脉	NTG12D205B5	348	3.0	3.06	79	16.2	248	9.9	11.4	1.31	48.3	35.6	275	1031
31	石英钾长石脉	NTG12D205B8	491	5.0	7.61	68	25.7	402	15.4	23.8	2.05	71.9	59.1	424	1804
32	碎裂岩	NTG12D203B3	1492	13.7	43.6	355	145.5	150	10.0	2.8	5.16	25.9	37.6	357	993
样品数			23	32	32	32	32	32	32	32	32	32	32	32	32
最大值			5110	870	94.2	462	268	530	70.8	63.2	43.6	170	146	945	1804
最小值			171	0.65	1.56	4.89	2.85	5.60	0.75	0.29	0.12	1.34	3.26	119	28.82
中位值			791	7.24	4.51	87.3	18.2	167	12.5	11.2	2.43	48.7	35.1	293	887
平均值			1198	37.8	13.9	137	47.8	199	15.3	15.2	4.57	52.8	41.4	335	954
标准差			1164	152	19.3	140	58.5	143	14.2	15.0	7.69	40.7	32.9	181	485
异常下限			1560	26.5	30.3	186	119	341	24.6	39.8	8.46	105.1	54.0	1017	2446
异常衬度			0.77	1.43	0.46	0.74	0.40	0.58	0.62	0.38	0.54	0.50	0.77	0.33	0.39

注：氧化物的含量单位为%，Au、Ag、Cd、Hg 的含量单位为 ng/g，其他元素的含量单位为 μg/g；异常下限为表 3-1 中区域岩石的元素含量异常下限；异常衬度 = 平均值/异常下限。

二、异常元素组合

蚀变岩中微量元素变化范围较大，可达1~3个数量级（表3-2）。强烈蚀变的岩石其部分微量元素的含量接近矿石中的含量，然而弱蚀变岩中部分微量元素的含量与新鲜原岩中的含量相接近。为了整体把握蚀变过程中带入的微量元素，此处选择微量元素含量的平均值来表征蚀变岩的元素组成。即只要样品中某元素含量出现异常高值，则表明蚀变过程该元素发生了明显富集，并不要求每件蚀变岩中明显富集该元素。

此处采用异常衬度来确定找矿元素组合，即蚀变过程中明显富集的元素组合。异常衬度的计算公式采用：

$$A_c = \overline{X}/T$$

式中，A_c 为异常衬度；$\overline{X}$ 为蚀变岩中元素的平均值；T 为区域新鲜岩石中元素的异常下限。

在29项微量元素中，牛头沟金矿区蚀变岩中元素含量异常衬度大于1.0的元素有W、Mo、Bi、Cu、Pb、Zn、Cd、Au、Ag、As、Co，共11项，其中异常衬度大于10的有Au、Cd；大于3.0的有Ag、As、W、Bi；其余五项的异常衬度也均大于1.40（佟依坤等 2014）。

综上所述，依据矿区蚀变岩与区域新鲜岩石所计算的异常衬度可以确定牛头沟金矿区找矿指示元素组合为W、Mo、Bi、Cu、Pb、Zn、Cd、Au、Ag、As、Co，共11项。

三、稀土元素特征

牛头沟金矿区蚀变岩样品Y与重稀土Ho的关系如图3-4所示，在剔除4个离异数据点后，二者具有显著的正比关系：Ho=0.0365Y。图3-4中4个离异数据点表明相对于Ho而言，Y发生了明显富集。采用上陆壳标准化后矿区蚀变岩 Y_N、Ho_N 的比例系数为1.00（0.0365/0.0364），即 $Ho_N=1.00Y_N$。

以上陆壳为标准，牛头沟金矿区蚀变岩样品的 La_N 与 Ho_{NC} 的关系如图3-5所示。

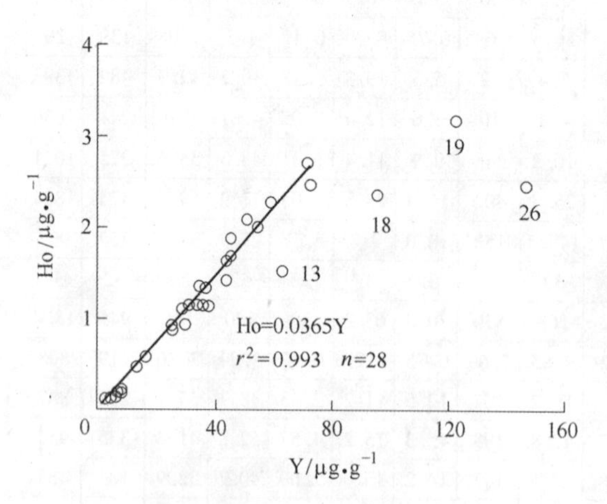

图3-4 矿区蚀变岩样品Y与Ho关系

（拟合直线时剔除了4个离异数据点；标注数字为表3-2中样品的序号）

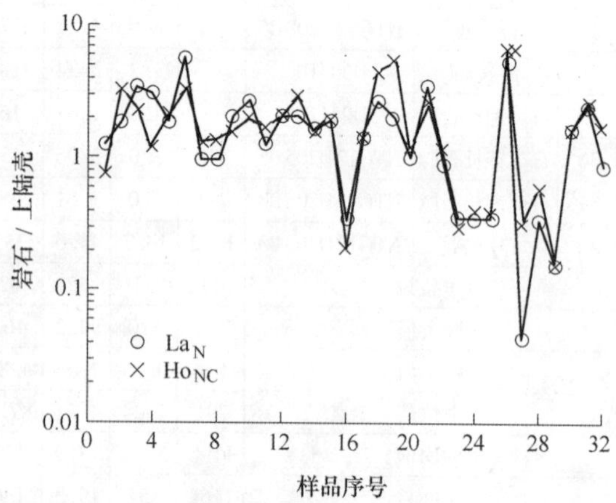

图3-5 矿区蚀变岩样品 La_N 与 Ho_{NC} 关系

（标准样品为上陆壳，La_N、Y_N 为La、Y的标准化数据，$Ho_{NC}=1.00Y_N$）

从图3-5中可以看出，序号为27的样品应具有左倾型稀土元素配分曲线特征，4号样品具有微右倾型特征，19号样品具有微左倾型特征，其他样品基本表现为平坦型。

在图3-4中，序号为13、18、19、26的样品明显偏离直线 $Ho_N = 1.00Y_N$，其稀土元素配分曲线特征是否与图3-5的推断结果相一致这一问题需要基于实际测试数据结果来回答。

本书分析了上述蚀变岩样品的14项稀土元素含量，选择上述序号为27、4、19、13、18、26及推断属平坦型序号为3和17的样品，其稀土元素配分曲线如图3-6所示。

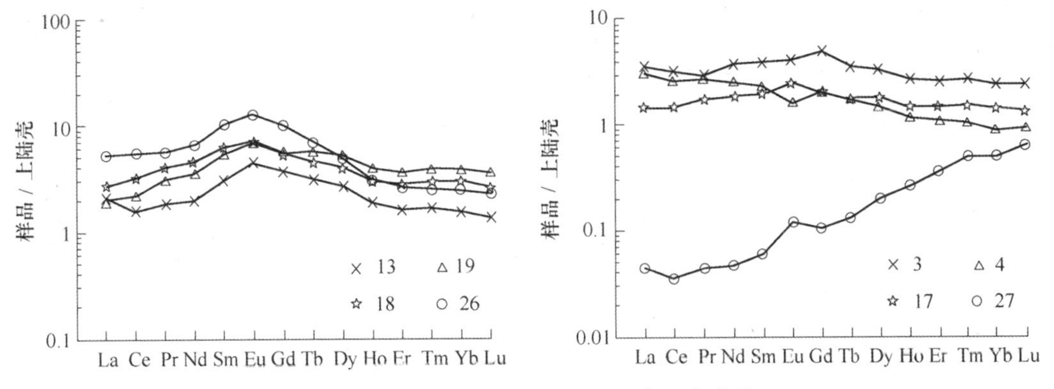

图3-6 矿区蚀变岩样品稀土元素配分曲线

对比图3-4与图3-6可以看出，在图3-4中4个离异数据点的稀土配分曲线均为波段型，即在不考虑铕异常情况下从轻稀土到重稀土配分曲线并未呈现出规律性的变化趋势。因此其配分曲线特征仅凭La、Y数据难以表征。

对比图3-5与图3-6可以看出，27号样品具左倾型特征，4号样品具微右倾型特征，3和17号样品具平坦型特征，即基于 $La_N - Ho_{NC}$ 图解所推测结果与图3-6所示结果相一致。

第三节 矿区矿石

一、地球化学数据

实测及收集到牛头沟金矿区矿石样品13件，其39项元素（含氧化物）含量分析结果见表3-3。计算矿区13件矿石元素含量数据的统计参数，并将其列在表3-3中。

表3-3 矿区矿石39项元素（含氧化物）分析数据及其统计参数

序号	岩 石	样 号	SiO_2	Al_2O_3	Fe_2O_3	Na_2O	K_2O	CaO	MgO	Ti	Mn	P	W	Sn	Mo
1	片麻岩	NTG12D202B2	40.22	13.15	19.84	0.11	2.35	12.17	4.42	599	3019	131	1.65	3.47	0.60
2	片麻岩	NTG12D210B1	71.09	12.03	2.67	0.21	10.73	0.60	0.28	1798	310	131	12.2	3.84	40.3
3	斜长角闪岩	D009B1	62.29	17.38	1.65	0.20	15.39	1.22	0.51	1621	588	246	15.0	2.00	14.9
4	斜长角闪岩	NTG12D205B14	46.80	8.92	15.97	0.28	2.71	9.44	6.23	2577	4025	611	2.60	2.91	167
5	斜长角闪岩	NTG12D209B5	53.87	12.91	9.49	0.15	10.56	3.35	2.40	2517	1084	218	5.01	3.76	1.33

续表 3-3

序号	岩石	样号	SiO_2	Al_2O_3	Fe_2O_3	Na_2O	K_2O	CaO	MgO	Ti	Mn	P	W	Sn	Mo
6	安山岩	NTG12D208B2	46.61	14.88	13.29	0.66	8.58	3.25	4.74	6533	1626	1485	273	2.17	1.59
7	安山岩	NTG12D208B4	50.64	12.91	13.46	0.45	4.80	7.69	3.38	5035	1780	917	109	2.35	0.31
8	安山岩	NTG12D208B5	51.87	14.25	10.32	0.25	8.64	3.42	4.30	6474	1471	1441	61.5	1.79	1.00
9	石英	NTG12D202B1	22.28	0.14	50.87	0.07	0.08	0.16	0.01	60	310	131	1.52	0.57	16.0
10	石英	NTG12D205B12	49.16	0.29	32.52	0.55	0.12	0.28	0.13	60	387	175	14.2	0.51	9.24
11	石英	NTG12D201B3	96.44	0.22	0.97	0.03	0.10	0.65	0.15	60	619	131	1.00	1.18	2.90
12	石英钾长石脉	NTG12D209B4	52.86	11.69	12.37	0.15	8.92	3.69	1.30	3417	1239	830	4.63	3.84	2.60
13	石英硫化物脉	NTG12D209B11	78.52	8.12	4.83	0.21	6.91	0.09	0.13	180	232	87	0.45	0.94	0.75
样品数			13	13	13	13	13	13	13	13	13	13	13	13	13
最大值			96.44	17.38	50.87	0.66	15.39	12.17	6.23	6533	4025	1485	273	3.84	167
最小值			22.28	0.14	0.97	0.03	0.08	0.09	0.01	59.94	232	87.32	0.45	0.51	0.31
中位值			51.87	12.03	12.37	0.21	6.91	3.25	1.30	1798	1084	218	5.01	2.17	2.60
平均值			55.59	9.76	14.48	0.26	6.15	3.54	2.15	2379	1284	503	38.53	2.26	19.87
标准差			18.42	5.93	13.87	0.19	4.86	3.90	2.21	2368	1144	509	77.01	1.23	45.55
异常下限			83.18	18.82	12.88	4.70	9.24	7.53	4.52	11271	1701	3169	5.17	2.85	4.02
异常衬度			0.67	0.52	1.12	0.05	0.67	0.47	0.48	0.21	0.75	0.16	7.46	0.79	4.95

序号	岩石	样号	Bi	Cu	Pb	Zn	Cd	Au	Ag	As	Sb	Hg	Li	Be	B
1	片麻岩	NTG12D202B2	8.44	9.2	3909	1214	10600	540	6780	1.91	0.16	6	26.4	2.39	1.45
2	片麻岩	NTG12D210B1	1.26	31.7	30	12	124	2630	718	5.01	0.30	13	2.31	0.24	1.78
3	斜长角闪岩	D009B1	0.03	9.4	28	77	604	657	3338	0.88	0.65	15	6.99		
4	斜长角闪岩	NTG12D205B14	3.27	20.8	524	5351	25770	1430	6080	10.8	0.72	13	32.6	9.02	1.85
5	斜长角闪岩	NTG12D209B5	2.14	48.8	18	82	76	1630	5360	11.5	1.74	13	18.7	0.57	1.47
6	安山岩	NTG12D208B2	7.88	30.4	19	121	28	860	576	111	2.36	13	22.2	0.98	0.80
7	安山岩	NTG12D208B4	10.4	38.2	22	99	29	2380	2130	72.1	1.33	36	16.5	0.71	1.29
8	安山岩	NTG12D208B5	5.17	13.8	10	96	25	530	336	71.5	0.67	13	16.0	1.06	1.09
9	石英	NTG12D202B1	56.5	64.4	1338	500	1670	23300	55320	55.9	1.92	6	1.45	0.23	1.65
10	石英	NTG12D205B12	50.1	144	8860	12113	51670	3170	37060	1.20	0.57	181	1.53	1.47	1.28
11	石英	NTG12D201B3	0.02	8.8	18	5	38	2100	959	0.98	0.34	6	2.56	0.08	3.38
12	石英钾长石脉	NTG12D209B4	1.53	73.5	64	123	271	860	9500	8.42	0.25	13	12.0	0.40	1.05
13	石英硫化物脉	NTG12D209B11	0.58	167	45	9	33	1040	1852	150	0.15	13	1.56	0.36	3.31
样品数			13	13	13	13	13	13	13	13	13	13	13	12	12
最大值			56.5	167	8860	12113	51670	23300	55320	150	2.36	181	32.6	9.02	3.38
最小值			0.02	8.8	10.23	5.20	25	530	336	0.88	0.15	6	1.45	0.08	0.80
中位值			3.27	31.7	29.67	99.41	124	1430	3338	10.8	0.65	13	12.0	0.64	1.46
平均值			11.3	50.8	1145	1523	6995	3164	10001	38.5	0.86	26.2	12.4	1.46	1.70
标准差			19.0	51.1	2563	3500	15312	6111	16724	49.4	0.74	47.1	10.6	2.47	0.83
异常下限			0.29	19.9	67	145	84	8.5	123	0.97	0.54	16.4	29.4	3.48	7.60
异常衬度			38.7	2.55	17.2	10.5	83.8	372	81.0	39.8	1.57	1.60	0.42	0.42	0.22

续表3-3

序号	岩石	样号	F	Co	Ni	V	Cr	Zr	Nb	Th	U	La	Y	Sr	Ba
1	片麻岩	NTG12D202B2	3525	80.6	19.8	213	43	74	4.0	4.8	3.17	25.1	15	2888	92
2	片麻岩	NTG12D210B1	260	2.8	4.11	46	24	288	71.9	29.4	1.00	69.0	76	128	947
3	斜长角闪岩	D009B1		2.9	3.45	42	4.4	326	17.8	20.2	3.32	49.2	185	330	1157
4	斜长角闪岩	NTG12D205B14	2284	19.0	19.7	232	59	134	9.7	14.4	12.2	95.1	297	406	223
5	斜长角闪岩	NTG12D209B5	1633	30.5	13.7	93	36	129	54.6	7.4	2.13	29.5	37	200	555
6	安山岩	NTG12D208B2	3335	135	36.9	246	133	165	18.7	1.3	1.77	16.8	32	789	4103
7	安山岩	NTG12D208B4	2109	105	25.7	314	113	125	10.6	3.6	5.45	41.5	119	1164	3545
8	安山岩	NTG12D208B5	2910	65.4	32.0	176	133	167	13.8	1.8	1.17	25.5	29	308	2073
9	石英	NTG12D202B1	88	27.4	2.44	13	105	10	2.0	1.5	5.74	7.37	27	50	24
10	石英	NTG12D205B12	1070	18.9	2.54	31	77	22	2.4	3.0	0.57	16.3	62	50	28
11	石英	NTG12D201B3	2340	1.6	3.12	6.5	8.9	4.5	1.1	2.7	1.16	53.5	66	126	1809
12	石英钾长石脉	NTG12D209B4	657	6.5	6.58	107	37	291	19.5	15.0	1.79	55.3	43	608	1069
13	石英硫化物脉	NTG12D209B11	94	61.4	16.1	13	19	11	4.0	2.0	2.06	1.83	8.4	85	1500
样品数			12	13	13	13	13	13	13	13	13	13	13	13	13
最大值			3525	135	37	314	133	326	71.9	29.4	12.2	95.1	297	2888	4103
最小值			88	1.6	2.4	6.5	4.4	4.5	1.1	1.3	0.57	1.83	8.4	49.69	24.30
中位值			1871	27.4	13.7	93	43	129	10.6	3.6	2.06	29.5	43	308	1069
平均值			1692	42.8	14.3	118	61	134	17.7	8.2	3.20	37.4	77	548	1317
标准差			1248	43.1	11.9	106	47	112	21.5	8.9	3.16	26.6	82	776	1304
异常下限			1560	26.5	30.3	186	119	341	24.6	39.8	8.46	105.1	54.0	1017	2446
异常衬度			1.08	1.62	0.47	0.63	0.51	0.39	0.72	0.21	0.38	0.36	1.42	0.54	0.54

注：氧化物的含量单位为%，Au、Ag、Cd、Hg的含量单位为ng/g，其他元素的含量单位为μg/g；异常下限为表3-1中区域岩石的元素含量异常下限；异常衬度=平均值/异常下限。

二、异常元素组合

矿石中微量元素变化范围可达1~3个数量级（表3-3）。为了整体把握成矿过程中带入的微量元素，此处选择微量元素含量的平均值来表征矿石的元素组成。即只要有样品中某元素含量出现异常高值，则表明成矿过程该元素发生了明显富集，并不要求每件矿石中均明显富集该元素。

此处采用异常衬度来确定成矿指示元素组合。在29项微量元素中，牛头沟金矿区矿石中元素含量异常衬度大于1.0的元素有W、Mo、Bi、Cu、Pb、Zn、Cd、Au、Ag、As、Sb、Hg、F、Co、Y，共15项，其中异常衬度大于100的有Au；大于10的有Ag、As、Bi、Pb、Zn、Cd；大于3.0的有W、Mo；大于1.4的有Cu、Sb、Hg、Co、Y；F的异常衬度仅为1.08。

上述异常衬度大于1.0的15项元素包含第一节蚀变岩研究中所确定的11项指示元素，且这11项指示元素在矿石中的异常衬度均大于1.4。其余四项元素Sb、Hg、Y、F虽然在蚀变岩中未表现出明显富集现象，但在矿石中均表现为异常元素，因此也应视为成矿指示元素。

综上所述，依据矿区矿石、蚀变岩与区域新鲜岩石所计算的异常衬度可以确定牛头沟金矿区找矿指示元素组合为W、Mo、Bi、Cu、Pb、Zn、Cd、Au、Ag、As、Sb、Hg、Co、Y、F，共15项。

三、稀土元素特征

牛头沟金矿区矿石样品Y与重稀土Ho的关系如图3-7所示，二者具有显著的正比关系：Ho = 0.0252Y。采用上陆壳标准化后矿区矿石Y_N、Ho_N的比例系数为0.692(0.0252/0.0364)，即$Ho_N = 0.692Y_N$。

以上陆壳为标准，牛头沟金矿区蚀变岩样品的La_N与Ho_{NC}的关系如图3-8所示。

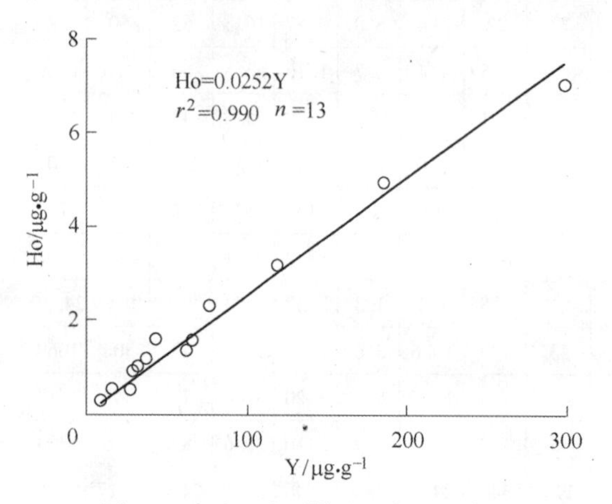

图3-7 矿区矿石样品Y与Ho关系

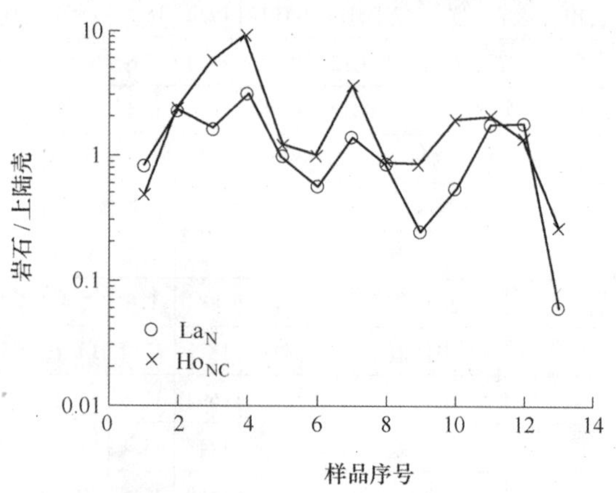

图3-8 矿区矿石样品La_N与Ho_{NC}关系

（标准样品为上陆壳，$Ho_{NC} = 0.692Y_N$）

从图3-8中可以看出，序号为3、4、7、9、10、13的6件样品应具有左倾型稀土元素配分曲线特征，其他7件样品基本表现为平坦型。

本研究分析了上述矿石样品的14项稀土元素含量，其稀土元素配分曲线如图3-9所示。

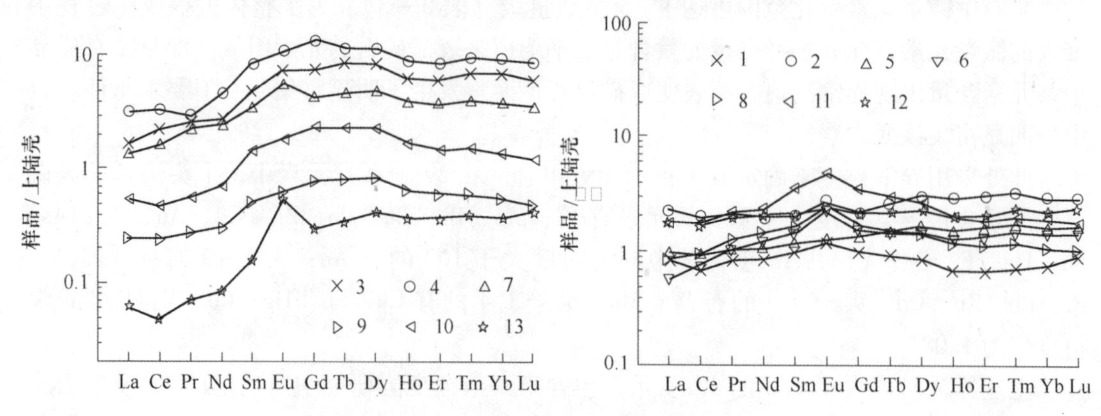

图3-9 矿区矿石样品稀土元素配分曲线

从图3-9可以看出，序号为3、4、7、9、10、13的6件样品确实具有左倾型稀土元素配分曲线特征，而其他样品基本表现为平坦型。这一结果再次表明基于 La_N - Ho_{NC}图解基本可以推测出样品的稀土元素配分曲线特征。

小 结

（1）熊耳山地区区域岩石相对于上陆壳富集热液成矿元素Au、Ag，大离子亲石元素Sr、Ba，高场强元素Th、La，运矿元素F，其富集系数均大于1.2。

（2）采用均值—标准差方法确定了熊耳山地区区域岩石中微量元素的异常下限，为牛头沟金矿区确定找矿（或成矿）指示元素提供了参考。

（3）采用异常衬度法确定了牛头沟金矿区找矿指示元素组合为W、Mo、Bi、Cu、Pb、Zn、Cd、Au、Ag、As、Sb、Hg、Co、Y、F，共15项。

（4）基于Y与Ho的相似地球化学性质提出了依据La、Y数据来推测样品稀土元素配分曲线形态的方法技术。即利用Y的标准化数据 Y_N 来计算出 Ho_{NC}，进而代替Ho的标准化数据 Ho_N 在稀土配分曲线中的位置来推断稀土元素配分曲线的形态，其前提假设是从轻稀土到重稀土配分曲线呈现出规律性的变化趋势且不考虑铕异常。

（5）熊耳山地区区域岩石样品、牛头沟金矿区蚀变岩样品、牛头沟金矿区矿石样品中Y与Ho两元素之间均具有显著的正比关系，Ho/Y分别为0.0379、0.0365、0.0252。若采用上陆壳对Ho、Y含量标准化后其 Ho_N/Y_N 分别为1.04、1.00、0.692，即从区域岩石到矿区蚀变岩再到矿石 Ho_N/Y_N 逐渐降低，这表明在成矿过程中Y相对于Ho而言发生显著富集。

（6）以上陆壳为标准，熊耳山地区区域地层和花岗岩体岩石的稀土元素配分曲线具有平坦型和右倾型两种类型，其中以平坦型为主；牛头沟金矿区石英斑岩脉的稀土元素配分曲线属于左倾型。牛头沟金矿区蚀变岩样品的稀土元素配分曲线具有平坦型、右倾型和左倾型三种类型，其中以平坦型为主。牛头沟金矿区矿石样品的稀土元素配分曲线具有平坦型和左倾型两种。

河南牛头沟金矿床岩石地球化学特征见表3-4。

表3-4 河南牛头沟金矿床岩石地球化学特征

序号	分 类	项目名称	项 目 描 述
17	地球化学特征	区域岩石	与上陆壳相比：富集热液成矿元素Au、Ag，大离子亲石元素Sr、Ba，高场强元素Th、La，运矿元素F，其富集系数均大于1.2
18	地球化学特征	蚀变岩与矿石	与区域岩石相比：富集W、Mo、Bi、Cu、Pb、Zn、Cd、Au、Ag、As、Sb、Hg、Co、Y、F，共15项元素

注：上陆壳元素含量数据引自Taylor和McLennan（1995），其中P、Hg、F数据引自鄢明才和迟清华（1997）华北地台数据。

土壤地球化学勘查

本章土壤地球化学勘查从矿区岩石风化壳剖面、残积－冲积土壤中元素含量分析来探讨风化过程元素的变化行为，进而确定牛头沟金矿土壤地球化学勘查的找矿指示元素组合。

第一节 矿区岩石风化壳剖面

一、风化壳剖面概况

牛头沟金矿区气候属北温带大陆性季风气候，年平均气温15.2℃，其中7～8月气温最高可达41.5℃，1～2月气温最低，可达－10℃，年平均降雨量约800mm，多集中在7～9月。年平均蒸发量为136mm，最大蒸发量为255mm，最小蒸发量为21mm。霜期自当年10月至来年3月。结冰期从12月至来年2月，冻结厚度为20cm。降雪期为当年11月到来年4月，最大积雪厚度为20cm。多北北西风，风力一般6级左右，多在4月底至5月初。矿区地表植被茂盛，以灌木林为主，森林覆盖率约50%左右。矿区内地表水主要靠大气降水补给，山间溪流均为季节性河流，雨季可有山洪发生，旱季则基本干涸（贾玉杰等 2013）。

本书研究的NTG11D06风化壳剖面取自牛头沟金矿中部近南北向断裂带的西侧（图4－1），风化壳母岩为熊耳群许山组致密安山岩，剖面深度约7m（图4－2）。风化壳样品采集自剖面底部基岩向上顺序取样，依据样品风化程度适当调整采样间距，详细样品采集深度及描述见表4－1，共采集11件样品（马云涛等 2015）。

样品加工首先采用颚式碎样机粗碎（对土壤样品不需要进行粗碎过程），然后再细碎至小于200目（小于0.074mm）。最后将加工获得的小于200目的粉末样品送至国土资源部武汉矿产资源监督检测中心（武汉综合岩矿测试中心）实验室进行主量成分及微量元素分析。具体分析方法及质量评述详见Gong等人研究（2013）。

表4－1 牛头沟金矿区NTG11D06风化壳剖面样品描述

样品编号	采样深度/cm	野外样品描述
B1	650	致密块状安山岩，深度范围大于650cm
B2	570	致密块状安山岩，深度范围为420～570cm

续表 4 - 1

样品编号	采样深度/cm	野外样品描述
B3	420	强风化岩石（残留结构），深度范围为 350 ~ 420cm
B4	350	强风化岩石（残留结构），深度范围为 300 ~ 350cm
B5	300	强风化岩石（残留结构），深度范围为 250 ~ 300cm
B6	200	风化碎屑（残留结构），深度范围为 150 ~ 200cm
B7	150	风化碎屑（结构消失），深度范围为 125 ~ 150cm
B8	125	褐色风化土壤（含明显碎屑），深度范围为 80 ~ 125cm
B9	80	褐色风化土壤（含碎屑），深度范围为 50 ~ 80cm
B10	50	褐色风化土壤（含碎屑），深度范围为 25 ~ 50cm
B11	25	灰褐色根系土壤（含碎屑），深度范围为 0 ~ 25cm

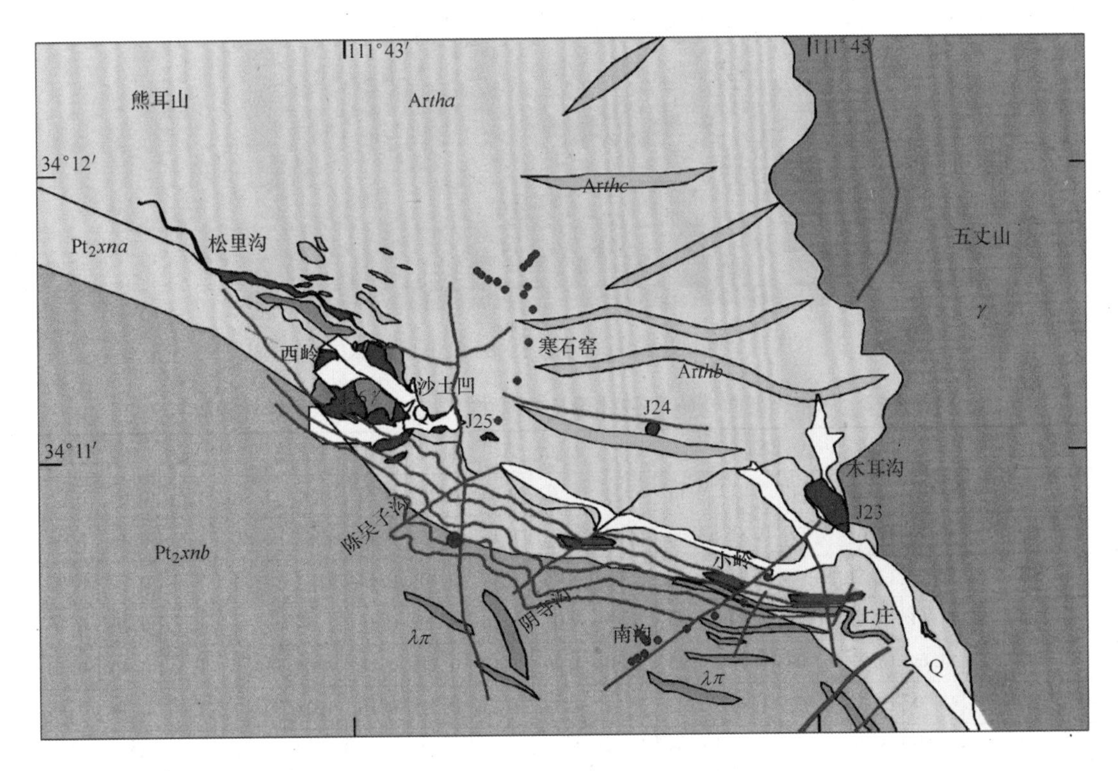

图 4 - 1　牛头沟金矿区风化壳及土壤样品点位图

（大实心蓝点为 NTG11D06 风化壳剖面所在位置，小实心蓝点为土壤剖面所在位置，其他图例参考图 2 - 1）

二、地球化学数据

牛头沟金矿区 NTG11D06 风化壳剖面 11 件样品的 57 项元素（含氧化物）含量分析结果及统计参数见表 4 - 2。

图4-2 NTG11D06 风化壳剖面样品采集点位图（马云涛等 2015）

表4-2 风化壳剖面样品57项元素（含氧化物）分析数据及其统计参数

样品编号	SiO_2	Al_2O_3	Fe_2O_3	Na_2O	K_2O	CaO	MgO	TiO_2	MnO	P_2O_5	LoI	W	Sn	Mo	Bi
B1	53.45	13.02	9.24	2.81	2.11	6.24	4.36	1.04	0.22	0.14	1.93	1.86	1.5	0.67	0.06
B2	52.76	12.65	9.84	2.31	3.00	6.38	4.78	1.16	0.25	0.15	1.82	1.86	1.6	0.46	0.04
B3	53.29	13.51	9.37	3.07	3.28	5.51	4.16	1.14	0.30	0.14	1.84	7.50	1.6	0.27	0.05
B4	51.81	14.17	9.80	1.93	5.83	2.83	4.01	1.16	0.29	0.16	2.44	15.6	1.5	0.36	0.10
B5	51.69	13.27	10.00	1.77	4.93	2.80	4.20	1.14	0.31	0.18	3.04	16.1	1.4	0.40	0.10
B6	49.38	15.32	9.79	1.80	3.92	3.14	4.53	1.13	0.21	0.16	4.28	9.40	1.6	0.36	0.13
B7	51.36	15.56	9.73	1.61	5.93	1.44	4.44	1.17	0.19	0.17	3.17	12.1	1.6	0.28	0.15
B8	54.16	15.27	8.90	1.39	6.12	1.29	3.55	1.17	0.12	0.17	3.30	12.6	1.6	0.36	0.19
B9	53.93	15.63	8.97	1.11	6.60	1.04	3.52	1.25	0.10	0.15	3.39	13.1	2.0	0.44	0.21
B10	54.27	15.79	8.55	1.39	2.32	2.91	3.54	1.15	0.05	0.11	6.52	5.63	2.0	0.80	0.17
B11	58.75	14.25	7.29	1.42	2.34	2.00	2.66	0.97	0.08	0.11	7.64	17.5	2.4	1.02	0.34
最大值	58.75	15.79	10.00	3.07	6.60	6.38	4.78	1.25	0.31	0.18	7.64	17.5	2.39	1.02	0.34
最小值	49.38	12.65	7.29	1.11	2.11	1.04	2.66	0.97	0.05	0.11	1.82	1.86	1.40	0.27	0.04
中国土壤	65.0	12.6	4.7	1.6	2.5	3.2	1.8	0.72	0.08	0.12	6.9	1.8	2.5	0.8	0.30

续表4－2

样品编号	Cu	Pb	Zn	Cd	Au	Ag	As	Sb	Hg	Li	Be	B	F	Co	Ni
B1	11	13	97	58	11	20	0.8	0.44	1.0	12.5	1.20	0.7	696	27.3	23.6
B2	9.3	16	119	83	4.1	26	0.6	0.36	2.0	13.8	1.60	0.7	777	30.3	25.5
B3	6.6	16	106	96	4.2	67	0.8	0.38	1.5	14.0	2.89	0.7	990	24.1	25.8
B4	15	24	110	126	63	252	3.3	0.40	4.5	13.7	1.96	0.9	912	24.5	24.3
B5	15	24	101	131	132	313	6.0	0.47	1.5	12.7	2.21	1.0	899	25.4	24.8
B6	17	42	114	108	143	226	4.4	0.61	10	16.3	2.67	4.2	1065	30.4	30.1
B7	15	45	127	89	39	147	3.2	0.49	6.0	16.3	2.49	5.9	1289	26.8	30.1
B8	21	56	99	119	73	258	5.4	0.62	11	15.4	2.17	5.8	1013	24.3	27.4
B9	21	48	94	85	134	206	5.0	0.64	13	15.7	2.06	6.5	1097	26.3	27.3
B10	19	90	104	193	514	1647	7.2	0.90	45	24.2	2.12	16.9	738	28.0	31.1
B11	44	405	256	432	1698	5888	18	2.68	52	35.0	2.19	30.0	991	22.0	32.1
最大值	44	405	256	432	1698	5888	18	2.68	52	35.0	2.89	30.0	1289	30.4	32.1
最小值	6.6	13	94	58	4	20	0.6	0.36	1.0	12.5	1.20	0.7	696	22.0	23.6
中国土壤	24	23	68	90	1.4	80	10	0.80	40	30	1.8	40	480	13	26

样品编号	V	Cr	Zr	Hf	Nb	Ta	Th	U	Sc	Y	Rb	Sr	Ba	La	Ce
B1	132	151	146	4.86	9.4	0.57	1.8	0.35	19.9	22.1	39	492	896	30.6	66.5
B2	150	164	158	5.26	7.2	0.58	2.1	0.45	23.2	25.7	72	555	908	34.3	75.6
B3	139	150	145	4.82	9.7	0.73	2.1	0.38	21.2	23.7	101	540	557	34.0	70.9
B4	139	147	124	4.32	21.9	0.45	3.9	0.94	20.6	28.1	129	411	1325	25.4	60.0
B5	151	151	121	4.04	19.6	0.44	6.0	1.00	21.3	32.4	117	421	1631	25.4	60.8
B6	149	180	132	4.58	13.7	0.63	3.6	0.80	21.7	28.2	142	352	1569	27.7	64.3
B7	153	162	137	4.74	14.7	0.48	3.1	0.66	20.4	26.3	199	303	1918	24.0	56.6
B8	135	140	134	4.48	25.1	0.58	5.8	1.19	21.4	31.6	159	269	1526	29.3	64.3
B9	148	133	143	4.93	25.7	0.70	4.8	1.06	20.0	30.1	159	255	1589	29.2	60.3
B10	144	133	195	6.64	11.9	0.92	6.4	1.45	21.4	25.6	94	278	802	38.6	82.5
B11	190	106	226	7.59	14.0	0.99	9.0	2.20	17.3	26.3	107	203	619	38.3	82.8
最大值	190	180	226	7.59	25.7	0.99	9.0	2.20	23.2	32.4	199	555	1918	38.6	82.8
最小值	132	106	121	4.04	7.2	0.44	1.8	0.35	17.3	22.1	39	203	557	24.0	56.6
中国土壤	82	65	250	7.4	16	1.1	12.5	2.7	11	23	100	170	500	38	72

样品编号	Pr	Nd	Sm	Eu	Gd	Tb	Dy	Ho	Er	Tm	Yb	Lu	WIG		
B1	8.20	32.7	6.10	1.71	5.20	0.78	4.50	0.86	2.54	0.35	2.13	0.29	88.4		
B2	9.50	37.6	7.10	2.01	6.10	0.91	5.20	1.03	2.91	0.41	2.35	0.32	89.6		
B3	8.85	34.8	6.65	2.00	5.75	0.86	4.95	0.95	2.62	0.36	2.07	0.29	87.2		
B4	8.05	34.2	7.80	2.17	7.05	1.10	6.20	1.13	3.05	0.44	2.50	0.36	65.0		
B5	8.30	35.4	8.70	2.39	8.05	1.25	7.00	1.24	3.46	0.47	2.80	0.39	61.1		
B6	8.50	34.7	7.20	1.93	6.40	1.00	5.60	1.09	3.13	0.44	2.62	0.38	54.4		

续表 4－2

样品编号	Pr	Nd	Sm	Eu	Gd	Tb	Dy	Ho	Er	Tm	Yb	Lu	WIG		
B7	7.90	32.3	7.00	1.82	6.20	0.95	5.40	1.00	2.84	0.40	2.41	0.33	48.5		
B8	9.50	39.3	8.80	2.22	7.50	1.13	6.50	1.19	3.26	0.46	2.76	0.38	48.4		
B9	9.90	41.3	8.80	2.11	7.40	1.12	6.10	1.14	3.18	0.46	2.68	0.37	45.8		
B10	9.96	37.8	7.23	1.86	6.20	0.94	5.36	0.99	2.78	0.42	2.45	0.34	43.3		
B11	9.22	34.5	6.67	1.57	5.92	0.90	5.11	0.98	2.84	0.43	2.63	0.39	40.9		
最大值	9.96	41.3	8.80	2.39	8.05	1.25	7.00	1.24	3.46	0.47	2.80	0.39	89.6		
最小值	7.90	32.3	6.10	1.57	5.20	0.78	4.50	0.86	2.54	0.35	2.07	0.29	40.9		
中国土壤	8.2	32	5.8	1.2	5.1	0.8	4.7	1.0	2.8	0.42	2.6	0.40	65.8		

注：氧化物的含量单位为%，Au、Ag、Cd、Hg 的含量单位为 ng/g，其他元素的含量单位为 μg/g；中国土壤数据引自迟清华和鄢明才（2007）。

三、物质来源示踪

基于风化壳剖面研究元素在风化过程中的变化行为，首先要保证所研究的样品是由同一母岩风化而形成，尽量避免外来物质的干扰。稀土元素配分曲线为探讨风化产物的物质来源提供了示踪技术。

尽管风化壳底部样品为基岩样品，但由于本章内容主要讨论土壤的地球化学特征，所以本章以中国土壤算数均值（迟清华和鄢明才 2007）作为标准样品来绘制 NTG11D06 风化壳剖面样品的稀土元素配分曲线（图 4－3）。采用中国土壤标准化后上陆壳（Upper Continental Crust，UCC）的稀土元素配分曲线（图 4－3）表现为平坦型，即上陆壳与中国土壤在稀土元素方面仅存在含量高低的差异，其配分曲线形态相同。因此无论采用中国土壤或上陆壳作为标准，所研究样品的稀土元素配分曲线形态基本一致。

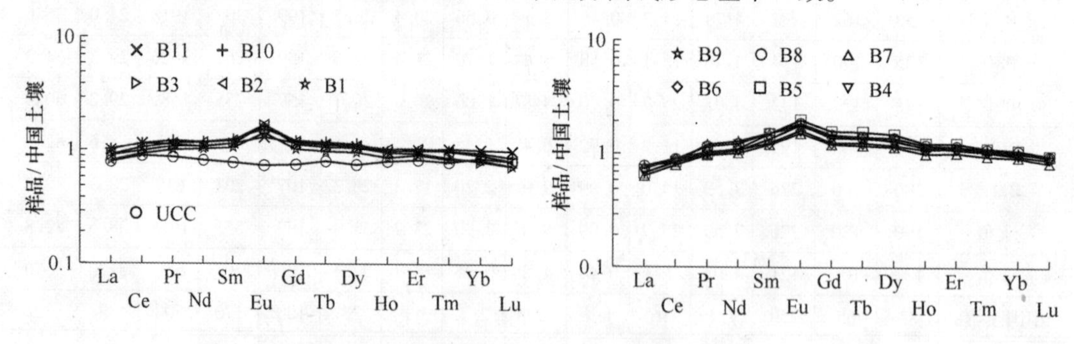

图 4－3 风化壳剖面样品稀土元素配分曲线

（中国土壤数据引自迟清华和鄢明才（2007）；上陆壳（UCC）数据引自 Taylor 和 McLennan（1995））

从图 4－3 可以看出，剖面底部三件样品 B1～B3 与剖面顶部两件样品 B10、B11 具有相似的稀土配分曲线形态，均表现为平坦型。剖面中部六件样品 B4～B9 的曲线形态基本表现为轻稀土略微左倾重稀土平坦的特征。

NTG11D06 风化壳剖面样品 Y 与 Ho 的关系如图 4－4 所示，二者具有显著的正比关系：Ho＝0.0386Y，这种正比例关系似乎并不受风化程度差异的影响。由于中国土壤的

Ho、Y 含量分别为 1.0μg/g、23μg/g，其比例系数为 0.0435，所以采用中国土壤标准化后风化壳剖面样品 Ho_N、Y_N 的比例系数为 0.887（0.0386/0.0435），即 $Ho_N = 0.887Y_N$。

以中国土壤为标准，NTG11D06 风化壳剖面样品的 La_N 与 Ho_{NC} 的关系如图 4－5 所示。

从图 4－5 中可以看出，剖面底部三件样品 B1～B3 与剖面顶部两件样品 B10、B11 的 La_N、Ho_{NC} 数据基本接近，反映平坦型稀土元素配分曲线特征；剖面中部六件样品 B4～B9 的 La_N 略微低于 Ho_{NC}，反映略微左倾的稀土元素配分曲线特征。这一结果与图 4－3 中的稀土配分曲线特征基本一致。

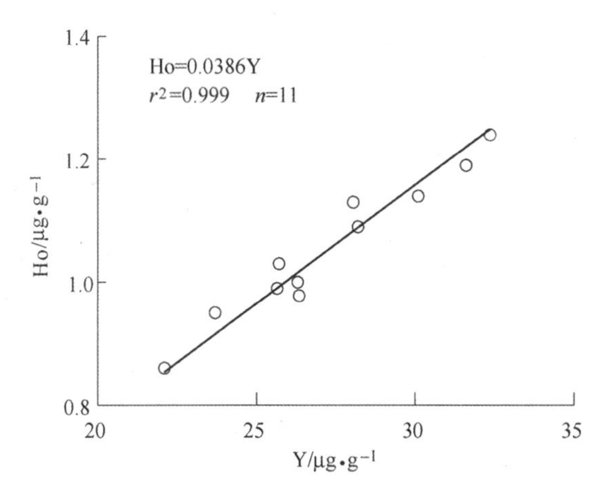

图 4－4　风化壳剖面样品 Y 与 Ho 关系

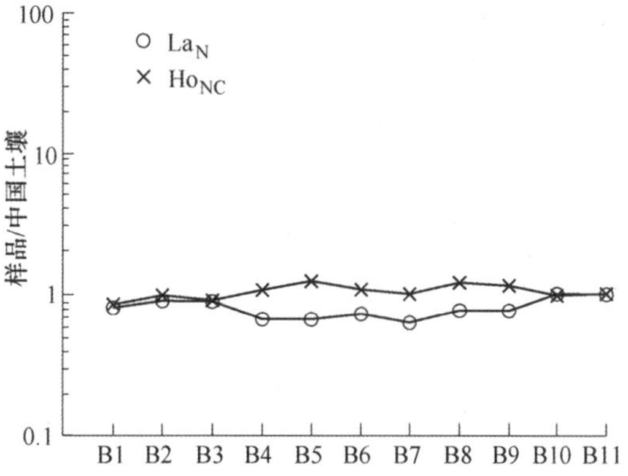

图 4－5　风化壳剖面样品 La_N 与 Ho_{NC} 的关系
（标准样品为中国土壤，$Ho_{NC} = 0.887Y_N$）

四、风化程度与 WIG

牛头沟金矿区 NTG11D06 风化壳剖面主量氧化物及部分微量元素含量随深度的变化关系如图 4－6 所示。

从柱样底部至顶部，10 项氧化物的含量并未出现趋势性的由小到大或由大到小的变化规律，但烧失量（LoI）基本表现出由小到大的趋势性变化规律。

该区成矿元素 Au（在风化壳底部基岩中远远未达到矿石含量）及成矿指示元素 Ag、As 从柱样底部至顶部基本表现出由小到大的趋势性变化规律，即在基岩风化过程中 Au、Ag、As 元素含量表现出逐渐升高的趋势性规律。

基于风化过程主量氧化物的含量变化行为，Gong 等人（2013）提出了表征花岗岩风化程度的地球化学风化指标 WIG（Weathering Index of Granite）：

$$WIG = 100[Na_2O + K_2O + (CaO - \frac{10}{3}P_2O_5)]/(Al_2O_3 + Fe_2O_3 + TiO_2)$$

式中，氧化物含量采用物质的量；当（$CaO - \frac{10}{3}P_2O_5$）为负值时取其值为 0，即（$CaO - \frac{10}{3}P_2O_5$）取值范围不小于 0。该风化指数与传统风化指数相比具有两个优点：（1）WIG 风化指数较 CIA（Chemical Index of Alteration，Nesbitt 和 Young　1982）、WIP（Weathering Index of Parker，Parker　1970）、WIC（Weathering of Colman，Colman　1982）风化指数更

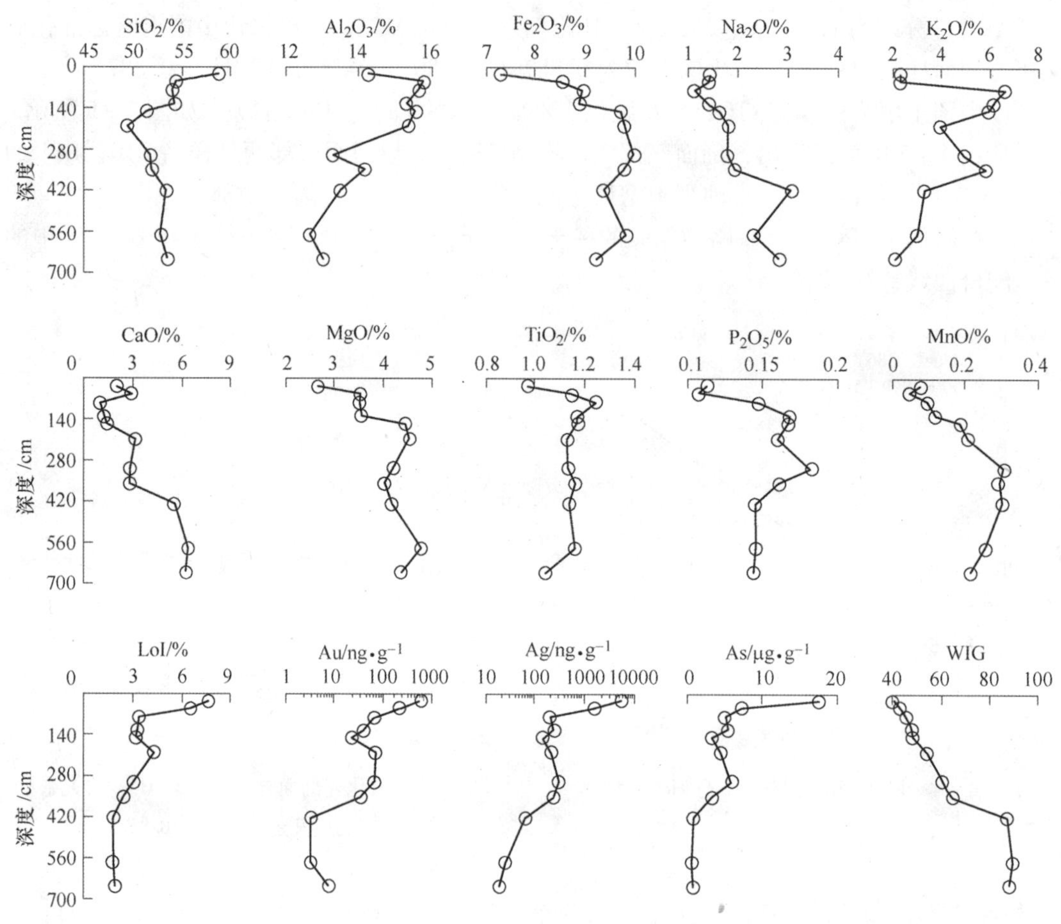

图4-6 风化壳剖面元素含量及 WIG 与深度的关系

敏感；（2）WIG 的计算不需要使用 CO_2 含量数据。在我国区域地球化学勘查所分析的 39 项指标中缺少 CO_2 含量数据，但 CIA、WIP、WIC 的计算均需要 CO_2 含量数据，这限制了这些风化指标在我国区域化探工作中的应用。除这两个优点外，尽管 WIG 指标是基于花岗岩风化所提出的，但其同样也适用于火山岩风化过程的定量表征（Gong et al 2013）。

矿区 NTG11D06 风化壳剖面样品 WIG 指标计算结果也表示在表4-2 和图4-6 中。从柱样底部至顶部，WIG 随深度呈现明显的规律性变化。即柱样底部 B1~B3 样品其 WIG 基本不变，反映母岩的风化程度比较接近，随后自 B4~B11（即自柱样深部至地表）WIG 逐渐降低，反映风化程度逐渐增强。这一结果再次证实了 WIG 这一地球化学风化指标也可以很好地表征安山岩的风化程度（马云涛等 2015）。

五、元素风化行为

岩石在风化过程中部分微量元素发生明显富集，如 Au、Ag、As 等（图4-6）。Gong 等人（2013）为了定量描述微量元素的风化行为，建立了胶东地区玲珑花岗岩风化过程中风化指数 WIG 与微量元素含量的定量方程。NTG11D06 柱样样品的 WIG 与 13 项热液成矿元素含量的关系如图4-7 所示。

从图4-7 可以看出：（1）随着风化指数 WIG 的减小（即样品风化程度的增强），除

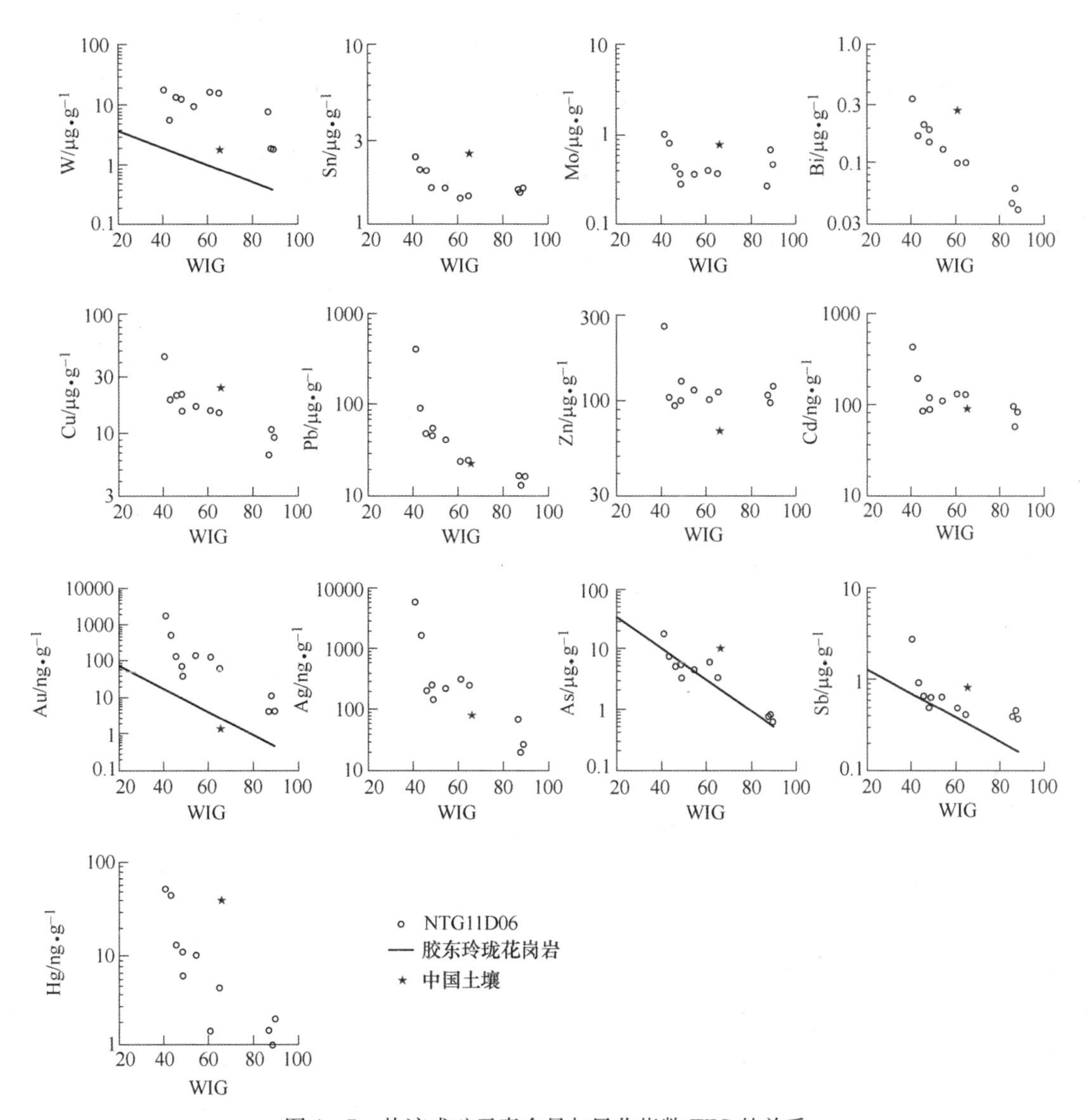

图 4 -7　热液成矿元素含量与风化指数 WIG 的关系

Mo、Zn、Cd 趋势不明显外，其他 10 项微量元素含量均表现出逐渐升高的趋势，这表明随着风化程度的增强热液成矿元素 W、Sn、Bi、Cu、Pb、Au、Ag、As、Sb、Hg 等均发生明显的富集。(2) 与胶东玲珑花岗岩风化壳剖面相比，NTG11D06 柱样安山岩风化壳剖面中 W、Au 含量明显偏高，但 As、Sb 含量与花岗岩的基本一致。虽然豫西牛头沟金矿区安山岩风化壳剖面中 W、Au 含量明显高于其在胶东地区玲珑花岗岩风化剖面中的含量，但 W、Au 两元素随风化程度增强而富集的趋势基本一致。(3) 与中国土壤相比较，在风化程度相似的条件下 NTG11D06 柱样土壤中明显富集的元素有 W、Zn、Au、Ag 共 4 项元素。

除上述 13 项热液成矿元素（图 4 -7）和 10 项主量氧化物（图 4 -6）外，在区域化探分析的 39 项元素中其余 16 项微量元素在 NTG11D06 柱样中元素含量与其风化指数 WIG 的关系如图 4 -8 所示。

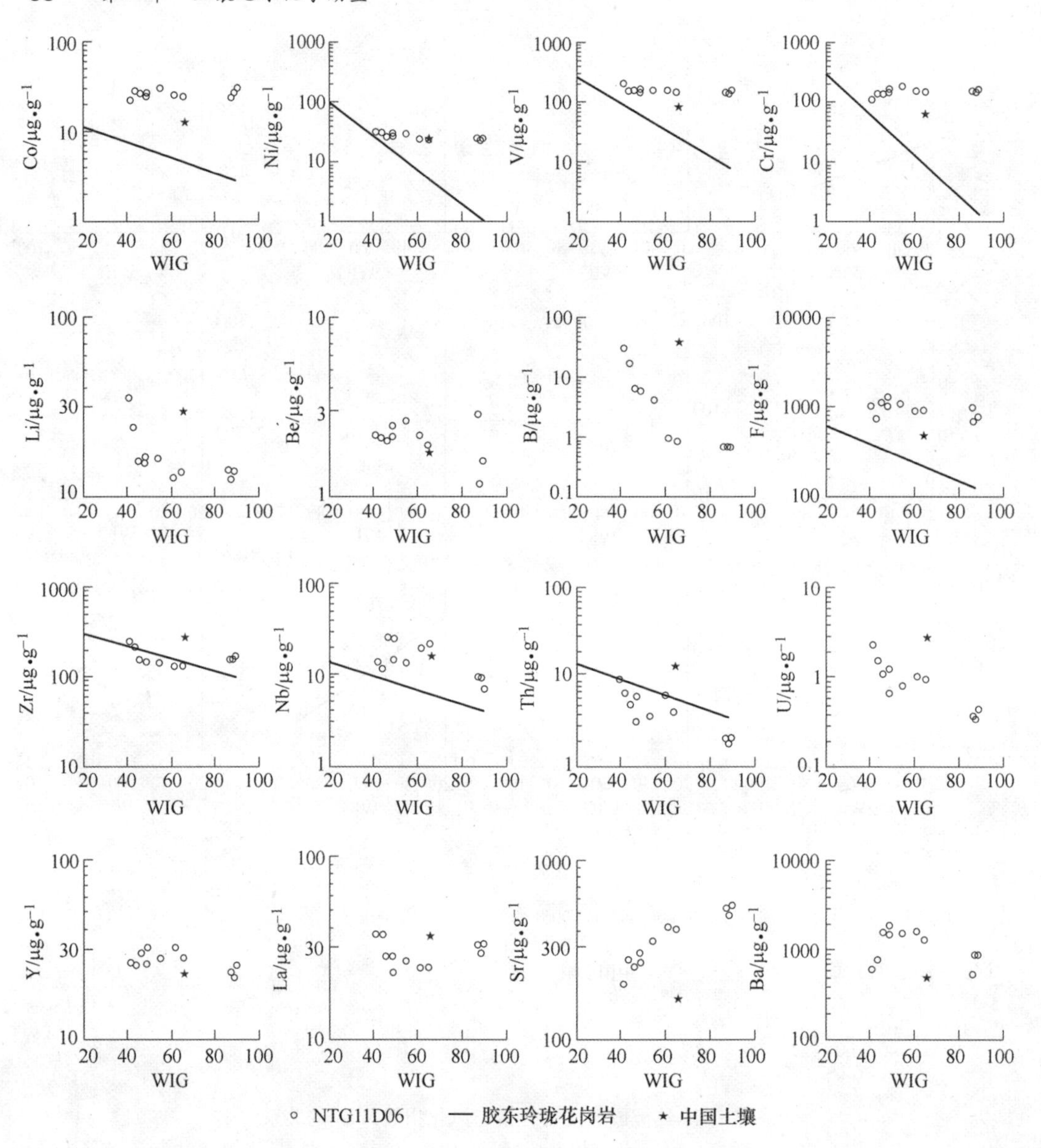

图4-8　微量元素含量与风化指数WIG的关系

从图4-8可以看出：(1) Co、Ni、V、Cr、F、Y、La共7项元素随风化程度改变其含量未表现出明显的变化趋势，Sr表现出随风化程度增强而贫化的特征，Ba表现出先富集而后贫化的特征，Li、Be、B、Zr、Nb、Th、U共7项元素均不同程度地表现出随风化程度增强而富集的特征。(2) 与胶东玲珑花岗岩风化壳剖面相比，NTG11D06柱样安山岩风化壳剖面中Co、Ni、V、Cr、F、Nb含量明显偏高，但Zr、Th含量与胶东玲珑花岗岩风化壳中的含量比较接近。(3) 与中国土壤相比较，在风化程度相似的条件下NTG11D06柱样土壤中明显富集的元素有Co、V、Cr、F、Sr、Ba共6项元素。

综合上述针对29项微量元素含量与风化指数WIG的分析可以看出：(1) W、Sn、Bi、Cu、Pb、Au、Ag、As、Sb、Hg、Li、Be、B、Zr、Nb、Th、U共17项元素清晰地展现出随风化程度的增强（或WIG的降低）元素含量逐渐升高的特征。如Au、Ag含量变化可达两个数量级以上，Pb、As、Hg 可达一个数量级以上（马云涛等 2015）。这一特征对地球化学勘查工作中样品的采集与微量元素含量数据的处理具有重要参考价值。(2) 与胶东玲珑花岗岩风化壳剖面中 12 项微量元素风化行为相比，豫西牛头沟金矿区 NTG11D06 风化壳剖面明显富集 W、Au、Co、Ni、V、Cr、F、Nb 共 8 项元素，As、Sb、Zr、Th 共 4 项元素未表现出富集现象。(3) 与中国土壤相比较，在风化程度相似的条件下 NTG11D06 柱样土壤中明显富集 W、Zn、Au、Ag、Co、V、Cr、F、Sr、Ba 共 10 项元素。

第二节 片麻岩土壤剖面

一、土壤剖面概况

牛头沟金矿区出露的地层主要为太古宇太华群片麻岩和中元古界熊耳群玄武安山岩，本书中片麻岩土壤剖面取样位置位于矿区中部的寒石窑一带（图 4 – 1），共采集残积 – 冲积土壤样品 15 件，样品的具体空间位置关系如图 4 – 9 所示。

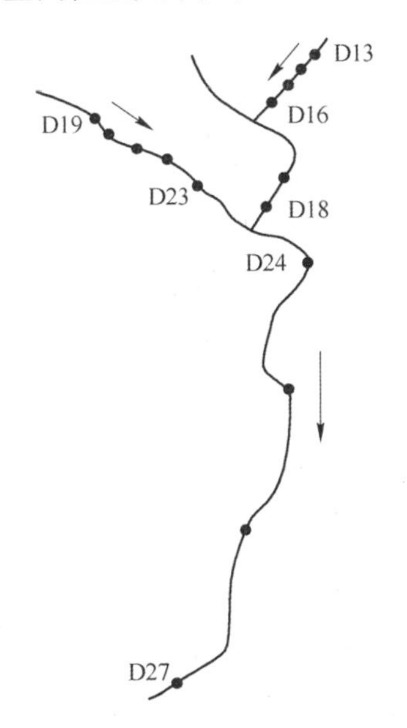

图 4 – 9 片麻岩土壤剖面样品点位图

（圆点为土壤样品点位，实线代表冲沟，箭头标明冲洪积物流动方向）

样品 D13 ~ D16 共 4 件样品近似代表残积土壤，D17 ~ D23 共 7 件样品近似代表残坡积土壤，D24 ~ D27 共 4 件样品近似代表从冲洪积土壤到一级水系中的沉积物样品。

上述 15 件样品采用五级筛分，即将大于 4 目（ >5mm）部分舍去，取 4 ~ 10 目（5 ~ 2mm）编为 1 级，10 ~ 20 目（2 ~ 0.9mm）编为 2 级，20 ~ 60 目（0.9 ~ 0.28mm）编为 3 级，60 ~ 100 目（0.28 ~ 0.154mm）编为 4 级，小于 100 目（ <0.154mm）编为 5 级。然后将各级样品分别细碎至小于 200 目（ <0.076mm），送至实验室进行主量成分及微量元素分析。

二、地球化学数据

牛头沟金矿区寒石窑一带15件土壤样品五级筛分后57项元素（含氧化物）含量数据的基本统计参数见表4－3。

表4－3　寒石窑一带土壤样品57项元素（含氧化物）分析数据的统计参数

元　素	SiO_2	Al_2O_3	Fe_2O_3	Na_2O	K_2O	CaO	MgO	TiO_2	MnO	P_2O_5	LoI	W	Sn	Mo	Bi
最大值	66.28	16.12	13.61	3.72	5.19	4.87	3.73	1.56	0.21	0.43	21.29	11.81	4.1	5.85	1.82
最小值	45.85	11.21	3.82	1.51	2.04	2.26	0.98	0.41	0.08	0.12	1.02	2.61	1.6	0.58	0.14
中位值	57.79	14.21	7.50	3.07	2.92	3.65	2.25	0.84	0.14	0.19	3.60	4.86	2.8	1.95	0.70
平均值	57.21	13.91	7.21	2.84	3.19	3.53	2.18	0.81	0.14	0.21	5.74	5.66	2.8	2.34	0.69
标准差	5.58	1.26	1.95	0.60	0.87	0.72	0.70	0.24	0.04	0.07	5.34	2.39	0.7	1.41	0.34
富集系数	0.88	1.10	1.53	1.77	1.28	1.10	1.21	1.12	1.79	1.76	0.83	3.15	1.14	2.92	2.29

元　素	Cu	Pb	Zn	Cd	Au	Ag	As	Sb	Hg	Li	Be	B	F	Co	Ni
最大值	88.9	70.5	144	847	247.7	491	9.3	0.80	153	44.5	3.35	39.7	1679	38.6	53.0
最小值	13.6	23.5	47	78	2.4	43	1.1	0.18	1	6.6	1.81	2.0	488	8.5	9.5
中位值	27.8	35.5	98	194	9.3	82	3.1	0.36	18	15.5	2.40	8.0	926	20.2	23.0
平均值	35.6	38.5	99	259	17.8	105	3.5	0.38	32	18.1	2.54	11.7	950	20.1	25.6
标准差	20.6	11.8	28	176	32.1	68	2.0	0.15	33	9.9	0.45	8.5	296	7.1	12.5
富集系数	1.48	1.67	1.45	2.87	12.7	1.32	0.35	0.47	0.79	0.60	1.41	0.29	1.98	1.55	0.98

元　素	V	Cr	Zr	Hf	Nb	Ta	Th	U	Sc	Y	Rb	Sr	Ba	La	Ce
最大值	185	113.1	899	30.74	28.1	3.28	18.0	4.16	25.0	60.9	147	792	1671	74.8	143.2
最小值	43	18.7	132	4.42	9.8	0.67	4.4	1.18	8.4	23.3	83	198	499	29.7	64.2
中位值	95	66.8	229	7.78	16.1	1.27	9.6	1.90	15.2	38.9	113	383	854	45.5	99.8
平均值	101	60.4	276	9.42	17.1	1.35	10.1	2.14	15.6	38.9	112	396	993	48.6	99.4
标准差	42	28.3	147	4.91	4.1	0.46	2.9	0.76	4.3	9.6	16	113	370	12.4	18.8
富集系数	1.23	0.93	1.10	1.27	1.07	1.23	0.80	0.79	1.42	1.69	1.12	2.33	1.99	1.28	1.38

元　素	Pr	Nd	Sm	Eu	Gd	Tb	Dy	Ho	Er	Tm	Yb	Lu	WIG		
最大值	17.9	68.6	13.6	2.43	12.8	1.98	11.2	2.24	6.73	1.04	6.05	0.97	86.2		
最小值	7.4	27.8	5.3	1.54	5.0	0.81	4.3	0.87	2.44	0.40	2.37	0.35	44.7		
中位值	11.9	46.6	9.1	1.84	8.4	1.29	7.4	1.47	4.32	0.64	4.00	0.62	74.1		
平均值	12.1	46.3	9.2	1.86	8.3	1.30	7.4	1.46	4.28	0.65	3.98	0.61	72.1		
标准差	2.6	9.8	2.0	0.20	1.8	0.30	1.7	0.34	0.99	0.15	0.91	0.14	10.3		
富集系数	1.48	1.45	1.58	1.55	1.63	1.63	1.57	1.46	1.53	1.55	1.53	1.51	—		

注：样品数为75；氧化物的含量单位为%，Au、Ag、Cd、Hg的含量单位为ng/g，其他元素的含量单位为μg/g；富集系数＝平均值/中国土壤。

与中国土壤39项元素含量相比，筛分出的75件样品中Au具有最大富集系数，其值为12.7；其他元素富集系数大于3.0的有W；富集系数介于2.5～3.0的有Mo、Cd；富集系数介于2.0～2.5的有Sr、Bi；富集系数介于1.5～2.0的有Pb、Ba、F、Y、Co、MnO、

Na_2O、P_2O_5、Fe_2O_3；富集系数介于1.2~1.5的有Cu、Zn、Be、Ag、La、V、K_2O、MgO。

若不考虑主量氧化物，在29项微量元素中，上述富集系数大于1.2的共有16项，其中热液成矿元素有W、Mo、Bi、Cu、Pb、Zn、Cd、Au、Ag；大离子亲石元素有Sr、Ba；高场强元素有Y、La；其他元素有F、Co、Be。

三、物质来源示踪

以中国土壤为标准，片麻岩土壤剖面样品Y与Ho的关系如图4－10所示，二者具有显著的正比关系：Ho＝0.0373Y，这种正比例关系似乎并不受样品粒度差异的影响。由于中国土壤的Ho/Y为0.0435，所以采用中国土壤标准化后片麻岩土壤剖面样品Ho_N、Y_N的比例系数为0.857（0.0373/0.0435），即$Ho_N=0.857Y_N$。

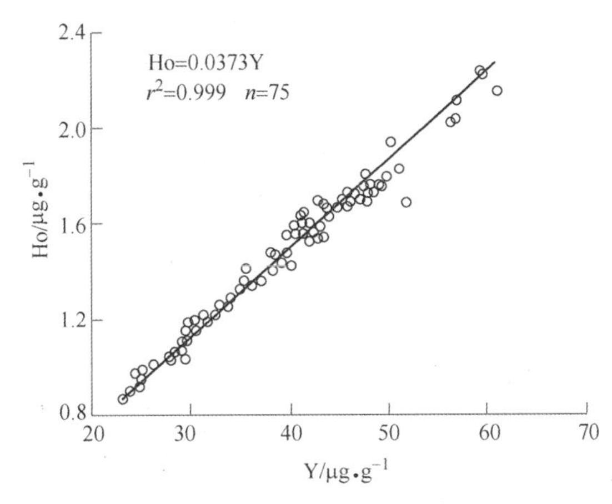

图4－10　片麻岩土壤剖面样品Y与Ho关系

以中国土壤为标准，片麻岩土壤剖面样品的La_N与Ho_{NC}的关系如图4－11所示。

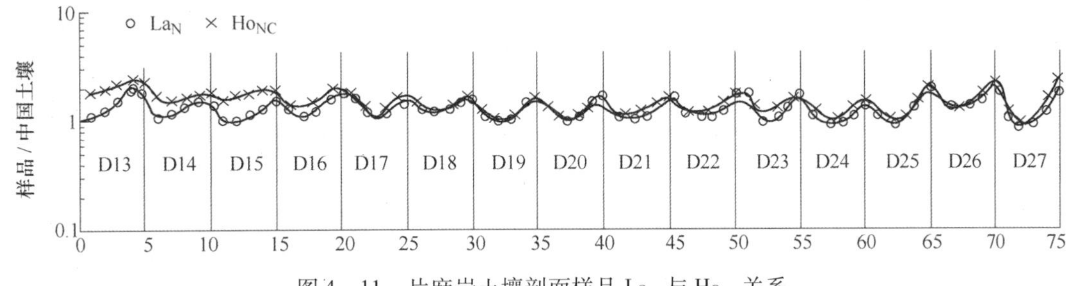

图4－11　片麻岩土壤剖面样品La_N与Ho_{NC}关系

（标准样品为中国土壤，La_N、Y_N为La、Y的标准化数据，

$Ho_{NC}=0.857Y_N$；每件样品进行五级筛分，从粗粒级到细粒级依次编号为1~5，

样品D13~D27序号为1~15，将样品序号乘以粒级编号形成横坐标的值）

从图4－11中可以看出，D13~D16共4件残积土壤筛分的三个粗粒级样品La_N略微位于Ho_{NC}的下方，推测其稀土元素配分曲线特征为略微左倾型。D17~D27共11件残坡积、冲洪积土壤到一级水系沉积物样品筛分的五个粒级样品，其La_N与Ho_{NC}的数据十分接近，推测其稀土元素配分曲线特征属于平坦型。

此处选择D13和D20两件样品来检验上述稀土元素配分曲线形态的推测结果，其稀土元素配分曲线如图 4 – 12 所示。

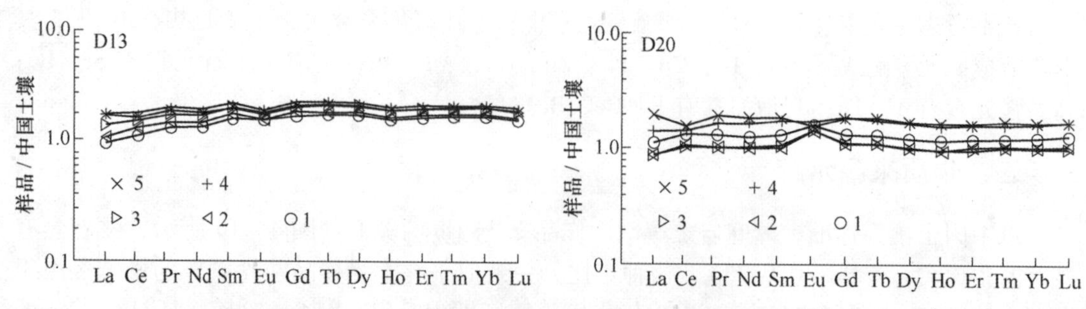

图 4 – 12　片麻岩土壤样品稀土元素配分曲线

从图 4 – 12 可以看出，由 D13 和 D20 所筛分的 10 个样品的稀土元素配分曲线形态均表现为平坦型，这与基于 La_N-Ho_{NC}图解所推测结果相一致。这表明基于 La_N-Ho_{NC}图解推测稀土元素配分曲线这一成果具有很好的可行性，在我国土壤物质来源示踪研究中将具有重要参考作用。

尽管上述 D13 ~ D16 共 4 件残积土壤筛分的三个粗粒级样品与其他样品的稀土配分曲线形态存在略微差异，但稀土元素配分曲线形态均表现为平坦型，这反映其源岩物质具有相似的稀土元素配分曲线形态，进而推断出这些土壤均为该区片麻岩的风化产物。

四、风化程度与采样粒级

片麻岩土壤剖面样品风化程度指标 WIG 与样品粒级的关系如图 4 – 13 所示。

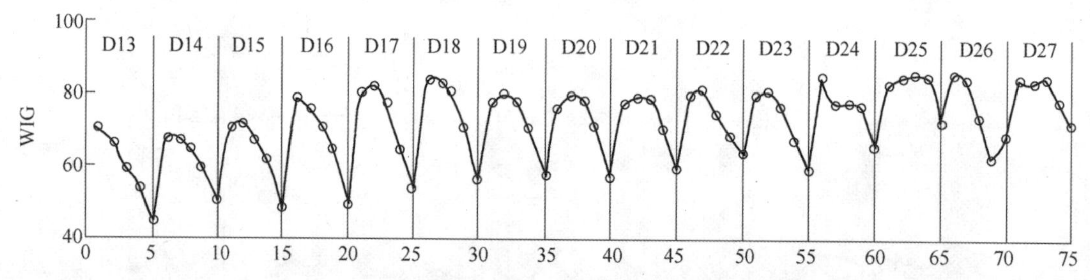

图 4 – 13　片麻岩土壤剖面样品 WIG 与样品粒级的关系
（每件样品进行五级筛分，从粗粒级到细粒级依次编号为 1 ~ 5，
样品 D13 ~ D27 序号为 1 ~ 15，将样品序号乘以粒级编号形成横坐标的值）

从图 4 – 13 中可以看出，针对每一件样品随着样品粒级编号的增大（即粒度逐渐变细），样品的风化指数 WIG 整体表现出逐渐降低（即风化程度逐渐增强）的趋势，这表明片麻岩风化土壤从粗粒级到细粒级其风化程度逐渐增强。

图 4 – 13 中部分样品，如 D19、D21、D27 等，其前三粒级样品的 WIG 变化比较接近，这表明前三粒级的风化应以物理风化为主导，化学风化差异不显著，但到第五粒级，所有样品的化学风化作用则明显增强。

五、元素风化行为

牛头沟金矿区寒石窑一带片麻岩土壤样品的 WIG 与热液成矿元素含量的关系如图

4－14所示。

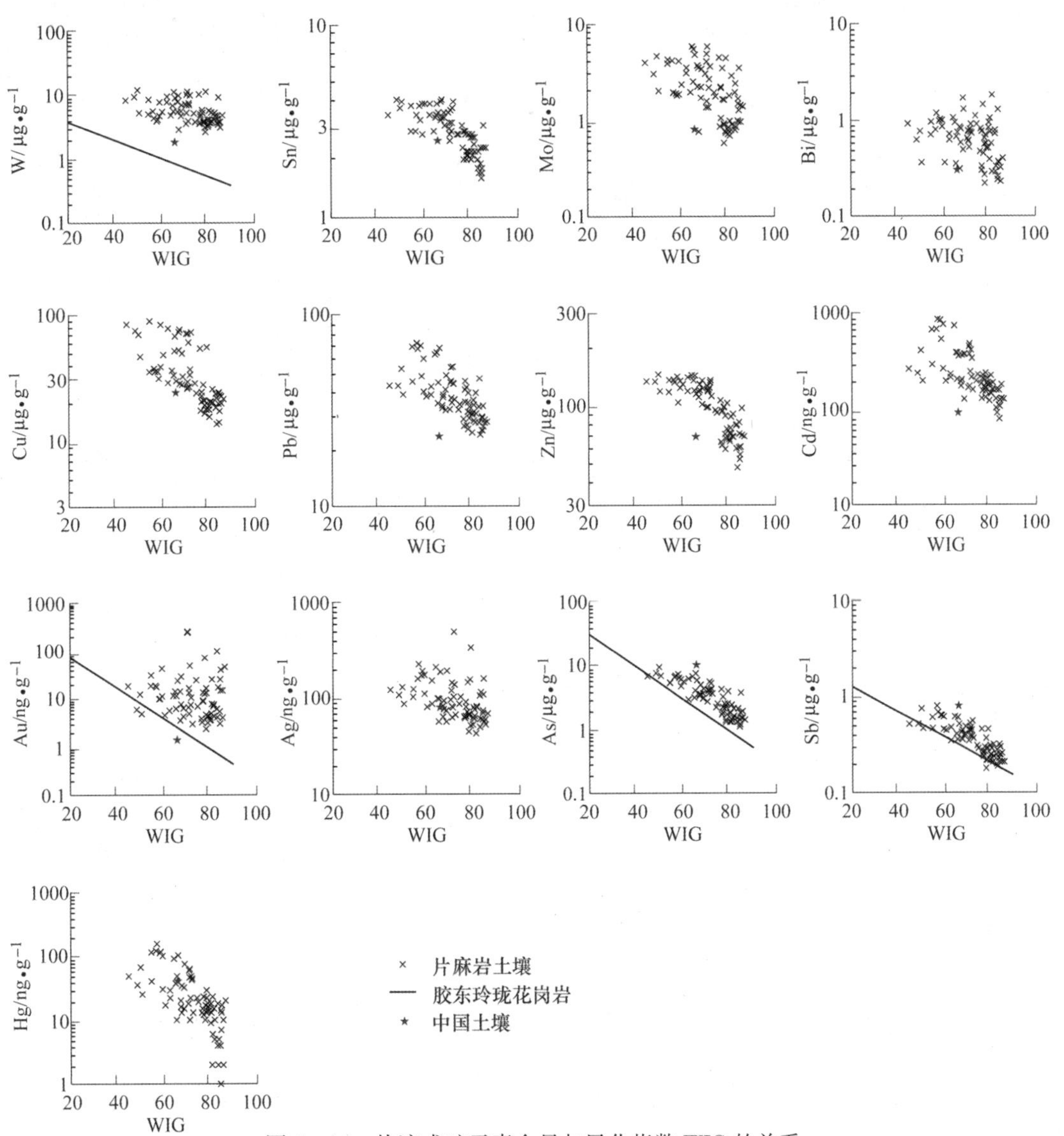

图4－14 热液成矿元素含量与风化指数WIG的关系

从图4－14可以看出：(1) 随着风化指数WIG的减小（即样品风化程度的增强），除Mo、Bi、Au趋势不明显外，其他10项微量元素含量均表现出逐渐升高的趋势。这表明随着风化程度的增强热液成矿元素W、Sn、Cu、Pb、Zn、Cd、Ag、As、Sb、Hg等均发生明显的富集。(2) 与胶东玲珑花岗岩风化壳剖面相比，片麻岩土壤剖面中W、Au、As、Sb这4项元素含量均明显偏高，虽然豫西牛头沟金矿区片麻岩土壤剖面中W、As、Sb含量明显高于其在胶东地区玲珑花岗岩风化剖面中的含量，但W、As、Sb三元素随风化程度增强而富集的趋势基本一致。(3) 与中国土壤相比较，在风化程度相似的条件下片麻岩土壤中明显富集的元素有W、Sn、Mo、Bi、Cu、Pb、Zn、Cd、Au、Ag共10项元素，As、Sb两元素相对贫化，Hg含量基本一致。

除上述13项热液成矿元素（图4－14）和10项主量氧化物外，在区域化探分析的39项元素中，其余16项微量元素在片麻岩土壤样品中含量与其风化指数WIG的关系如图4－15所示。

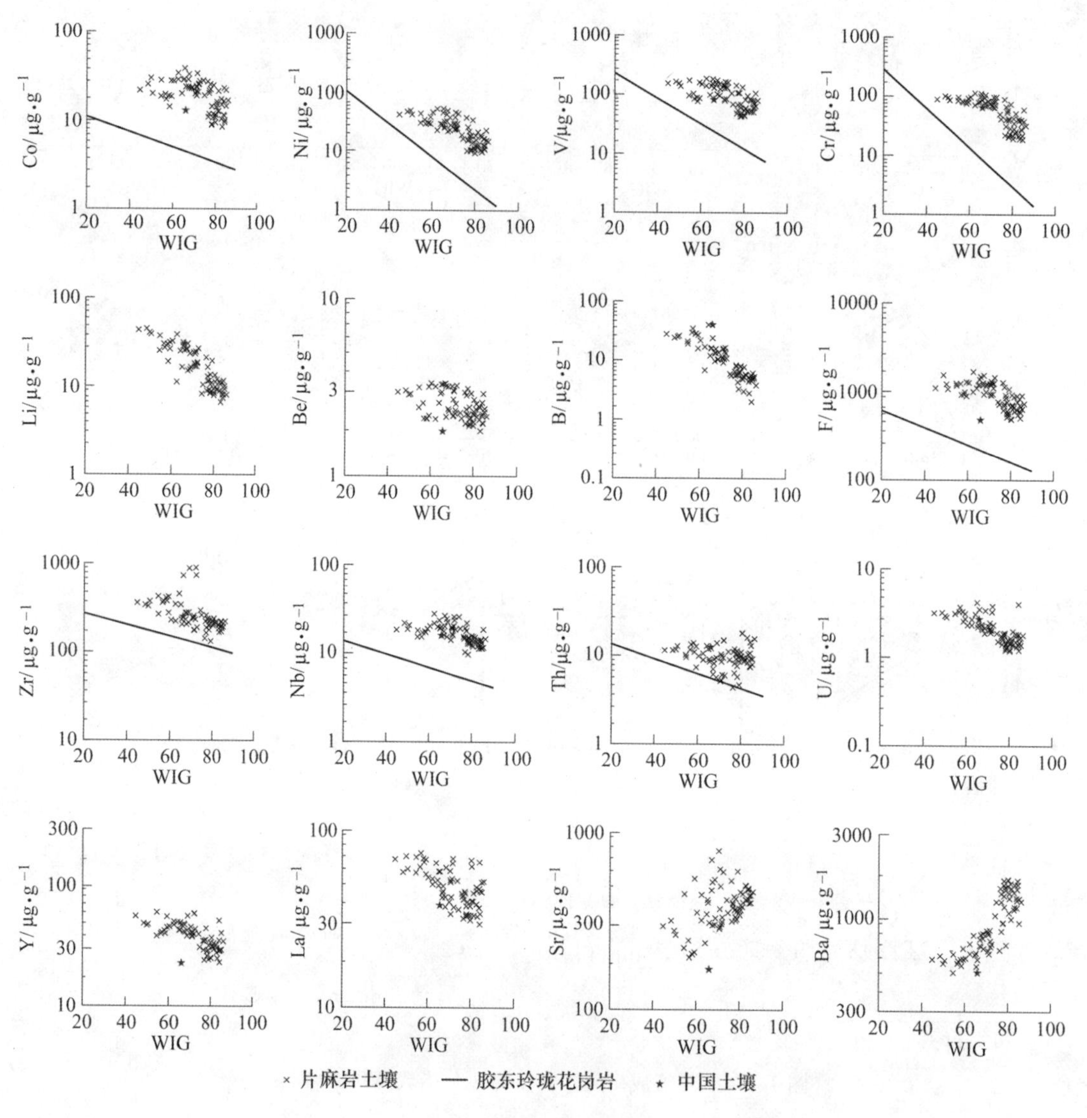

图4－15 微量元素含量与风化指数WIG的关系

从图4－15可以看出：（1）Th含量随风化程度改变未表现出明显的变化趋势，Sr、Ba两元素表现出随风化程度增强而贫化的特征，其他13项元素均不同程度地表现出随风化程度增强而富集的特征。（2）与玲珑花岗岩风化壳剖面相比，片麻岩土壤剖面中Co、Ni、V、Cr、F、Zr、Nb、Th这8项元素含量均明显偏高，这可能是由于这些元素在片麻岩基岩中含量明显高于其在胶东玲珑花岗岩中含量所致。（3）与中国土壤相比较，在风化程度相似的条件下片麻岩土壤中明显富集的元素有Co、Be、F、Y、La、Sr、Ba共7项元素，B相对贫化，而Ni、V、Cr、Li、Zr、Nb、Th、U共8项元素含量基本一致。

综合上述针对29项微量元素含量与风化指数WIG的分析可以看出：

（1）Sr、Ba 两项元素表现出随风化程度增强而贫化的特征；Mo、Bi、Au、Th 这 4 项元素含量随风化程度改变未表现出明显的变化趋势；其他 23 项元素均清晰地展现出元素含量随风化程度的增强（或 WIG 的降低）而升高的特征。这一成果表明对源自同一母岩的土壤样品，微量元素在其中的含量因其风化程度不同可表现出显著的差异，这对勘查地球化学研究中确定异常下限具有重要参考价值。

（2）若以胶东玲珑黑云母花岗岩中 12 项元素风化行为作为参考标准，则片麻岩土壤剖面均明显富集 W、Au、As、Sb、Co、Ni、V、Cr、F、Zr、Nb、Th 共 12 项元素。

（3）与中国土壤相比较，在风化程度相似的条件下片麻岩土壤明显富集的元素有 W、Sn、Mo、Bi、Cu、Pb、Zn、Cd、Au、Ag、Co、Be、F、Y、La、Sr、Ba 共 17 项元素。

第三节　安山岩土壤剖面

一、土壤剖面概况

牛头沟金矿区出露的地层主要为太古宇太华群片麻岩和中元古界熊耳群玄武安山岩，本书中安山岩土壤剖面取样位置位于矿区中南部的南沟－小岭一带（图 4－1），共采集残积－冲积土壤样品 11 件，样品的具体空间位置如图 4－16 所示。

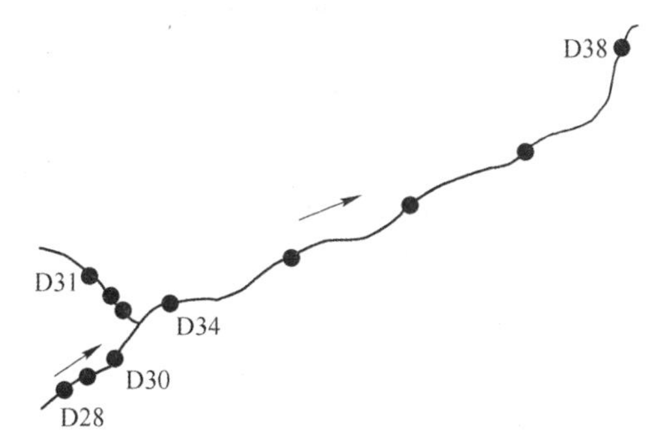

图 4－16　安山岩土壤剖面样品点位图
（圆点为土壤样品点位，实线代表冲沟，箭头标明冲洪积物流动方向）

样品 D28～D33 共 6 件样品近似代表残坡积土壤，D34～D38 共 5 件样品近似代表冲洪积土壤。土壤样品采用五级筛分，即将大于 4 目（ >5mm）部分舍去，取 4～10 目（5～2mm）编为 1 级，10～20 目（2～0.9mm）编为 2 级，20～60 目（0.9～0.28mm）编为 3 级，60～100 目（0.28～0.154mm）编为 4 级，小于 100 目（ <0.154mm）编为 5 级。然后将各级样品分别细碎至小于 200 目（ <0.076mm），送至实验室进行主量成分及微量元素分析。

二、地球化学数据

牛头沟金矿区南沟－小岭一带 11 件土壤样品五级筛分后 57 项元素（含氧化物）含量数据的基本统计参数见表 4－4。

表 4-4　南沟-小岭一带土壤样品 57 项元素（含氧化物）分析数据的统计参数

元　素	SiO_2	Al_2O_3	Fe_2O_3	Na_2O	K_2O	CaO	MgO	TiO_2	MnO	P_2O_5	LoI	W	Sn	Mo	Bi
最大值	61.73	14.26	9.65	2.27	3.32	5.86	3.65	1.17	0.18	0.24	20.1	15.09	2.5	2.88	8.00
最小值	46.82	12.08	7.14	1.61	1.99	2.61	2.48	0.82	0.11	0.11	2.17	3.28	1.4	0.41	0.26
中位值	55.74	13.06	8.45	1.88	2.39	3.85	2.94	0.97	0.13	0.17	4.28	5.98	1.7	0.96	1.06
平均值	55.47	13.04	8.41	1.89	2.49	3.83	2.97	0.99	0.14	0.17	6.50	7.39	1.8	1.06	1.54
标准差	3.46	0.41	0.67	0.15	0.30	0.67	0.28	0.10	0.01	0.02	4.82	3.05	0.3	0.45	1.45
富集系数	0.85	1.04	1.79	1.18	1.00	1.20	1.65	1.37	1.70	1.42	0.94	4.11	0.70	1.33	5.12
元　素	Cu	Pb	Zn	Cd	Au	Ag	As	Sb	Hg	Li	Be	B	F	Co	Ni
最大值	72.9	893	188	556	2612	1430	10.8	2.43	4120	24.5	2.14	30.2	3849	69	77
最小值	18.4	33	68	145	20	46	2.0	0.27	1	11.1	1.36	2.3	559	20	35
中位值	27.2	163	101	284	139	288	4.5	0.50	126	14.5	1.58	5.5	751	29	43
平均值	30.7	204	107	289	350	379	5.0	0.59	416	15.8	1.60	9.2	1053	32	48
标准差	10.7	180	27	102	540	325	2.1	0.35	748	3.4	0.15	7.1	740	11	11
富集系数	1.28	8.86	1.57	3.22	250	4.74	0.50	0.74	10.4	0.53	0.89	0.23	2.19	2.50	1.83
元　素	V	Cr	Zr	Hf	Nb	Ta	Th	U	Sc	Y	Rb	Sr	Ba	La	Ce
最大值	166	281	238	7.74	18.3	2.24	6.8	2.55	23.6	38.6	94	483	1174	48	97
最小值	97	107	143	4.68	9.0	0.53	2.6	0.96	14.8	16.7	61	224	532	30	56
中位值	138	141	174	5.82	11.9	0.83	3.9	1.32	17.8	25.5	72	337	854	37	72
平均值	134	156	178	5.91	12.1	0.97	4.3	1.42	18.0	26.0	72	329	825	38	73
标准差	17	41	24	0.81	2.0	0.36	1.1	0.38	1.9	4.9	7	56	151	5.2	10.5
富集系数	1.64	2.39	0.71	0.80	0.76	0.88	0.34	0.53	1.64	1.13	0.72	1.93	1.65	1.00	1.01
元　素	Pr	Nd	Sm	Eu	Gd	Tb	Dy	Ho	Er	Tm	Yb	Lu	WIG		
最大值	12.3	47.8	9.5	2.78	8.3	1.25	6.7	1.26	3.49	0.51	2.91	0.42	85.8		
最小值	7.1	26.2	4.6	1.36	3.9	0.62	3.3	0.63	1.83	0.28	1.62	0.24	49.9		
中位值	9.3	35.1	6.7	1.92	5.9	0.90	4.9	0.93	2.55	0.39	2.31	0.32	62.2		
平均值	9.4	36.0	6.9	1.98	6.1	0.94	5.0	0.96	2.64	0.40	2.33	0.33	62.8		
标准差	1.3	5.3	1.1	0.32	1.0	0.16	0.8	0.15	0.39	0.05	0.31	0.05	7.0		
富集系数	1.15	1.13	1.19	1.65	1.19	1.17	1.07	0.96	0.94	0.94	0.90	0.81	0.95		

注：样品数为 55；氧化物的含量单位为%，Au、Ag、Cd、Hg 的含量单位为 ng/g，其他元素的含量单位为 μg/g；富集系数 = 平均值/中国土壤。

与中国土壤 39 项元素含量相比，筛分出的 55 件样品中 Au 具有最大富集系数，其值为 250；其他元素富集系数大于 10 的有 Hg；富集系数介于 3.0～10 的有 W、Bi、Pb、Cd、Ag；富集系数介于 2.5～3.0 的有 Co；富集系数介于 2.0～2.5 的有 Cr、F；富集系数介于 1.5～2.0 的有 Zn、Ni、V、Sr、Ba、MgO、MnO、Fe_2O_3；富集系数介于 1.2～1.5 的有 Mo、Cu、TiO_2、P_2O_5、CaO。

若不考虑主量氧化物在 29 项微量元素中，上述富集系数大于 1.2 的共有 17 项，其中热液成矿元素有 W、Mo、Bi、Cu、Pb、Zn、Cd、Au、Ag、Hg；大离子亲石元素有 Sr、Ba；其他元素有 F、Co、Ni、V、Cr。

三、物质来源示踪

以中国土壤为标准，安山岩土壤剖面样品 Y 与 Ho 的关系如图 4－17 所示，二者具有显著的正比关系：Ho＝0.0366Y，这种正比例关系似乎并不受样品粒度差异的影响。由于中国土壤的 Ho/Y 为 0.0435，所以采用中国土壤标准化后片麻岩土壤剖面样品 Ho_N、Y_N 的比例系数为 0.841（0.0366/0.0435），即 $Ho_N=0.841Y_N$。

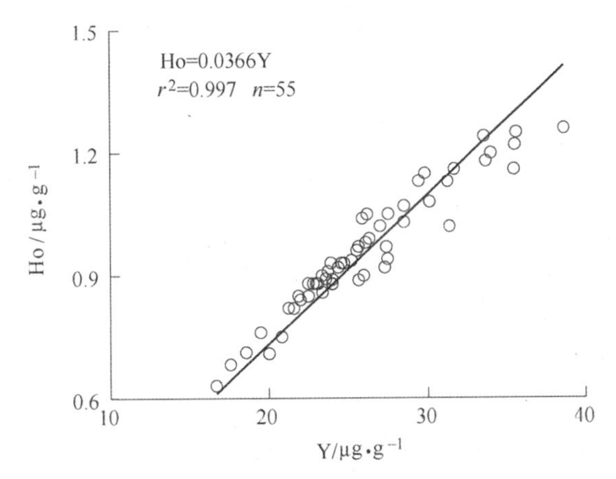

图 4－17　安山岩土壤剖面样品 Y 与 Ho 关系

以中国土壤为标准，安山岩土壤剖面样品的 La_N 与 Ho_{NC} 的关系如图 4－18 所示。

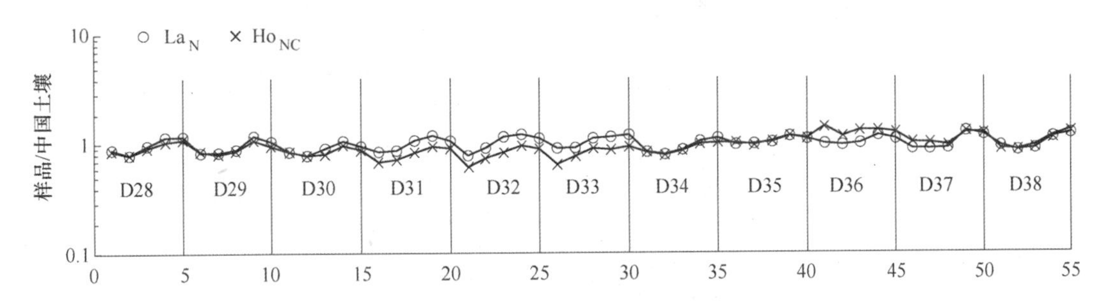

图 4－18　安山岩土壤剖面样品 La_N 与 Ho_{NC} 关系

（标准样品为中国土壤，La_N、Y_N 为 La、Y 的标准化数据，

$Ho_{NC}=0.841Y_N$；每件样品进行五级筛分，从粗粒级到细粒级依次编号为 1～5，

样品 D28～D38 序号为 1～11，将样品序号乘以粒级编号形成横坐标的值）

从图 4－18 中可以看出，D28～D38 共 11 件残坡积及冲洪积土壤筛分的五个粒级样品，其 La_N 与 Ho_{NC} 的数据十分接近，推测其稀土元素配分曲线特征属于平坦型。

此处选择 D28 和 D32 两件样品来检验上述稀土元素配分曲线形态的推测结果，其稀土元素配分曲线如图 4－19 所示。

从图 4－19 可以看出，由 D28 和 D32 所筛分的 10 个样品的稀土元素配分曲线形态均表现为平坦型，这与基于 La_N-Ho_{NC} 图解所推测结果相一致。这表明基于 La_N-Ho_{NC} 图解推测稀土元素配分曲线这一成果具有很好的可行性，在土壤物质来源示踪研究中将具有重要参考作用。

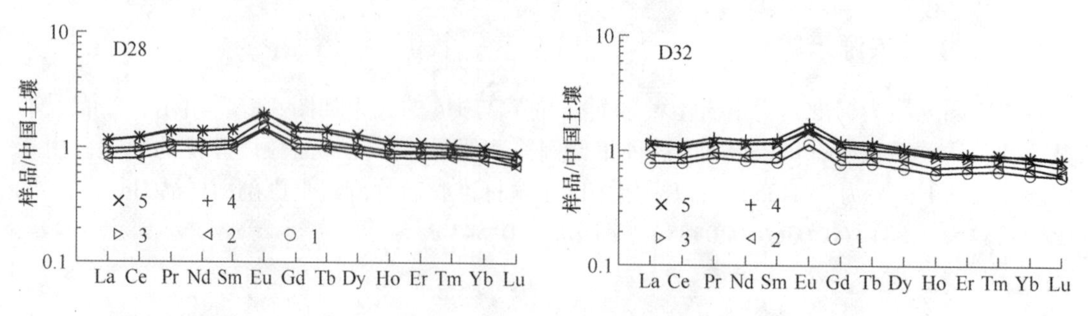

图 4－19 安山岩土壤样品稀土元素配分曲线

牛头沟金矿区南沟－小岭一带残坡积、冲洪积土壤的稀土元素配分曲线形态均表现为平坦型，这反映其源岩物质具有相似的稀土元素配分曲线形态，进而推断这些土壤均为该区安山岩的风化产物。

四、风化程度与采样粒级

安山岩土壤剖面样品风化程度指标 WIG 与样品粒级的关系如图 4－20 所示。

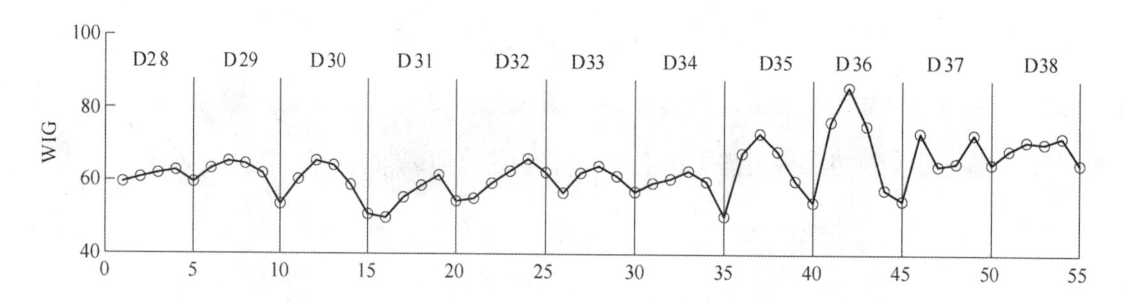

图 4－20 安山岩土壤剖面样品 WIG 与样品粒级的关系
（每件样品进行五级筛分，从粗粒级到细粒级依次编号为 1～5，
样品 D28～D38 序号为 1～11，将样品序号乘以粒级编号形成横坐标的值）

从图 4－20 中可以看出，随着样品粒级编号的增大（即粒度逐渐变细），样品的风化指数 WIG 在不同样品中的变化趋势存在明显差异。如 D28 样品 WIG 波动范围很小，但与 D31、D32、D34、D38 样品一样表现出从第 1 粒级至第 4 粒级 WIG 逐渐升高，但在第 5 粒级明显降低的现象；D29、D30、D33 样品 WIG 波动范围也较小，但与 D35、D36 样品一样表现出从第 1 粒级至第 2 粒级 WIG 升高，但自第 2 粒级至第 5 粒级 WIG 则逐渐降低。而 D37 样品则表现出比较复杂的变化特征。

上述 WIG 与粒级的关系表明，安山岩的风化程度并未表现出像片麻岩风化过程随粒级变细而增强的特征，而是呈现出不规律的变化特征。这种不规律的变化特征可能是由安山岩的岩石结构所致。安山岩基岩具有隐晶质结构，在本次所筛分的五级分类中从第 1 粒级至第 4 粒级其粒径可能均未明显小于其基岩的隐晶质粒级结构，因此上述粒级的划分并不能较好反映出化学风化过程。但对于牛头沟金矿区中部寒石窑一带的片麻岩而言，片麻岩具有显晶质鳞片－粒状变晶结构，其单矿物的粒度可达到甚至大于本次筛分所划分的五级粒径，因此其粒级从粗至细可以较好地反映片麻岩的化学风化过程。

五、元素风化行为

牛头沟金矿区南沟－小岭一带安山岩土壤样品的 WIG 与热液成矿元素含量的关系如图 4－21 所示。

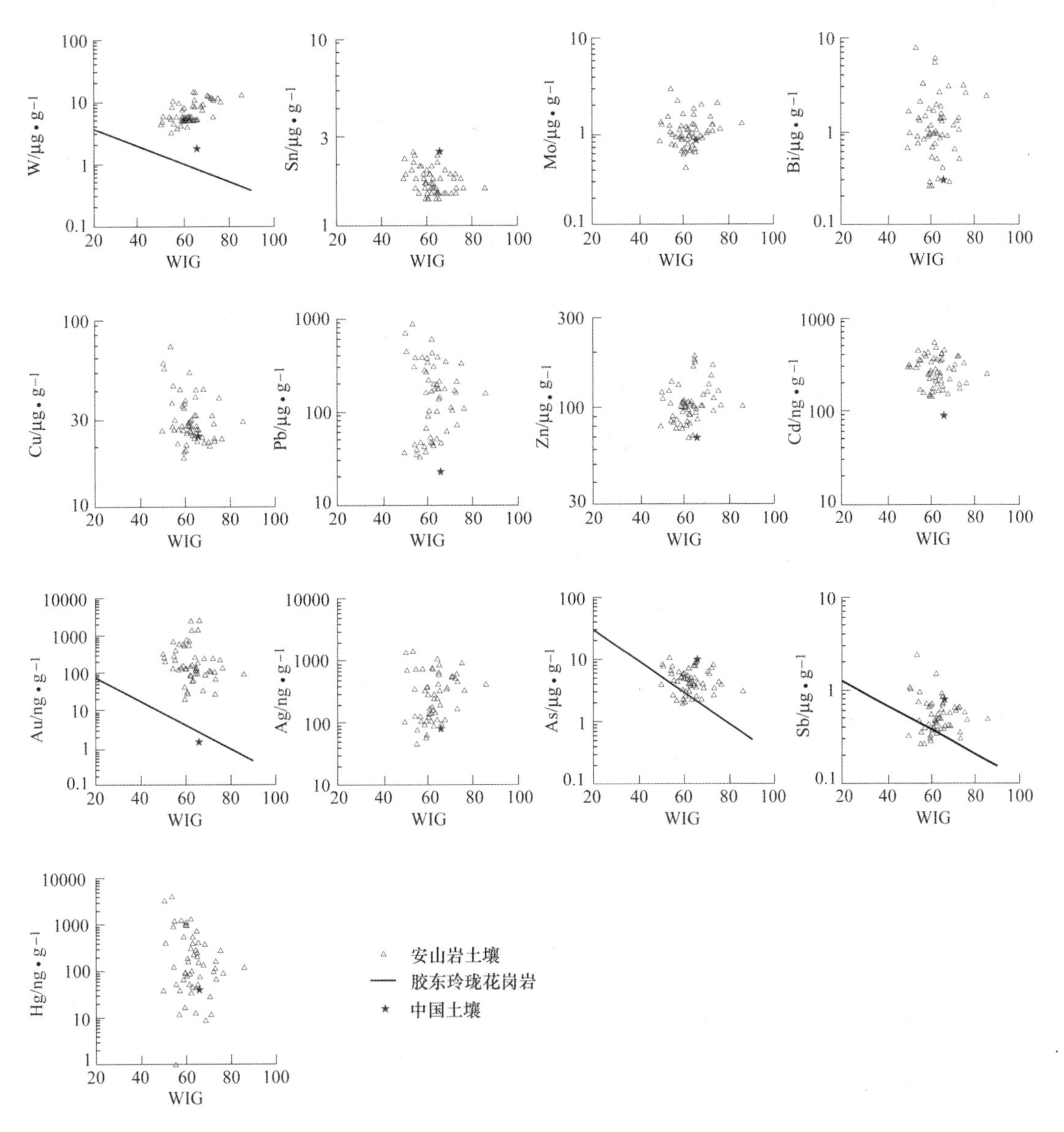

图 4－21　热液成矿元素含量与风化指数 WIG 的关系

从图 4－21 可以看出：（1）随着风化指数 WIG 的减小（即样品风化程度的增强），安山岩土壤中 13 项微量元素含量均未表现出明显的变化趋势。（2）与胶东玲珑花岗岩风化壳剖面相比，安山岩土壤剖面中 W、Au 含量明显偏高，As、Sb 含量与花岗岩基本一致，但数据比较离散。（3）与中国土壤相比较，在风化程度相似的条件下安山岩土壤中明显富集的元素有 W、Bi、Pb、Zn、Cd、Au、Ag、Hg 共 8 项元素，Sn、As、Sb 三元素相对贫化，Mo、Cu 两元素含量基本一致但数据比较离散。

除上述 13 项热液成矿元素（图 4－21）和 10 项主量氧化物外，在区域化探分析的 39 项元素中其余 16 项微量元素在安山岩土壤样品中含量与其风化指数 WIG 的关系如图 4－22 所示。

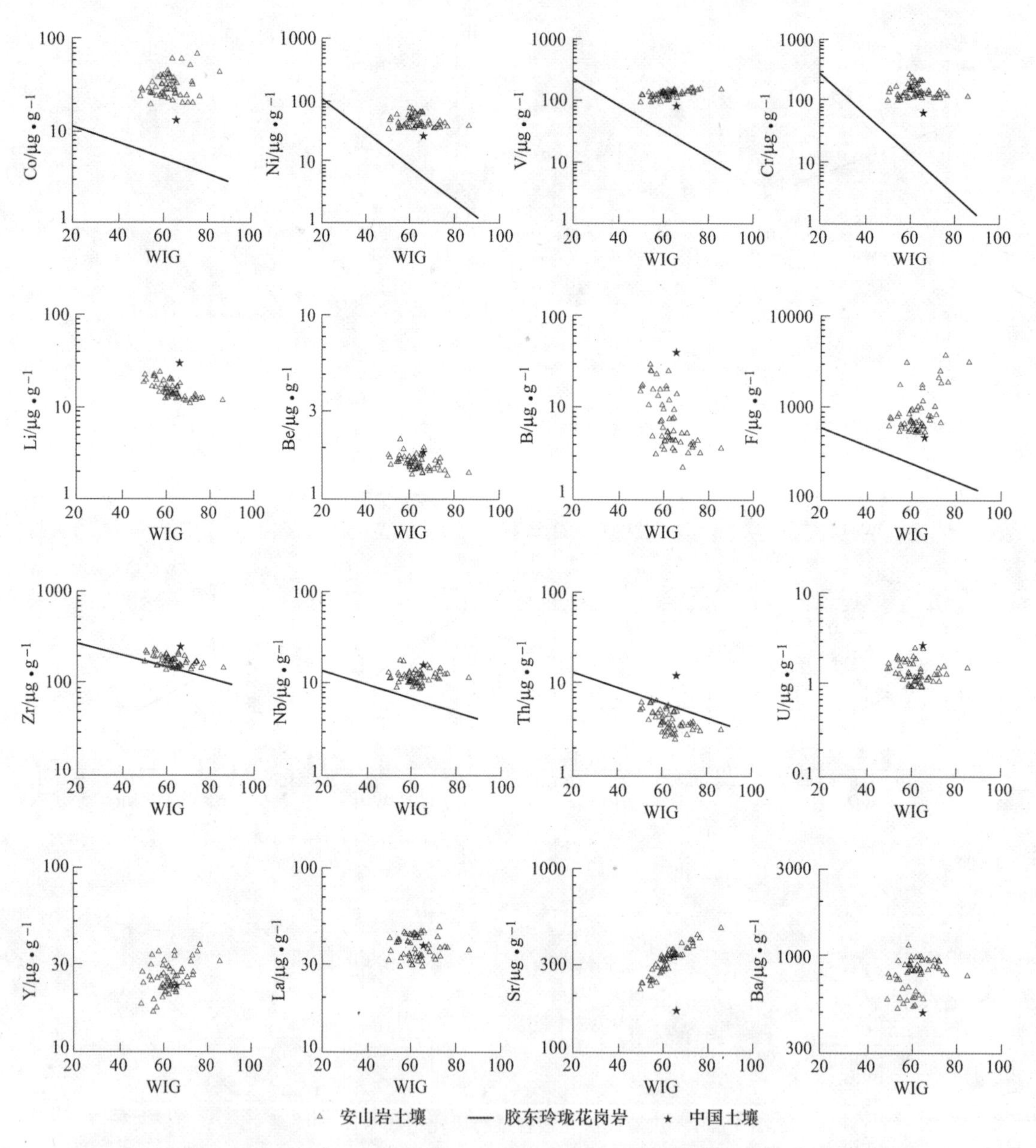

图 4－22 微量元素含量与风化指数 WIG 的关系

从图 4－22 可以看出：（1）Li、Be、B、Zr、Th 这 5 项元素含量均不同程度地表现出随风化程度增强而富集的特征，Sr 元素表现出随风化程度增强而贫化的特征，其他 7 项元素随风化程度改变未表现出明显的变化趋势。（2）与胶东玲珑花岗岩风化壳剖面相比，安山岩土壤剖面中 Co、Ni、V、Cr、F、Nb 含量均明显偏高，Zr 含量基本一致，而 Th 含量相对偏低。(3) 与中国土壤相比较，在风化程度相似的条件下安山岩土壤中明显富集的元素有 Co、Ni、V、Cr、F、Sr、Ba 共 7 项元素，Li、Be、B、Zr、Nb、Th、U 共 7 项元素相对贫化，而 La、Y 含量基本一致。

综合上述针对 29 项微量元素含量与风化指数 WIG 的分析可以看出：

(1) Li、Be、B、Zr、Th 共 5 项元素清晰地展现出元素含量随风化程度的增强（或 WIG 的降低）而升高的特征；Sr 元素表现出随风化程度增强而贫化的特征；其他 23 项元素随风化程度改变未表现出明显的变化趋势。这一特征与牛头沟金矿区针对片麻岩的研究认识基本相反，这可能是由于在寒石窑一带的片麻岩地区基本无矿化现象，元素在风化过程逐渐富集，但在南沟－小岭一带的安山岩地区矿化特征显著（局部矿体出露地表），蚀变或矿化基岩中微量元素含量明显高于区域背景，微量元素在基岩风化过程中不仅没有发生富集，反而出现流失贫化的现象。矿区微量元素在风化过程中不发生明显富集或反而出现逐渐贫化的行为（除 Sr、Ba 外）可用来反映元素在基岩中具有高含量的特征，进而为识别找矿指示元素提供参考。

(2) 若以胶东玲珑黑云母花岗岩中 12 项元素风化行为作为参考标准，则安山岩土壤剖面均明显富集 W、Au、Co、Ni、V、Cr、F、Nb 共 8 项元素。

(3) 与中国土壤相比较，在风化程度相似的条件下安山岩土壤明显富集的元素有 W、Mo、Bi、Cu、Pb、Zn、Cd、Au、Ag、Hg、Co、Ni、V、Cr、F、Sr、Ba 共 17 项元素。

小 结

(1) 表征花岗岩风化程度的地球化学风化指标 WIG (Weathering Index of Granite) 也可以很好地表征安山岩的风化程度。从基岩风化到土壤再到水系沉积物的地球化学过程中，样品的风化程度可用花岗岩风化指标 WIG 来进行定量表征。随着样品风化程度的增强，其 WIG 值则逐渐降低。

(2) 片麻岩风化土壤从粗粒级到细粒级其风化程度逐渐增强，但随着土壤样品粒度逐渐变细安山岩的风化程度却未表现出逐渐增强的特征。这种差异主要取决于基岩样品的结构（即结晶粒度），由此认为土壤样品粒级的粗细并不能较好地反映其风化程度的强弱。

(3) 安山岩风化壳样品、片麻岩土壤剖面样品、安山岩土壤剖面样品中 Y 与 Ho 两元素之间均具有显著的正比关系，Ho/Y 分别为 0.0386、0.0373、0.0366。前两者 Ho/Y 值接近区域岩石的 Ho/Y 值 0.0379，后者 Ho/Y 值接近矿区蚀变岩的 Ho/Y 值 0.0365，但三者 Ho/Y 值均明显高于矿石的 Ho/Y 值 0.0252。

(4) 安山岩风化壳样品、安山岩土壤剖面样品、片麻岩土壤剖面样品的稀土元素配分曲线均属于平坦型。通过 $La_N - Ho_{NC}$ 图解和稀土元素配分曲线图解的对比研究验证了依据 La、Y 数据来推测样品稀土元素配分曲线形态这一方法技术的可行性，在土壤物质来源示踪研究中将具有重要的应用价值。

(5) 针对背景区（或微弱蚀变）安山岩风化壳剖面研究结果表明，在 29 项微量元素中 17 项元素清晰地展现出元素含量随风化程度的增强（或 WIG 降低）而富集的特征。针对背景区（或无矿区）片麻岩土壤剖面研究结果表明在 29 项微量元素中 23 项元素清晰地展现出元素含量随风化程度的增强而富集的特征。这些成果表明对源自同一母岩的土壤样品，微量元素在其中的含量因其风化程度不同可表现出显著的差异，这对勘查地球化学研究中确定元素异常下限具有重要参考价值。

(6) 针对地表矿化现象明显（或矿区）的安山岩土壤剖面研究结果表明，在29项微量元素中仅Li、Be、B、Zr、Th共5项元素清晰地展现出元素含量随风化程度的增强而富集的特征，其他元素含量大体表现为随风化程度增强基本不变或逐渐降低的特征。这种矿区微量元素在风化过程中不发生明显富集或反而出现逐渐贫化的行为（除Sr、Ba外）可用来反映元素在基岩中具有高含量的特征，进而为识别找矿指示元素提供参考。

河南牛头沟金矿床土壤地球化学特征见表4-5。

表4-5 河南牛头沟金矿床土壤地球化学特征

序号	分 类	项目名称	项目描述
19	地球化学特征	矿区土壤剖面	与中国土壤相比，富集W、Mo、Bi、Cu、Pb、Zn、Cd、Au、Ag、F、Co、Sr、Ba共13项元素，其富集系数均大于1.2

注：中国土壤数据引自迟清华和鄢明才（2007）。

第五章

化 探 普 查

本章化探普查的采样介质为水系沉积物或土壤，工作比例尺为1:5万。首先在采样粒级研究的基础上确定该区适宜的采样粒度，然后对牛头沟金矿区31.5km^{2}开展化探普查，绘制单元素地球化学图，进而依据元素在风化过程中的地球化学行为编制地球化学异常图，最后以已知矿体出露范围为依据确定牛头沟金矿区化探普查的找矿指示元素组合。

第一节　采 样 粒 度

一、样品采集与加工

牛头沟金矿区化探普查的范围与图2－1范围一致，面积为31.5km^2，采样比例尺为1:5万。采样介质在沟系发育地区优先选择水系沉积物，在地形平缓、沟系稀疏地区选择土壤。样品布局采用网格法。在每500m×500m的网格内沿水系等间距采集三份水系沉积物（或B层土壤），将其组合为一件样品，近似代表其水系控制区内的样品，控制面积达网格面积的60%以上（贾玉杰等　2013）。本次研究共采集127件样品，具体采样位置如图5－1所示。

在土壤地球化学勘查研究中发现由于组成岩石矿物的结晶粒度（即岩石的结构）不同，当基岩形成不同粒度的风化产物时，样品的粒级（即依据粒度大小的分级）不同其化学风化程度既可能比较接近又可能存在明显差异。如安山岩风化过程中其风化产物的粒级与其风化程度（以WIG表征）之间不存在明显的趋势性变化规律，但片麻岩风化产物随其粒度变细其风化程度则逐渐增强。

为了验证牛头沟金矿区片麻岩风化产物随粒度变细其风化程度逐渐增强这一现象的可信性，同时又为了确定在片麻岩地区开展化探普查的适宜采样粒度，本书在127件样品中选择片麻岩地区的5件样品进行粒度筛分，5件样品编号分别为B9、B11、B13、B12、B14，位于同一沟系内，自B9至B14方向代表水系流动（或冲洪积物的运移）方向（图5－1）。

样品粒度筛分划分为七级，即将样品中大于4目（>5mm）部分舍去，取4~10目（5~2mm）编为1级，10~20目（2~0.9mm）编为2级，20~40目（0.9~0.45mm）编为3级，40~60目（0.45~0.28mm）编为4级，60~80目（0.28~0.2mm）编为5级，80~100目（0.2~0.154mm）编为6级，小于100目（<0.154mm）编为7级。将筛分成

的35个样品分别细碎至小于200目，送实验室进行主量成分及微量元素分析。

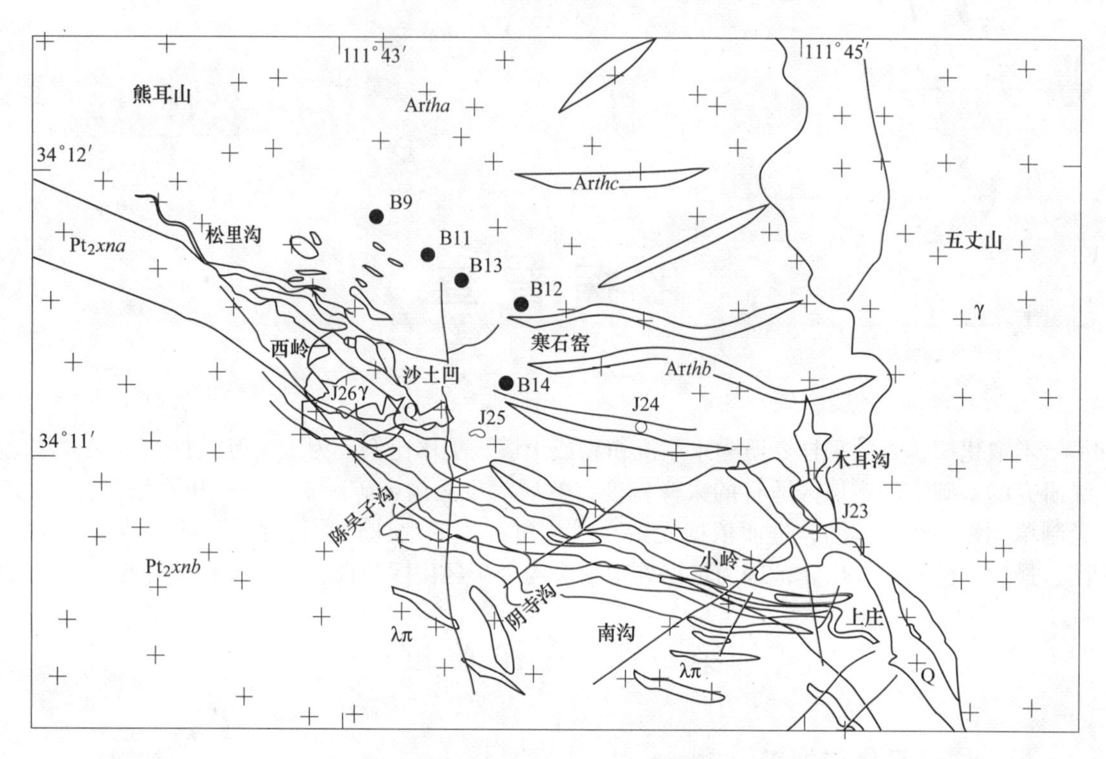

图5-1 牛头沟金矿区化探普查采样点位图

（十字线点为化探普查采样点，实心圆点为筛分样品的采样点，其他图例参考图2-1）

二、地球化学数据

牛头沟金矿片麻岩地区5件样品七级筛分形成的35个样品57项元素（含氧化物）含量数据的基本统计参数见表5-1。

表5-1 七级筛分样品57项元素（含氧化物）分析数据的统计参数

元　素	SiO_2	Al_2O_3	Fe_2O_3	Na_2O	K_2O	CaO	MgO	TiO_2	MnO	P_2O_5	LoI	W	Sn	Mo	Bi
最大值	66.70	15.61	15.18	4.55	5.18	4.56	2.73	1.99	0.28	0.41	15.38	6.3	4.37	3.6	3.72
最小值	50.34	11.77	2.88	1.86	2.33	2.22	0.93	0.44	0.09	0.12	0.96	2.24	2.12	0.76	0.29
中位值	60.07	13.89	8.51	3.19	3.24	3.52	1.91	0.99	0.16	0.16	1.90	3.80	3.13	1.52	0.72
平均值	59.23	13.71	7.77	3.02	3.52	3.50	1.88	0.99	0.16	0.19	3.96	4.00	3.15	1.70	0.95
标准差	5.39	1.15	4.14	0.59	0.98	0.66	0.58	0.44	0.05	0.08	4.38	1.22	0.69	0.80	0.66
中国水系沉积物	65.31	12.83	4.50	1.32	2.36	1.80	1.37	0.685	0.087	0.133		1.8	3.00	0.84	0.31
富集系数	0.91	1.07	1.73	2.29	1.49	1.95	1.37	1.45	1.86	1.43		2.22	1.05	2.03	3.06
元　素	Cu	Pb	Zn	Cd	Au	Ag	As	Sb	Hg	Li	Be	B	F	Co	Ni
最大值	51	78	292	890	32	474	7.1	1.10	143	28.5	2.99	29.7	1202	29.8	33.2
最小值	14	24	58	64	1.8	70	0.95	0.18	5	6.4	1.84	3.6	486	8.7	8.6
中位值	23	35	102	194	7.1	112	2.24	0.28	14	9.5	2.42	5.7	778	18.3	20.0

续表 5-1

元　素	Cu	Pb	Zn	Cd	Au	Ag	As	Sb	Hg	Li	Be	B	F	Co	Ni
平均值	25	40	116	276	9.5	134	2.69	0.38	31	11.5	2.41	9.1	812	18.8	19.5
标准差	9	14	49	206	6.9	75	1.71	0.25	39	5.9	0.30	7.5	231	6.5	7.4
中国水系沉积物	22	24	70	140	1.32	77	10.0	0.69	36	32.0	2.1	47	490	12.1	25.0
富集系数	1.14	1.67	1.66	1.97	7.19	1.74	0.27	0.55	0.87	0.36	1.15	0.19	1.66	1.56	0.78

元　素	V	Cr	Zr	Hf	Nb	Ta	Th	U	Sc	Y	Rb	Sr	Ba	La	Ce
最大值	152	97	556	17.6	46.3	2.40	18.1	4.16	21.9	54.1	150	452	1597	86.0	136.8
最小值	38	27	191	6.92	11.1	0.62	7.47	1.12	7.99	14.8	82	206	600	18.9	43.0
中位值	95	71	255	8.84	21.2	1.06	10.69	1.58	14.7	29.8	106	339	1008	41.4	85.9
平均值	87	64	291	9.96	21.5	1.19	11.2	1.94	14.8	32.8	109	334	1046	43.3	88.2
标准差	33	24	92	2.88	8.57	0.44	2.82	0.86	4.30	12.0	17	61	323	15.2	23.7
中国水系沉积物	80	59	270		16		11.9	2.45		25.0		145	490	39	
富集系数	1.08	1.08	1.08		1.34		0.94	0.79		1.31		2.31	2.14	1.11	

元　素	Pr	Nd	Sm	Eu	Gd	Tb	Dy	Ho	Er	Tm	Yb	Lu	La_N/Y_{NHo}	WIG	
最大值	19.6	76.2	13.4	2.50	12.1	1.85	10.6	2.08	5.98	0.94	5.92	0.85	1.54	93.7	
最小值	4.59	17.7	3.15	0.73	2.72	0.46	2.68	0.53	1.56	0.25	1.68	0.25	0.58	57.3	
中位值	9.5	38.6	6.98	1.73	6.36	0.96	5.49	1.08	3.16	0.47	3.01	0.43	0.90	73.9	
平均值	10.5	40.8	7.53	1.60	6.81	1.07	6.22	1.21	3.48	0.54	3.40	0.49	0.96	74.6	
标准差	3.61	14.5	2.84	0.47	2.53	0.40	2.33	0.45	1.25	0.19	1.18	0.17	0.21	11.7	

注：样品个数为35；氧化物的含量单位为%，Au、Ag、Cd、Hg 的含量单位为 ng/g，其他元素的含量单位为μg/g；中国水系沉积物数据取其中位值（迟清华和鄢明才 2007）；富集系数 = 平均值/中国水系沉积物。

与中国水系沉积物 39 项元素含量相比，筛分出的 35 个样品中 Au 具有最大富集系数，其值为 7.19；其他元素富集系数大于 3.0 的有 Bi；富集系数介于 2.0 ~ 2.5 的有 W、Mo、Sr、Ba、Na_2O；富集系数介于 1.4 ~ 2.0 的有 Pb、Zn、Cd、Ag、F、Co、CaO、K_2O、Fe_2O_3、TiO_2、MnO、P_2O_5；富集系数介于 1.0 ~ 1.4 的有 Nb、Y、Zr、La、V、Cr、Sn、Cu、Be、MgO、Al_2O_3。

若不考虑主量氧化物，在 29 项微量元素中富集系数大于 1.4 的元素（佟依坤等 2014）共有 12 项，其中热液成矿元素有 W、Mo、Bi、Pb、Zn、Cd、Au、Ag；大离子亲石元素有 Sr、Ba；其他元素有 F、Co。

三、物质来源示踪

尽管目前我国已开展了覆盖国土陆地近 $7 \times 10^6 km^2$ 的土壤和水系沉积物地球化学调查，但针对水系沉积物样品 14 项稀土元素仅分析了 La，即目前缺少中国水系沉积物 14 项稀土元素的化学组成。本次化探普查工作分析了所采集样品的 14 项稀土元素组成，由于上陆壳（UCC）和中国土壤的稀土元素配分曲线形态基本一致（图 4-3），为了方便土壤与岩石样品的稀土元素配分曲线特征进行对比，本节选择上陆壳（UCC）为标准来讨论化探普查样品的稀土元素配分曲线形态，进而为土壤物质来源示踪提供参考。

35 个筛分样品 Y 与 Ho 的关系如图 5－2 所示，在剔除 1 个离异数据点后二者具有显著正比关系：Ho＝0.0375Y，这种正比例关系似乎并不受样品粒度差异的影响。若以上陆壳为标准，由于上陆壳的 Ho/Y 为 0.0364，所以采用上陆壳标准化后片麻岩土壤剖面样品 Ho_N、Y_N 的比例系数为 1.03(0.0375/0.0364)，即 $Ho_N = 1.03Y_N$。

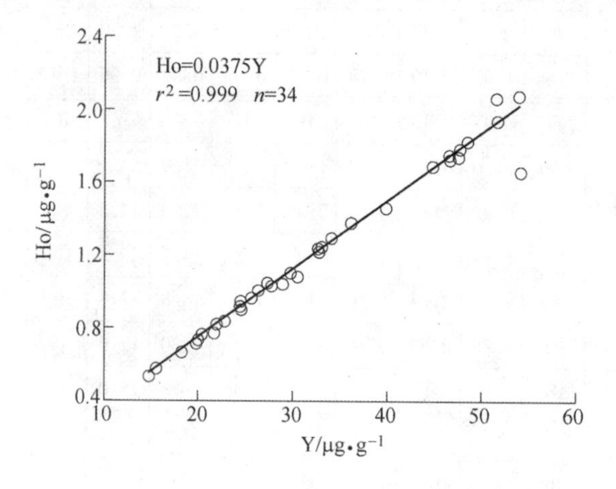

图 5－2 筛分样品 Y 与 Ho 关系

以上陆壳为标准，35 个筛分样品的 La_N 与 Ho_{NC} 的关系如图 5－3 所示。

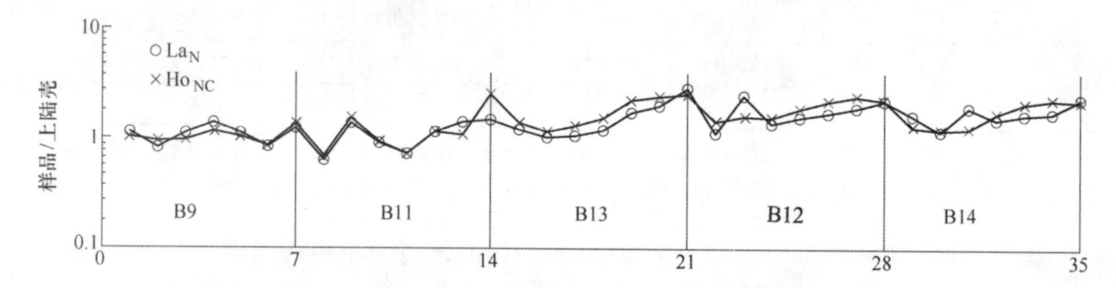

图 5－3 筛分样品 La_N 与 Ho_{NC} 关系

（标准样品为上陆壳，La_N、Y_N 为 La、Y 的标准化数据，$Ho_{NC} = 1.03Y_N$。每件样品进行七级筛分，从粗粒级到细粒级依次编号为 1～7，样品 B9、B11、B13、B12、B14 的序号为 1～5，将“（样品序号－1）×7＋粒级编号”形成横坐标的值）

从图 5－3 中可以看出，35 个筛分样品的 La_N 与 Ho_{NC} 值均比较接近，由此可以推测其稀土元素配分曲线形态应属于平坦型。

此处选择 B11 和 B14 两件样品来检验上述稀土元素配分曲线形态的推测结果，其稀土元素配分曲线如图 5－4 所示。从图 5－4 可以看出由 B11 和 B14 两件样品所筛分的 14 个样品的稀土元素配分曲线形态均表现为平坦型，这与基于 $La_N - Ho_{NC}$ 图解所推测的结果相一致。这表明基于 $La_N - Ho_{NC}$ 图解推测稀土元素配分曲线这一成果具有很好的可行性，在我国化探普查样品物质来源示踪研究中将具有重要参考作用。

上述 5 件样品所筛分的 35 个样品的稀土元素配分曲线形态均表现为平坦型，这反映其源岩物质具有相似的稀土元素配分曲线形态，进而推断出这些样品的物质来源基本一致，应为片麻岩风化产物搬运所形成的土壤或水系沉积物。

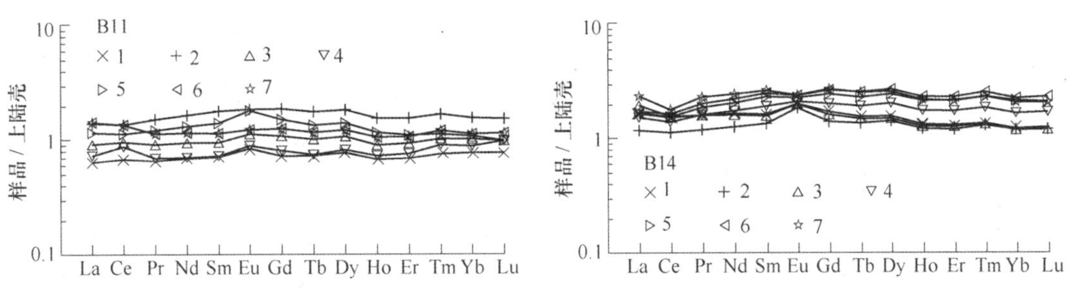

图5-4 化探普查筛分样品稀土元素配分曲线

四、风化程度与采样粒级

上述5件样品筛分出的35个粒级样品的风化程度指标WIG与样品粒级的关系如图5-5所示。从图5-5中可以看出，B9样品随着样品粒级编号的增大（即粒度逐渐变细），样品的风化指数WIG表现出逐渐降低（即风化程度逐渐增强）的趋势，B11~B14四件样品在前3个粒级其风化指数值变化不大，这表明该过程以物理风化为主，但从第3粒级至第7粒级其风化指数则逐渐降低，这表明其风化程度逐渐增强。

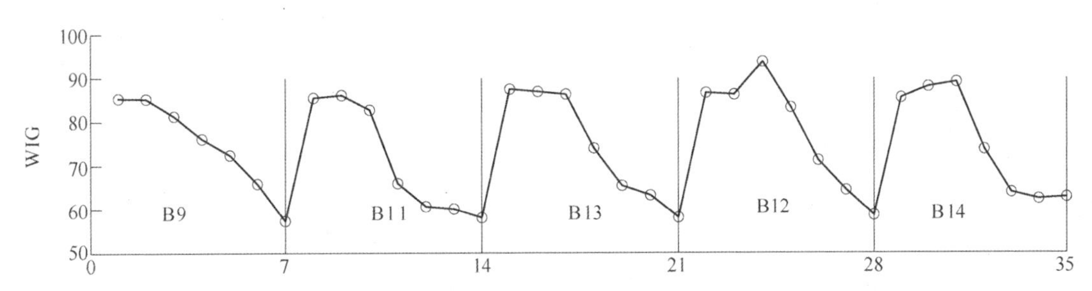

图5-5 筛分样品WIG与样品粒级的关系

（每件样品进行七级筛分，从粗粒级到细粒级依次编号为1~7，样品B9、B11、B13、B12、B14序号为1~5，将“（样品序号-1）×7+粒级编号”形成横坐标的值）

综合5件样品的粒级筛分研究结果可以发现，片麻岩地区的土壤或水系沉积物从粗粒级到细粒级其风化程度表现出逐渐增强的趋势。这一认识与该区土壤地球化学勘查研究结论相一致。

五、元素含量与样品粒级

牛头沟金矿区岩石地球化学勘查所确定的找矿指示元素组合为W、Mo、Bi、Cu、Pb、Zn、Cd、Au、Ag、As、Sb、Hg、Co、Y、F共15项。这15项找矿指示元素及CaO的含量与筛分粒级的关系如图5-6所示。

从图5-6可以看出：（1）大多数元素在前3个粒级其含量变化不大，这表明风化作用在前3个粒级可能以物理风化为主。（2）从第1粒级到第7粒级（即从粗粒到细粒）大多数元素含量逐渐升高，但部分元素如Co、W、CaO等在第7粒级含量出现明显降低的现象，Pb、Cd、As、Sb、Hg等在第7粒级含量出现明显升高的现象，这表明在最细的第7粒级其风化机制可能与其他粒级明显不同。

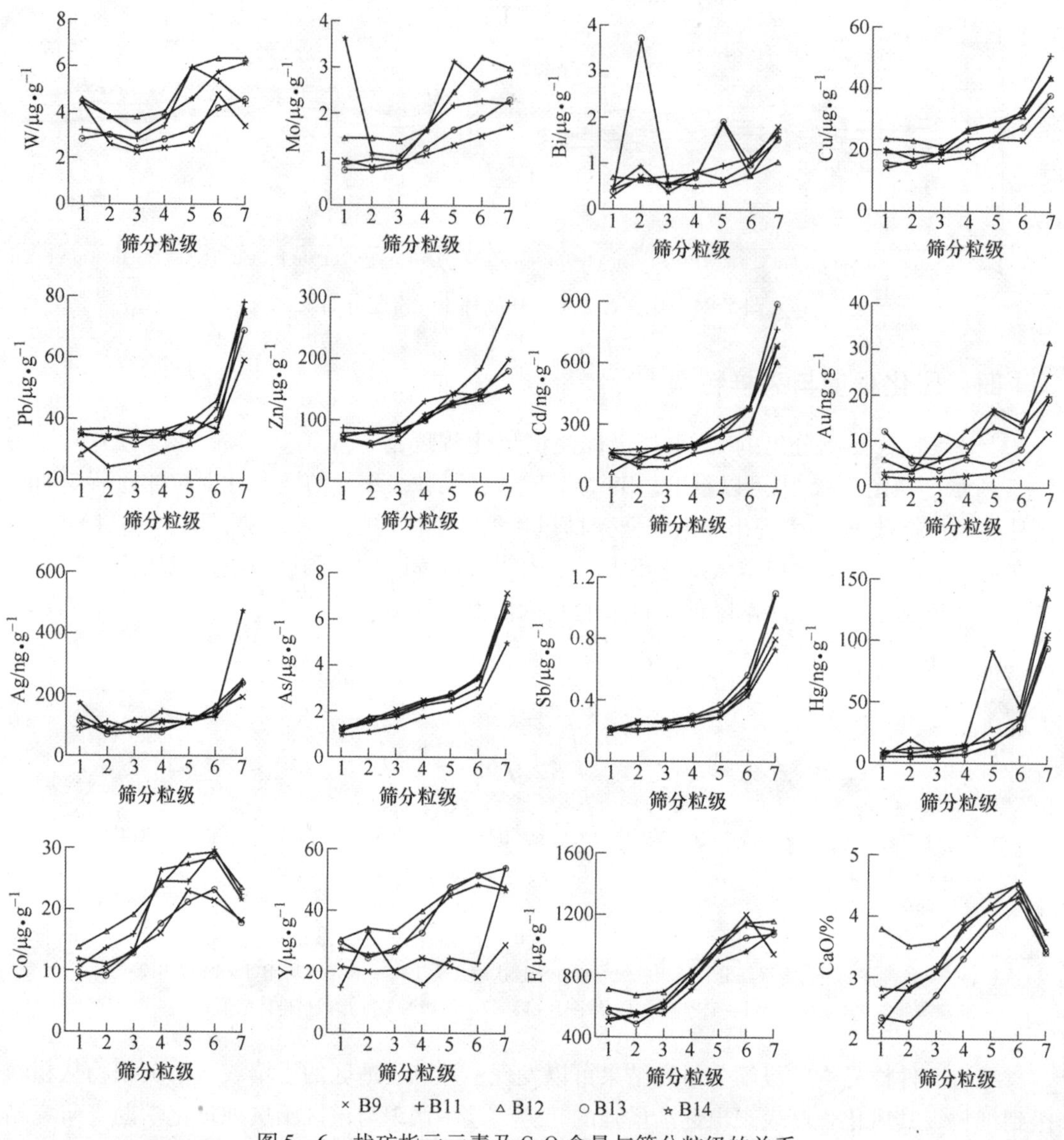

图5-6 找矿指示元素及CaO含量与筛分粒级的关系

由于第7粒级（<100目）中元素含量发生明显改变（显著升高或降低），其样品经历的风化机制可能与其他粒级明显不同，为了保证所采集的样品对基岩样品或土壤样品具有较好的继承性，因此可以排除选择第7粒级样品作为该区化探普查的采样对象。

在第1~第3粒级中大多数元素含量变化不大，其样品经历的风化机制可能以物理风化为主，这类样品对基岩样品具有良好的继承性，但其缺点在于样品并未经历充分的风化而达到分散以降低采样密度的要求（即接近岩石地球化学勘查而非采样密度较低的水系沉积物地球化学勘查），此外元素在第1~第3粒级中的含量也明显低于第4~第6粒级中的含量，不利于有效识别异常。因此可以排除选择第1~第3粒级样品作为该区化探普查的采样对象。

自第4~第6粒级，元素含量逐渐升高，其风化程度逐渐增强。在满足所采集样品既对基岩样品具有良好继承性（其风化机制未发生明显改变而保留对基岩的继承性），又经历比较充分的风化而分散达到降低采样密度的要求，同时又满足找矿指示元素含量较高有利于识别异常的要求，选择第6粒级作为该区化探普查的采样粒级比较合适。

由于筛分出的第6粒级样品在整个采集样品（即第1～第7粒级样品）中的质量百分含量不到4%（贾玉杰等　2013），为保证采集样品的质量可满足进行元素含量分析测试的需要，同时又不增加太大工作量，因此建议选择第5～第6粒级样品，即60～100目（0.025～0.147mm）样品作为该区化探普查的最佳采样粒度。

第二节　地球化学图

一、样品加工

在牛头沟矿区采集的127件样品中有5件进行了七级筛分，针对其余122件样品筛分出60～100目（0.25～0.147mm），部分进行细碎至200目（0.075mm）后送实验室进行主量及微量元素分析。

针对5件筛分样品，采用60～100目筛分质量加权平均的方法，计算出该件样品的微量元素及氧化物含量。

二、地球化学数据

牛头沟金矿区127件化探普查样品57项元素（含氧化物）含量数据的基本统计参数见表5－2。

表5－2　牛头沟矿区化探普查样品57项元素（含氧化物）分析数据的统计参数

元　素	SiO_2	Al_2O_3	Fe_2O_3	Na_2O	K_2O	CaO	MgO	TiO_2	MnO	P_2O_5	LoI	W	Sn	Mo	Bi
最大值	85.56	15.74	15.49	4.46	8.88	25.62	6.33	2.22	0.50	0.39	35.5	77.4	4.67	246.6	13.6
最小值	40.52	2.61	1.85	0.12	1.33	0.42	0.31	0.29	0.08	0.05	1.39	1.3	1.83	0.91	0.10
中位值	57.15	13.10	7.74	2.00	2.65	3.52	1.93	0.80	0.17	0.15	5.79	4.5	3.16	1.74	0.69
平均值	57.34	13.00	8.01	2.11	3.00	3.46	2.08	0.84	0.17	0.16	8.31	10.3	3.19	10.2	1.60
标准差	5.40	1.54	2.82	0.88	1.20	2.51	0.94	0.30	0.06	0.07	6.45	12.8	0.57	29.8	2.05
中国水系沉积物	65.31	12.83	4.50	1.32	2.36	1.80	1.37	0.685	0.087	0.133		1.8	3.00	0.84	0.31
富集系数	0.88	1.01	1.78	1.60	1.27	1.92	1.51	1.22	1.97	1.20		5.75	1.06	12.2	5.17
元　素	Cu	Pb	Zn	Cd	Au	Ag	As	Sb	Hg	Li	Be	B	F	Co	Ni
最大值	193	3263	1550	8635	810	5640	33.4	5.57	2578	44	6.64	54	97429	65	204
最小值	10	26	42	95	1.0	43	2.14	0.21	6.0	6.3	0.37	2	216	5.49	8.1
中位值	50	57	139	373	15	198	6.22	0.64	61	17	2.11	12	866	22.8	27
平均值	58	195	191	607	97	628	6.96	0.81	169	20	2.26	19	3294	23.0	31
标准差	31	441	207	986	150	1038	4.86	0.76	383	8.8	0.80	16	9428	11.1	25
中国水系沉积物	22	24	70	140	1.32	77	10.0	0.69	36	32.0	2.1	47	490	12.1	25.0
富集系数	2.62	8.15	2.73	4.34	73.8	8.15	0.70	1.17	4.70	0.62	1.08	0.40	6.72	1.90	1.24

续表 5-2

元　素	V	Cr	Zr	Hf	Nb	Ta	Th	U	Sc	Y	Rb	Sr	Ba	La	Ce
最大值	358	608	459	16.4	59	2.11	51	7.72	27	171	202	1247	31965	94	238
最小值	57	24	34	1.32	5.8	0.13	2.0	0.86	4.2	15	23	97	474	17	43
中位值	128	80	221	7.26	18	0.89	11	2.35	14	29	94	326	791	41	81
平均值	129	95	227	7.89	18	0.96	12	2.54	15	39	97	334	1176	43	86
标准差	47	77	69	2.96	7.9	0.33	7.2	1.12	5.1	27	23	167	2876	14	30
中国水系沉积物	80	59	270		16		11.9	2.45		25.0		145	490	39	
富集系数	1.62	1.61	0.84		1.14		1.00	1.04		1.55		2.30	2.40	1.09	
元　素	Pr	Nd	Sm	Eu	Gd	Tb	Dy	Ho	Er	Tm	Yb	Lu	La_N/Y_{NHo}	WIG	
最大值	24.6	132	40.7	9.32	42.30	4.49	27.4	5.34	14.9	2.39	14.0	1.81		431	
最小值	4.59	17.3	3.01	0.73	2.71	0.43	2.61	0.53	1.56	0.25	1.68	0.25		29.0	
中位值	9.88	38.0	7.14	1.51	6.46	1.01	5.62	1.05	3.04	0.46	2.86	0.42		63.2	
平均值	10.7	41.8	8.30	1.90	7.84	1.21	6.78	1.29	3.63	0.56	3.51	0.50		67.0	
标准差	3.86	16.9	4.77	1.18	5.02	0.70	3.80	0.69	1.88	0.29	1.77	0.23		37.2	

注：样品数为127；氧化物的含量单位为%，Au、Ag、Cd、Hg的含量单位为ng/g；其他元素的含量单位为μg/g；中国水系沉积物数据取其中位值（迟清华和鄢明才 2007）；富集系数=平均值/中国水系沉积物。

与中国水系沉积物39项元素含量中位值相比，化探普查127件样品中Au具有最大富集系数，其值为73.8；其他元素富集系数大于10的有Mo；富集系数介于3~10的有Ag、Hg、W、Bi、Pb、Cd、F；富集系数介于2~3的有Zn、Cu、Sr、Ba；富集系数介于1.4~2.0的有Co、V、Cr、Y、CaO、MgO、Na_2O、Fe_2O_3、MnO；富集系数介于1.19~1.4的有Ni、K_2O、TiO_2、P_2O_5。

若不考虑主量氧化物在29项微量元素中，上述富集系数大于1.4的元素共有17项，其中热液成矿元素有W、Mo、Bi、Cu、Pb、Zn、Cd、Au、Ag、Hg；大离子亲石元素有Sr、Ba；高场强元素有Y；其他元素有F、Co、V、Cr（佟依坤等 2014）。

三、地球化学图制作方法

地球化学图件的制作采用中国地质调查局开发的GeoExpl软件成图。首先将离散数据进行网格化处理，网格间距为0.5km，计算模型采用最近点，数据搜索模式采用圆域，搜索半径为0.75km。然后利用网格数据生成地球化学图，图像色阶设置采用累频方法，在缺省分级19级划分的基础上简化为10级分级（贾玉杰等 2013），其累频值区间为0-0.5-2-4.5-15-40-75-92-97-98.8-100，其对应的颜色索引号为260，262，264，266，268，270，272，274，276，278，具体颜色色标如图5-7所示。

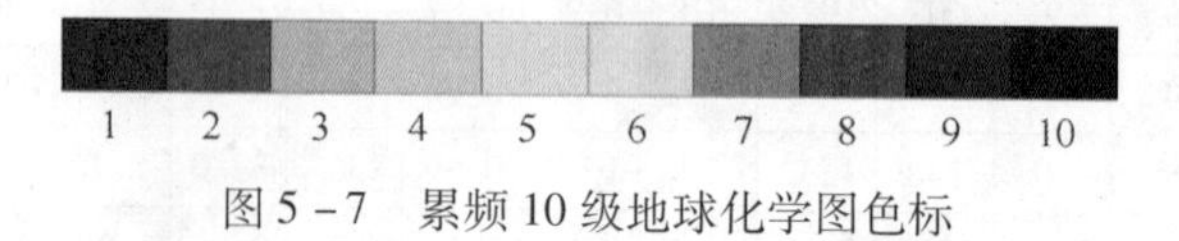

图5-7 累频10级地球化学图色标

四、地球化学图

在我国区域化探分析的39项指标中，除10项氧化物（含Ti、Mn、P）外其余29项微量元素与WIG的地球化学图如图5－8所示，图中各指标10级分级值见表5－3。

从图5－8中可以看出：(1) 金在松里沟、西岭－沙土凹－陈吴子沟、南沟－小岭和上庄四个矿段显著富集，但在木耳沟矿段未出现明显富集现象。(2) 由于WIG指标高值反映样品风化程度低，从松里沟到沙土凹再到上庄，即沿牛头沟源头到图区下游，WIG指标有逐渐增大的现象，这表明所采集的样品其风化程度逐渐降低，这可能是由于从牛头沟源头到图区下游样品中土壤含量逐渐降低、经搬运分选后岩屑成分逐渐增加所致（尽管采样粒度限定在60～100目）。

在松里沟矿段出现明显富集现象的元素有Au、Ag、As、Sb、Hg、W、Mo、Bi、Cu、Pb、Zn、Cd、Li、F、Co、V、Nb、Th、U、Y、La。

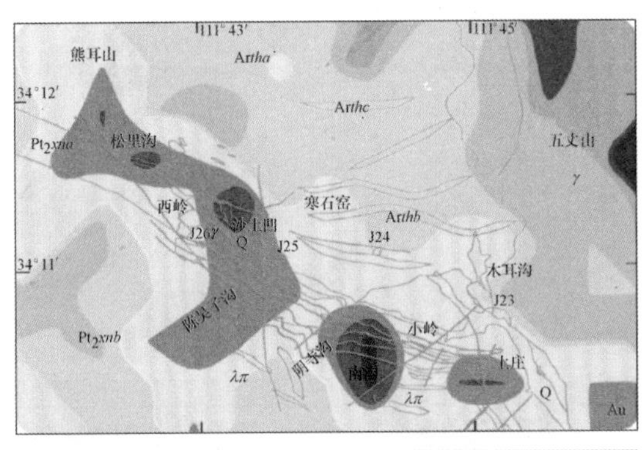

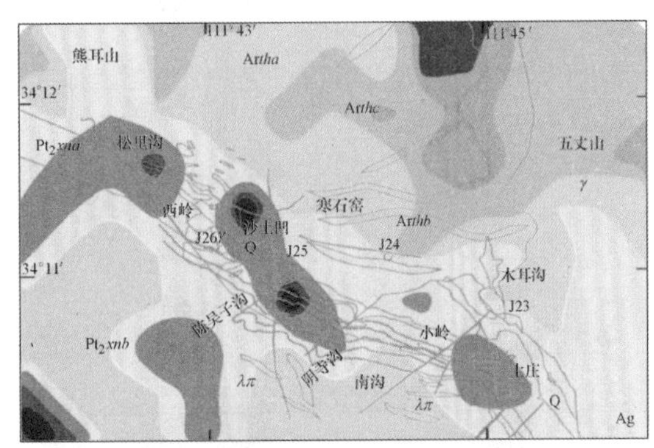

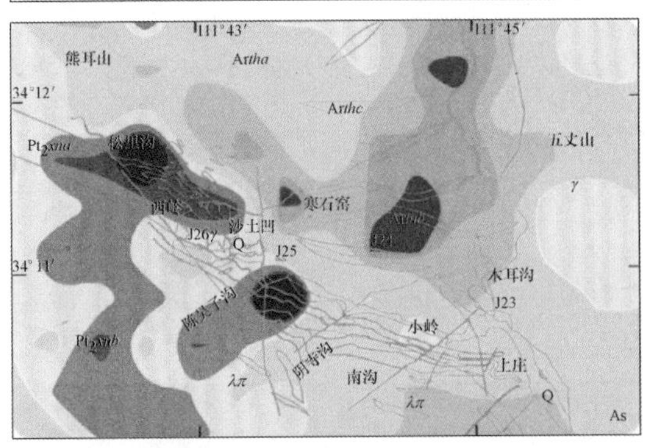

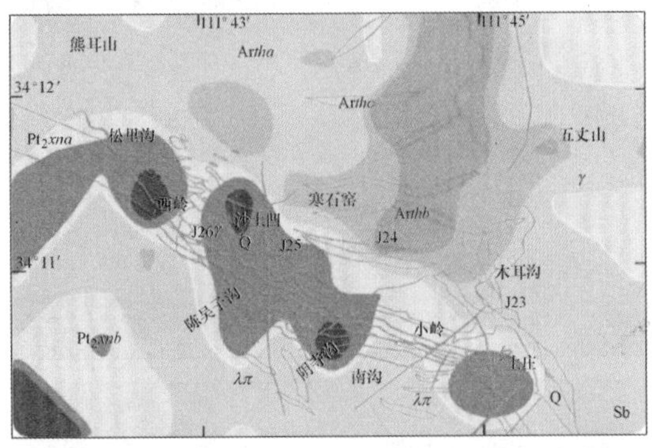

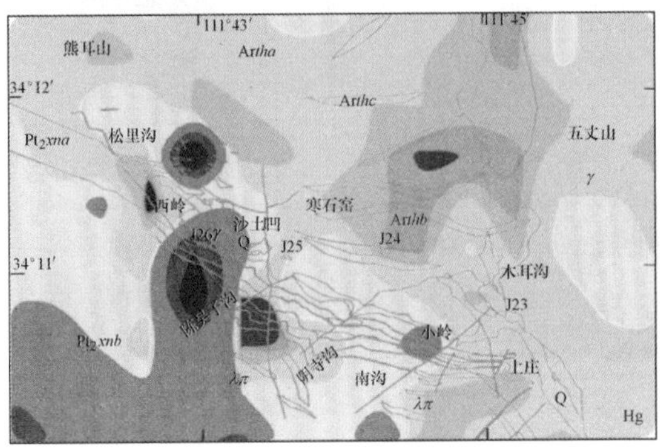

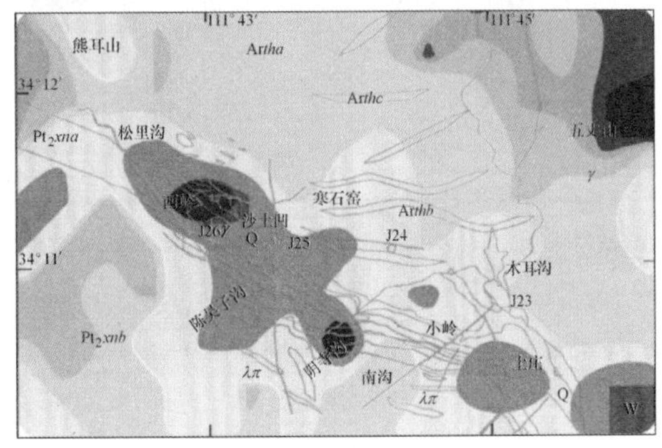

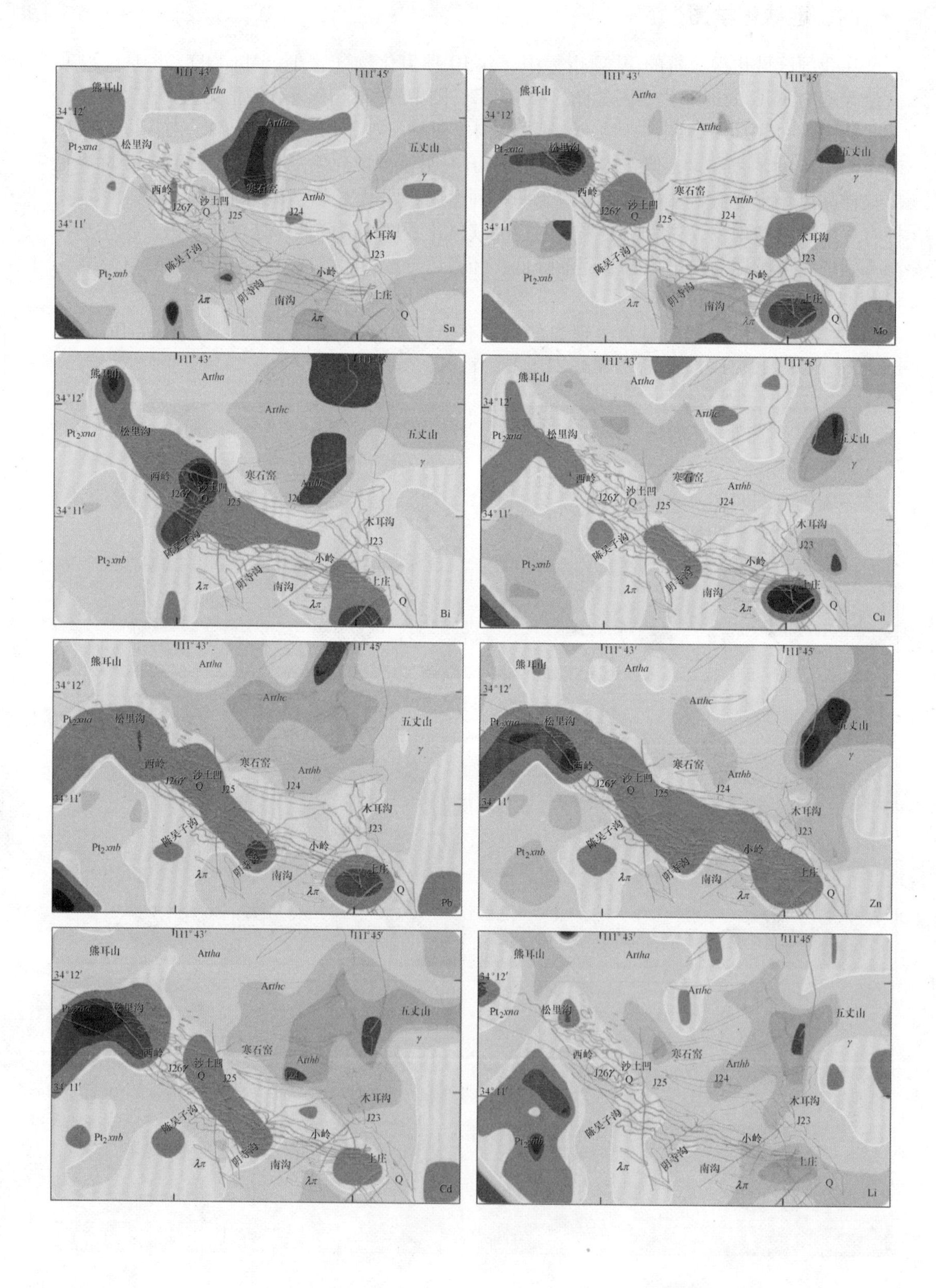
111°43′
111°45′
34°12′
34°11′
熊耳山
Arтha
Arтhc
Arтhb
Pt_2xna
Pt_2xnb
松里沟
五丈山
γ
西岭
寒石窑
沙土凹
J26γ
Q
J25
J24
木耳沟
J23
陈吴子沟
小岭
阴寺沟
南沟
上庄
λπ
Sn
Mo
Bi
Cu
Pb
Zn
Cd
Li

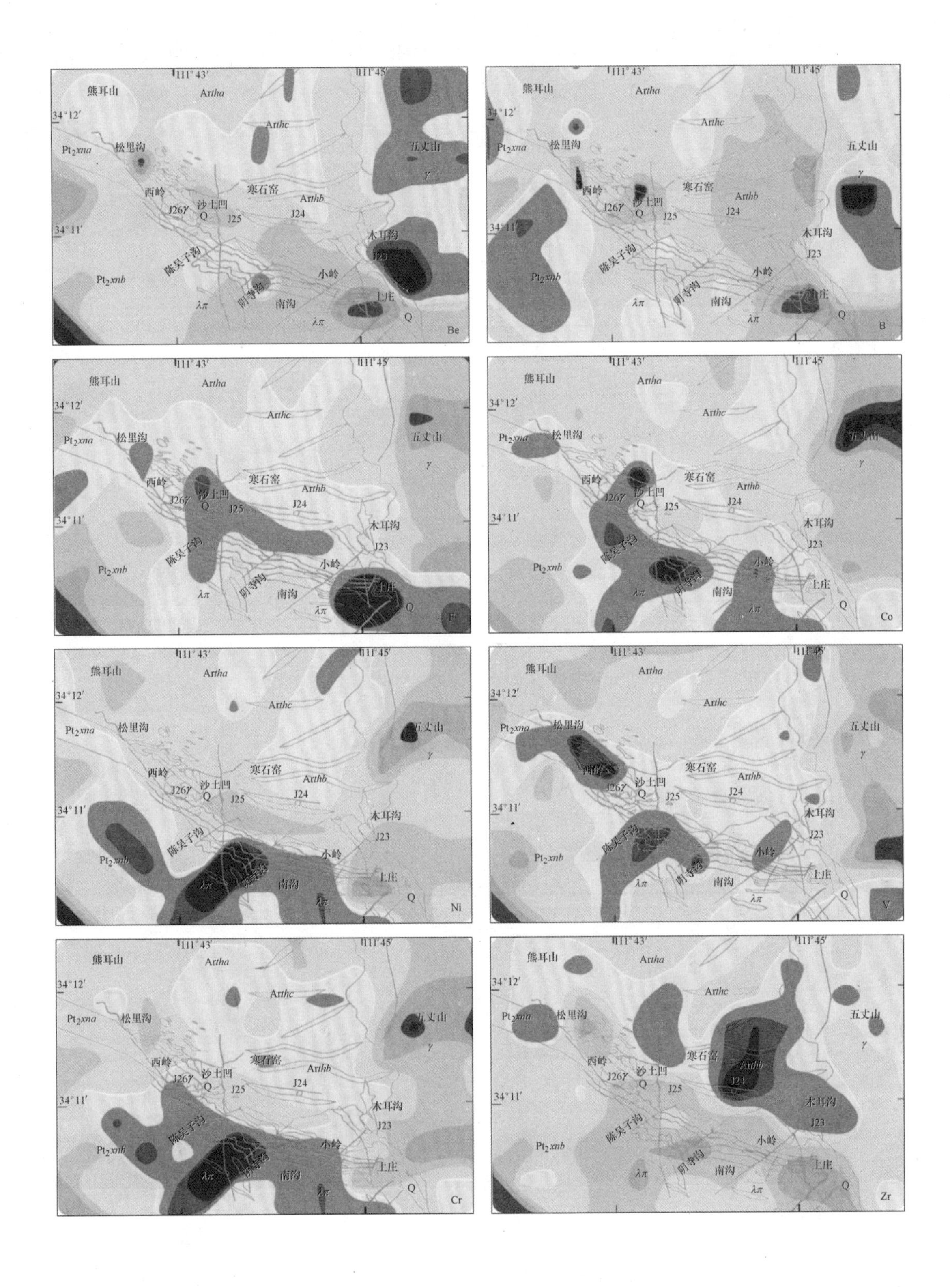

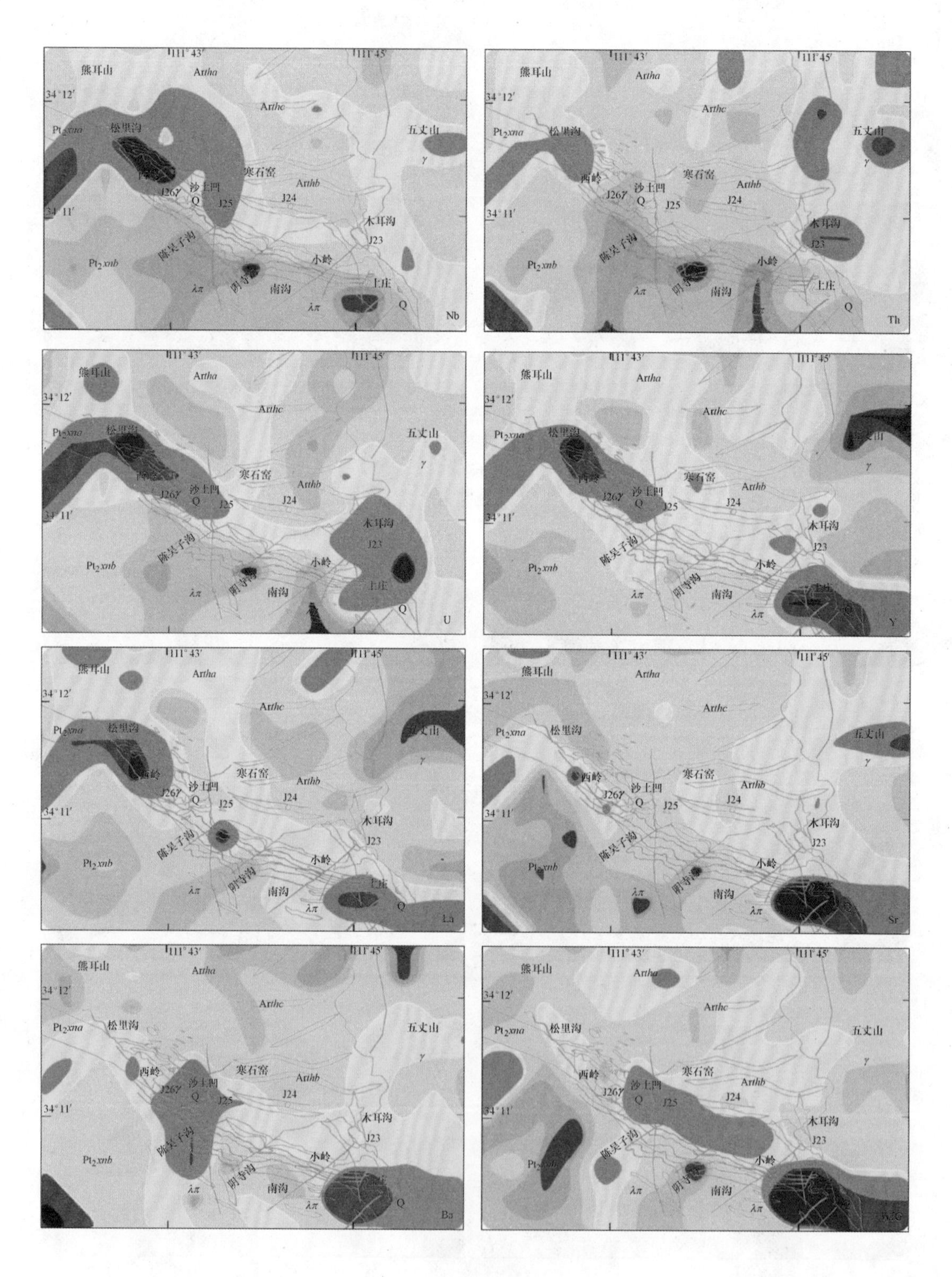

图5-8 微量元素及WIG地球化学图

表 5－3　化探普查地球化学图 10 级分级值

分级	累频/%	Au	Ag	As	Sb	Hg	W	Sn	Mo	Bi	Cu	Pb	Zn	Cd	Li	Be
最小值	0.0	1.0	43	2.14	0.21	6.0	1.3	1.8	0.91	0.10	10	26	42	95	6.3	0.4
1	0.5	1.0	43	2.14	0.21	6.0	1.3	1.8	0.91	0.10	10	26	42	95	6.3	0.4
2	2.0	1.7	59	2.23	0.21	10	1.5	2.1	0.94	0.13	15	28	59	108	9.1	1.1
3	4.5	2.0	64	2.29	0.23	13	1.9	2.2	0.97	0.17	20	30	65	130	9.5	1.4
4	15	3.7	89	2.97	0.34	23	2.4	2.7	1.1	0.32	30	34	92	192	12	1.5
5	40	9.9	151	5.16	0.56	43	3.6	3.0	1.5	0.52	46	49	127	299	14	2.0
6	75	156	646	8.86	0.91	121	14	3.6	4.3	1.9	72	158	180	603	26	2.6
7	92	338	1898	11.6	1.57	422	26	4.0	24	4.3	104	365	313	1095	35	3.6
8	97	423	4080	14.6	3.14	1025	42	4.4	98	6.7	138	1372	929	3349	39	4.1
9	98.8	773	5620	33.0	4.26	2495	69	4.5	157	9.4	140	2373	1184	5592	41	4.4
最大值	100	810	5640	33.4	5.57	2578	77	4.7	247	14	193	3263	1550	8635	44	6.6
分级	累频/%	B	F	Co	Ni	V	Cr	Zr	Nb	Th	U	Y	La	Sr	Ba	WIG
最小值	0.0	2.0	216	5.5	8.1	57	24	34	5.8	2.0	0.86	15	17	97	474	29
1	0.5	2.0	216	5.5	8.1	57	24	34	5.8	2.0	0.86	15	17	97	474	29
2	2.0	2.4	376	6.2	9.4	59	33	114	7.0	3.5	1.02	16	19	107	506	37
3	4.5	3.0	440	7.1	13	64	36	131	8.6	4.0	1.14	17	23	125	590	41
4	15	4.0	514	11	18	80	53	166	12	6.9	1.69	21	31	154	644	47
5	40	7.8	747	20	25	114	76	202	16	9.3	2.18	27	38	275	754	60
6	75	33	1685	28	32	158	99	259	21	14	2.92	42	49	404	1013	71
7	92	49	12230	41	42	188	154	334	28	21	4.10	73	60	541	1196	93
8	97	52	15962	46	72	220	217	399	41	31	5.48	113	84	671	1539	123
9	98.8	53	20129	54	190	240	570	400	45	43	6.90	138	91	720	9814	130
最大值	100	54	97429	65	204	358	608	459	59	51	7.72	171	94	1247	31965	431

注：每级的数值为该级的最大值，第 10 级对应元素含量的最大值。

在西岭－沙土凹－陈吴子沟矿段出现明显富集现象的元素有 Au、Ag、As、Sb、Hg、W、Sn、Mo、Bi、Cu、Pb、Zn、Cd、F、Co、V、Nb、Th、U、Y、La、Sr、Ba。

在南沟－小岭矿段出现明显富集现象的元素有 Au、Hg、Zn、Co、Cr、V。

在上庄矿段出现明显富集现象的元素有 Au、Ag、Sb、W、Mo、Bi、Cu、Pb、Zn、Cd、F、Y、La、Sr、Ba。

在木耳沟矿段出现明显富集现象的元素有 Mo、Be、V、Th、U。

在上述五个矿段中，松里沟矿段已探明金资源量约 24t、西岭－沙土凹－陈吴子沟矿段已探明金资源量约 6t、上庄矿段已探明金资源量约 6t，这三个矿段为牛头沟金矿床的主要矿段。在这三个矿段中共同富集的元素有 W、Mo、Bi、Cu、Pb、Zn、Cd、Au、Ag、Sb、Hg、F、Y、La 共 14 项，Co 在松里沟、西岭－沙土凹－陈吴子沟两矿段存在明显富集现象，但在上庄矿段未出现富集特征。

与岩石地球化学勘查研究所确定的 15 项成矿指示对比可以发现：（1）14 项成矿指示元素 Au、W、Mo、Bi、Cu、Pb、Zn、Cd、Ag、Sb、Hg、F、Y、Co 在矿区均出现明显富集现象。(2) 成矿指示元素 As 在矿区并未发生明显富集。(3) 未选作成矿指示元素的 La 在矿区却出现明显富集现象，其原因有待进一步查证。

第三节 物质来源示踪

为了合理解释牛头沟金矿区元素富集的原因及有效确定该区的金矿找矿指示元素，本节利用稀土元素的物源示踪原理来识别化探普查区样品的物质来源。

一、Y - Ho 关系

牛头沟金矿区化探普查 127 件样品 Y 与 Ho 的关系如图 5 - 9 所示。从图 5 - 9 可以看出，127 件样品可以划分成两类：一类为 Y 含量小于 50μg/g，Ho 含量小于 2μg/g，Y 与 Ho 具有显著的线性关系；另一类为 Y 含量大于 50μg/g，Ho 含量大于 2μg/g，Y 与 Ho 似乎也具有线性关系，但存在离异点。

为了分析上述两类样品 Y - Ho 关系差异的原因，本节对该区岩石、土壤、水系沉积物等不同介质样品的 Y - Ho 关系进行综合分析。各类样品的 Y - Ho 关系见表 5 - 4。

表 5 - 4 牛头沟金矿区各类介质样品的 Y - Ho 参数

参　数	区域岩石	矿区蚀变岩	矿　石	安山岩风化壳	片麻岩土壤	安山岩土壤	普查筛分	研究区背景
Ho 含量范围	0.11 ~ 1.99	0.12 ~ 2.71	0.30 ~ 7.04	0.86 ~ 1.24	0.87 ~ 2.24	0.63 ~ 1.26	0.53 ~ 2.08	0.53 ~ 1.90
Y 含量范围	4.13 ~ 50.0	3.26 ~ 72.8	8.45 ~ 297	22.1 ~ 32.4	23.3 ~ 60.9	16.7 ~ 38.6	14.8 ~ 54.1	14.6 ~ 50.3
Ho/Y 均值	0.0379	0.0365	0.0252	0.0386	0.0373	0.0366	0.0375	0.0367
样品数	24	28	13	11	75	55	34	105

注：Y、Ho 的含量单位为 μg/g；矿区蚀变岩共 32 件样品，在拟合 Ho - Y 正比例关系时剔除 4 件；Ho/Y 均值即为拟合获得的 Ho - Y 正比例系数；普查筛分共 35 件样品，在拟合 Ho - Y 正比例关系时剔除 1 件；研究区共 127 件样品，在拟合 Ho - Y 正比例关系时剔除 22 件异常样品。

在表 5 - 4 中除矿石样品具有最小的 Ho/Y 值为 0.0252 外，其他样品的 Ho/Y 值变化在 0.0365 ~ 0.0386 范围，其平均值为 0.0374，相对误差为 1.6%。除部分矿石样品具有较高的 Y、Ho 含量外，其他样品 Ho 的含量范围为 0.11 ~ 2.71μg/g，Y 的含量范围为 3.26 ~ 72.8μg/g。这些参数特征表明，具有高 Y、Ho 含量和低 Ho/Y 值的样品应代表矿石或强矿化蚀变的样品，尽管矿石或强矿化蚀变的样品未必具有高的 Y、Ho 含量。

依据上述特征，图 5 - 9 中 127 件样品依据 Y - Ho 关系所划分的两类应分别代表该区背景样品和与金成矿有关的异常样品，其中背景样品为 105 件、异常样品为 22 件，其 Y - Ho 关系如图 5 - 10 所示。

在表 5 - 4 中，除矿石 13 件样品外，其余 332 件样品（不含表 5 - 4 注释中剔除的 27 件样品）Y 与 Ho 的关系如图 5 - 11 所示。

上述 332 件样品 Y 与 Ho 具有显著的正比关系：Ho = 0.0371Y，这种正比例关系并不受样品介质和样品粒度差异的影响。若以中国土壤为标准，由于中国土壤的 Ho/Y 为 0.0435，所以采用中国土壤标准化后牛头沟金矿区上述 332 件样品 Ho_N、Y_N 的比例系数为 0.853(0.0371/0.0435)，即 $Ho_N = 0.853Y_N$。

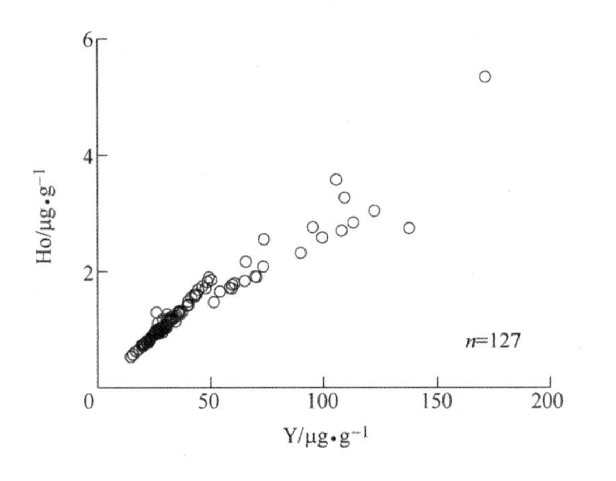

图 5-9 化探普查样品 Y 与 Ho 关系

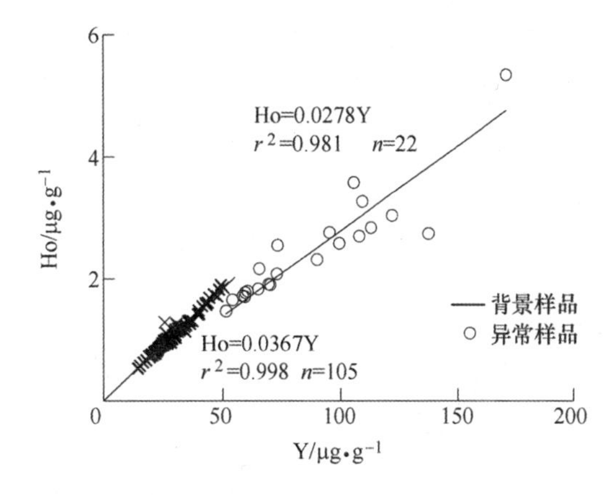

图 5-10 两类普查样品 Y 与 Ho 关系

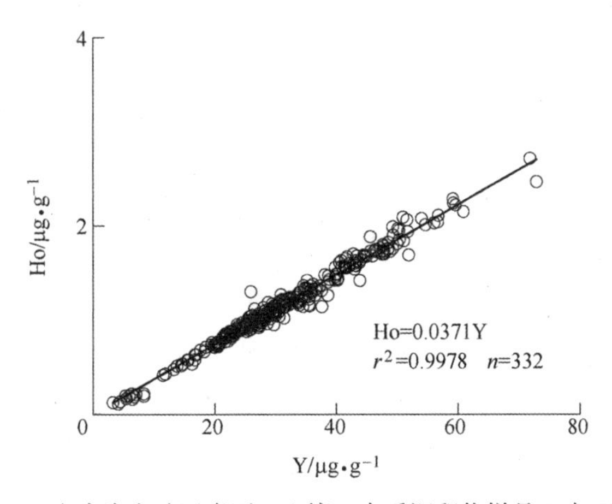

图 5-11 牛头沟金矿区岩石-土壤-水系沉积物样品 Y 与 Ho 关系

二、Y-Ho-La 关系

以中国土壤为标准，化探普查 127 件样品的 La_N 与 Ho_{NC} 的关系如图 5-12 所示。

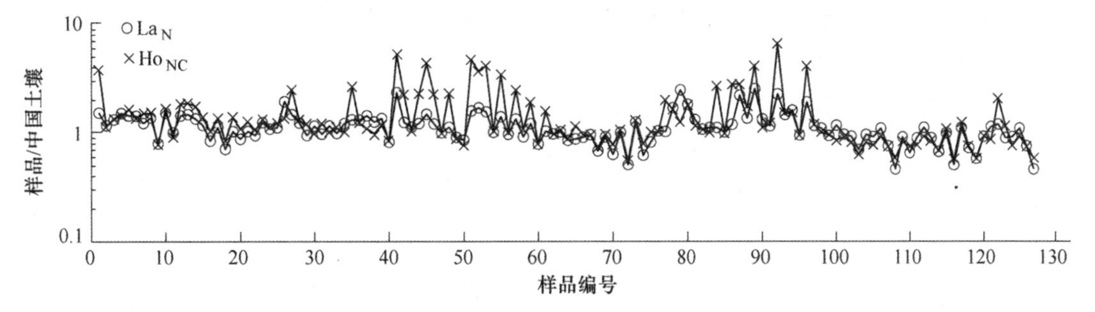

图 5-12 化探普查样品 La_N 与 Ho_{NC} 的关系

（标准样品为中国土壤；La_N、Y_N 分别为 La、Y 的标准化数据；$Ho_{NC}=0.853Y_N$；横坐标的值为样品编号）

从图 5-12 中可以看出，大部分样品（大多属于 105 件研究区背景样品）La_N 与 Ho_{NC} 的数据十分接近，推测其稀土元素配分曲线特征属于平坦型，但部分样品（大多属于 22 件研究区异常样品）Ho_{NC} 的值明显大于 La_N 的值，推测其稀土元素配分曲线特征应可能为左倾型。稀土元素配分曲线特征的明显差别表明22件异常样品可能与105件背景样品具有不同的物质来源。

依据图5-10和图5-12所确定的22件异常样品的空间分布如图5-13所示。

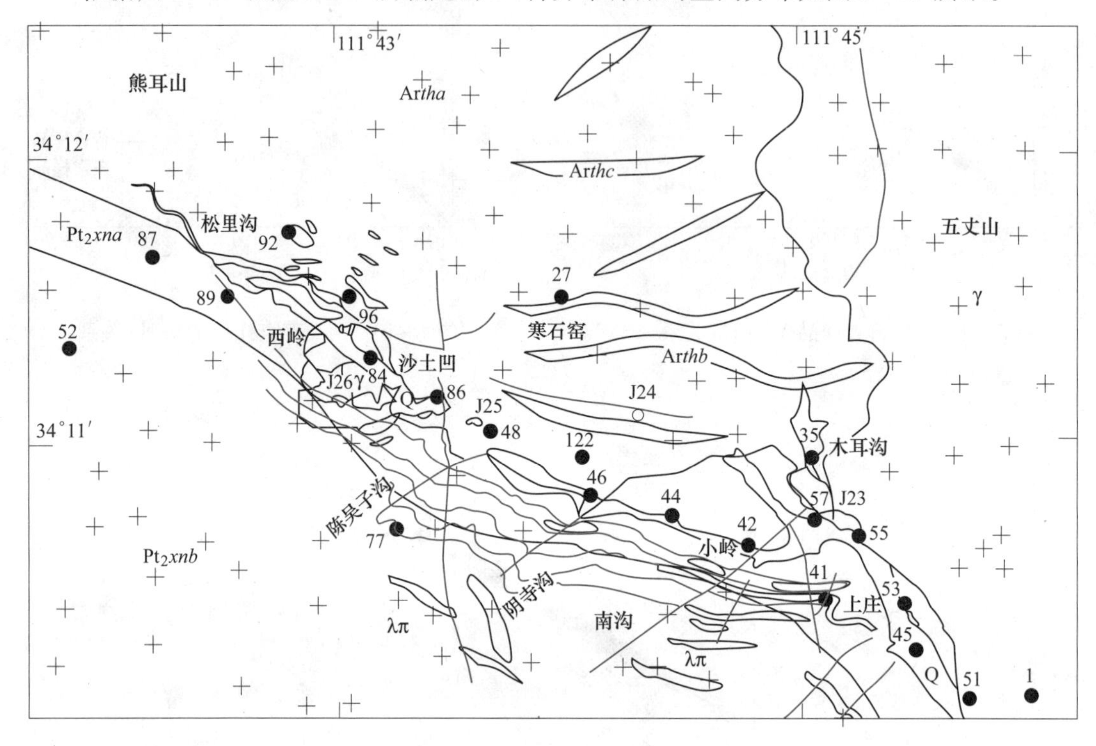

图5-13 牛头沟金矿区化探普查采样点位图

（十字线点为化探普查采样点（105件），带样品编号的实心圆点为22件异常样品，其他图例参考图2-1）

从图5-13可以看出，22件异常样品普遍分布在北西向展布的牛头沟沟系中，自西北至南东基本分布在松里沟、西岭-沙土凹（含陈吴子沟）、小岭、木耳沟和上庄五个矿段范围内，即异常样品基本反映了矿体的空间分布情况，与图5-12对比可以发现牛头沟金矿区金矿成矿物质应具有左倾型的稀土配分曲线特征。

参考岩石地球化学勘查的研究结果可知，在蚀变岩与矿石样品的稀土配分曲线特征中均出现有左倾型，在区域岩石中仅石英斑岩具有左倾型稀土配分模式。由此可以推测该区金矿成矿作用可能与石英斑岩关系密切。

第四节 元素风化行为

为研究背景区岩石、土壤、水系沉积物在风化过程中的变化行为，本节剔除上述22件异常样品仅选择其余105件样品来代表背景区样品，进而研究元素含量与风化指标WIG的关系，尝试进行定量表征。

一、热液成矿指示元素

牛头沟金矿区1:5万化探普查中105件样品的WIG（花岗岩风化指数）与热液成矿指示元素含量的关系如图5-14所示。

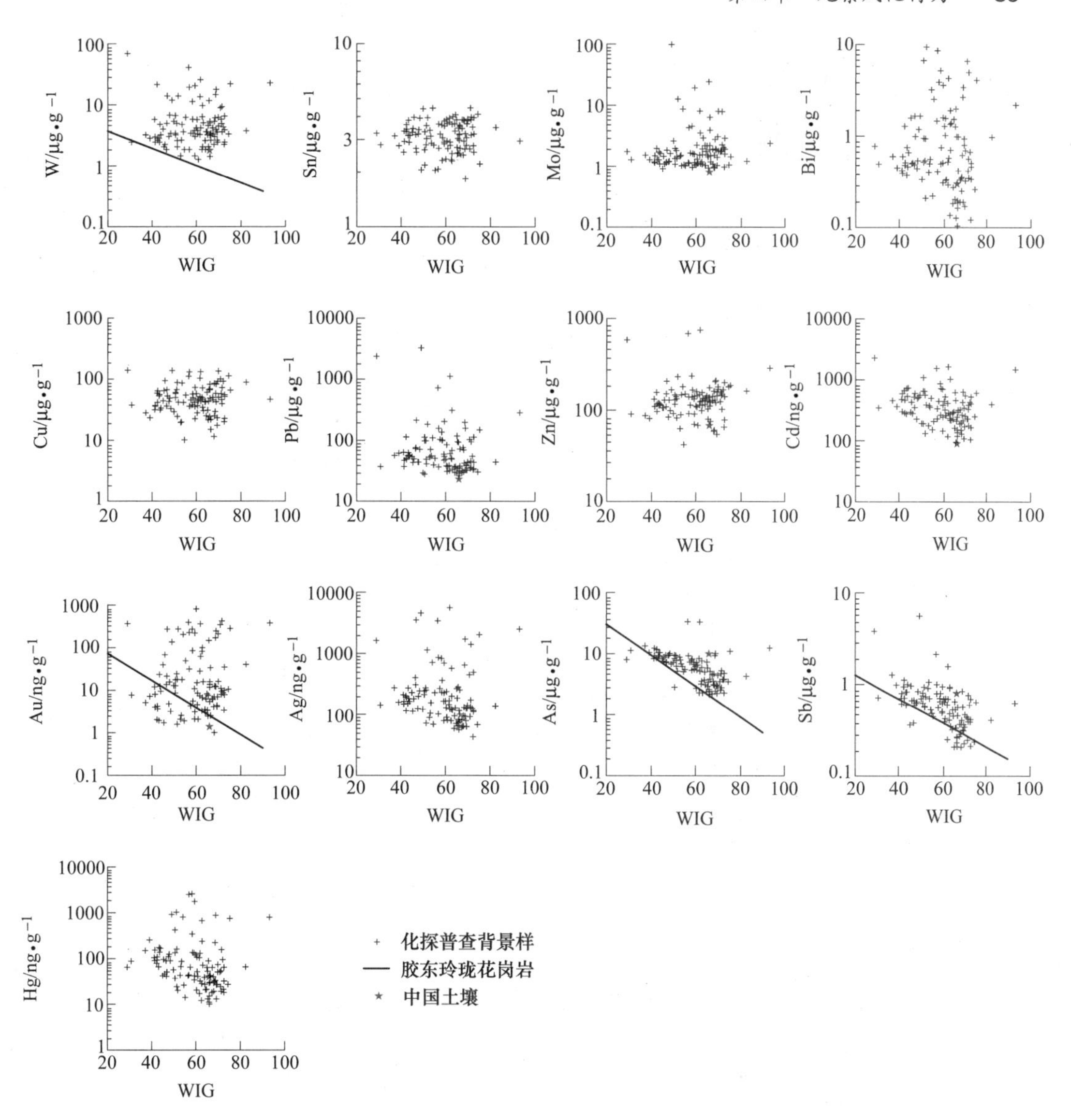

图 5－14　热液成矿元素含量与风化指数 WIG 的关系

（实线为 Gong 等人（2013）所提出的表征胶东玲珑花岗岩风化产物中元素地球化学背景的定量方程）

从图 5－14 可以看出：（1）在 13 项热液成矿指示元素中仅 Sn 含量变化范围较小，其他 12 项元素的含量风化达两个数量级或以上，而且存在明显的高值现象，尤其是 Au、Mo、Pb。由此可以认为此处用来代表背景样品的 105 件样品并非真正意义上的“背景样品”。（2）除 As、Sb 两元素外，其他 11 项元素含量并未随风化指数 WIG 的减小（即样品风化程度的增强）而表现出趋势性的富集现象。这与 Gong 等人（2013）所报道的花岗岩（代表背景样品）中元素的风化行为不同。即相同风化程度样品中元素含量的差异基本掩盖了由不同风化程度引起的元素含量差异。（3）As、Sb 两元素含量随 WIG 的减小表现出趋势性的富集现象，且与胶东玲珑花岗岩风化过程中的富集行为基本一致。

鉴于该区化探普查样品的取样粒度为 60～100 目，即在采样环节已基本消除由于明显不同风化程度而引起元素富集与贫化的影响，且相同风化程度样品中元素含量的差异基本掩盖了由不同风化程度引起的元素含量差异，此处建议在确定元素异常下限时采用定值异常下限即可，忽略因风化程度不同而引起元素富集与贫化的影响因素。

二、其他微量元素

除上述13项热液成矿元素（图5－14）和10项主量元素外，在区域化探分析的39项元素中，其余16项微量元素在化探普查105件背景样品中含量与其风化指数WIG的关系如图5－15所示。

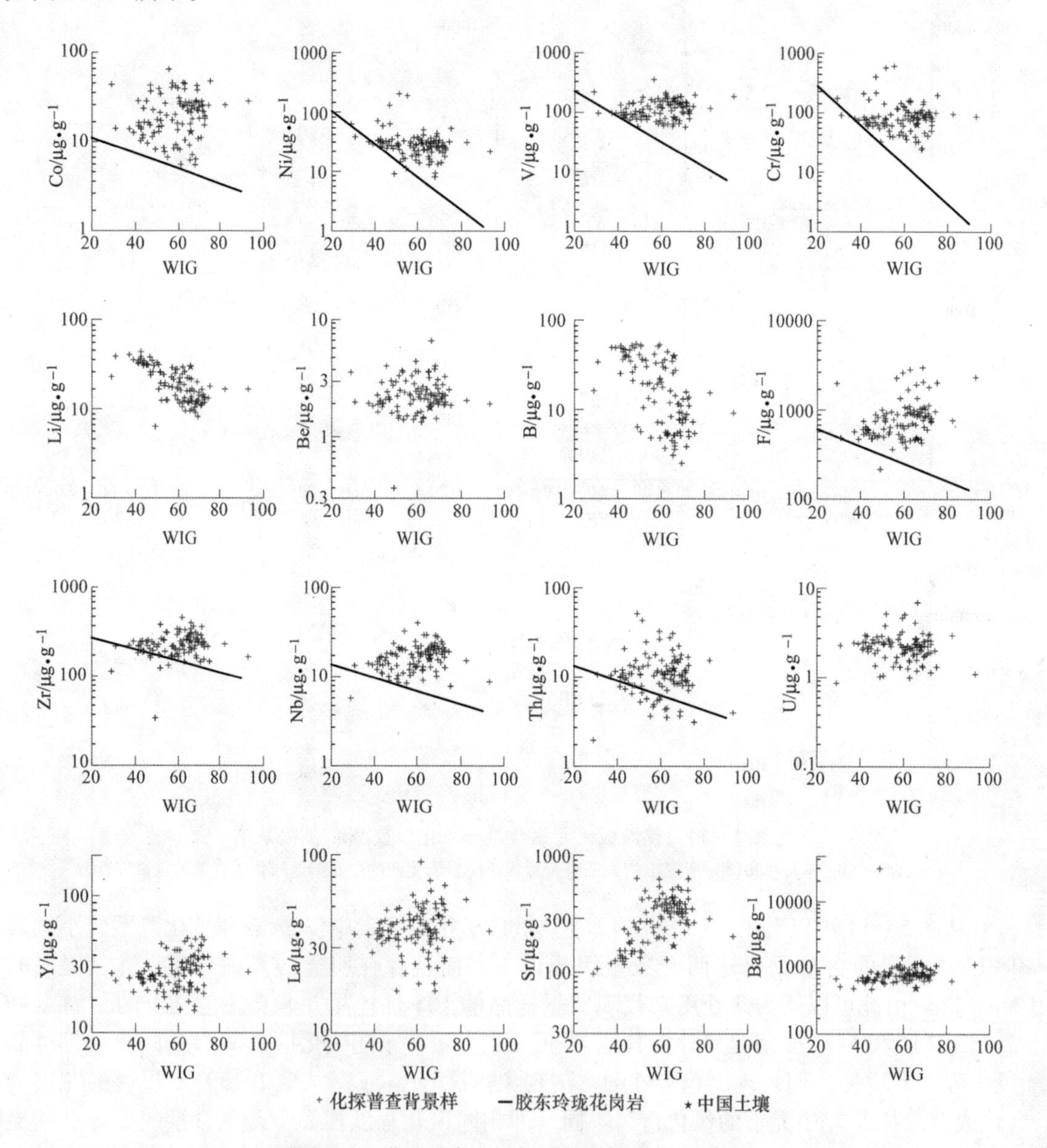

图5－15 微量元素含量与风化指数WIG的关系

（实线为Gong等人（2013）所提出的表征胶东玲珑花岗岩风化产物中元素地球化学背景的定量方程）

从图5－15可以看出：（1）除Li、B、Sr、Ba四元素外，其他12项元素含量并未随风化指数WIG的减小（即样品风化程度的增强）而表现出趋势性的富集现象。这同样与

Gong 等人（2013）所报道的花岗岩（代表背景样品）中元素的风化行为不同。即针对这12项微量元素而言，相同风化程度样品中元素含量的差异基本掩盖了由不同风化程度引起的元素含量差异。（2）Li、B 两元素含量随 WIG 的减小表现出趋势性的富集现象。（3）Sr、Ba 两元素含量随 WIG 的减小表现出趋势性的贫化现象。

与岩石地球化学勘查研究所确定的 15 项成矿指示对比可以发现：（1）13 项成矿指示元素 Au、W、Mo、Bi、Cu、Pb、Zn、Cd、Ag、Hg、F、Y、Co 的含量并未随风化指数 WIG 的减小（即样品风化程度的增强）而表现出趋势性的富集现象。（2）As、Sb 两元素含量随 WIG 的减小表现出趋势性的富集现象，但 As 在该区化探普查中在矿区并未表现出明显的富集现象。

综合上述分析可知，牛头沟金矿区用来代表背景样品的 105 件样品并非真正意义上的背景样品，且在相同风化程度样品中元素含量的差异基本掩盖了由不同风化程度引起的元素含量差异，因此建议该区在确定找矿指示元素异常下限时可采用定值异常下限。

第五节　地球化学异常图

尽管地球化学图可以清晰地反映出元素的富集与贫化特征，但在勘查地球化学以快速圈定找矿靶区为目的的研究中，制作元素地球化学异常图成为必备的重要研究内容。

一、异常下限的确定

地球化学异常下限的确定是勘查地球化学的一个基本问题，也是勘查地球化学应用于矿产勘查时决定成败的一个关键性环节（韩东昱等　2004）。鉴于上一节对元素风化行为的研究认识，本节采用定值异常下限。

传统定值地球化学异常下限的确定方法为“均值 - 标准差法”。该方法以地球化学数据近似服从正态分布或对数正态分布为基础，在剔除离异数据后一般采用平均值与 2 倍标准差之和作为异常下限。该方法的优点是在研究区内可以有效圈定出高值异常区，其缺点是“优中选优”和“差中选优”，即“貌似合理”，但偏离客观情况。“优中选优”具体表现在研究区内尽管 A 矿区元素含量明显高于通常的背景值，即 A 矿区应为异常区，但由于 A 矿区附近存在异常更高的 B 矿区，结果导致 A 矿区成为背景区，从而漏掉矿化异常。“差中选优”具体表现在针对一个背景区仍可圈出一定面积的异常区。

鉴于传统的均值 - 标准差法存在明显缺陷和前文关于土壤、水系沉积物地球化学数据富集系数的计算方法，此处建议采用“水系沉积物中位值倍数法”来确定元素的异常下限，即以中国水系沉积物元素含量中位值（迟清华和鄢明才　2007）的 1.4 倍为异常下限（佟依坤等　2014）。该方法的优点在于区域化探所分析的 39 项元素均具有各自统一的异常下限，不因研究区的不同而不同。依据该定值异常下限制作的异常图可在全国范围内进行统一处理。该方法的缺点是在全国不同地球化学景观区使用时，发现部分地区可能偏高或部分地区可能偏低，但这种缺点并不来源于异常下限的确定方法，而是由于不同景观区样品风化程度不同、采样粒度不同导致元素含量不同所致。因此在定值异常下限的确定方法中，水系沉积物中位值倍数法提供了一种异常标尺，它不仅是对元素异常的真实反映，而且也提供了对不同区域的异常进行统一处理的可能。

在前文岩石地球化学勘查中所确定的牛头沟金矿区的成矿指示元素为 W、Mo、Bi、Cu、Pb、Zn、Cd、Au、Ag、As、Sb、Hg、Co、Y、F，共 15 项。本节采用“水系沉积物中位值倍数法”来确定这 15 项元素的异常下限，即选择中国水系沉积物中位值的 1.4 倍作为异常下限（Ca），将异常区划分为三个浓度分带，外带元素含量范围为［Ca，2Ca），中带元素含量范围为［2Ca，4Ca），内带元素含量范围为［4Ca，+∞）（佟依坤等 2014）。即 15 项元素的异常外带、异常中带和异常内带的起始值分别为其中国水系沉积物中位值的 1.4 倍、2.8 倍和 5.6 倍。

二、单元素地球化学异常图

牛头沟金矿区 1∶5 万水系沉积物 15 项元素地球化学异常图的制作采用中国地质调查局开发的 GeoExpl 软件完成（佟依坤等　2014），如图 5 - 16 所示，其数据源为制作地球化学图的网格数据。

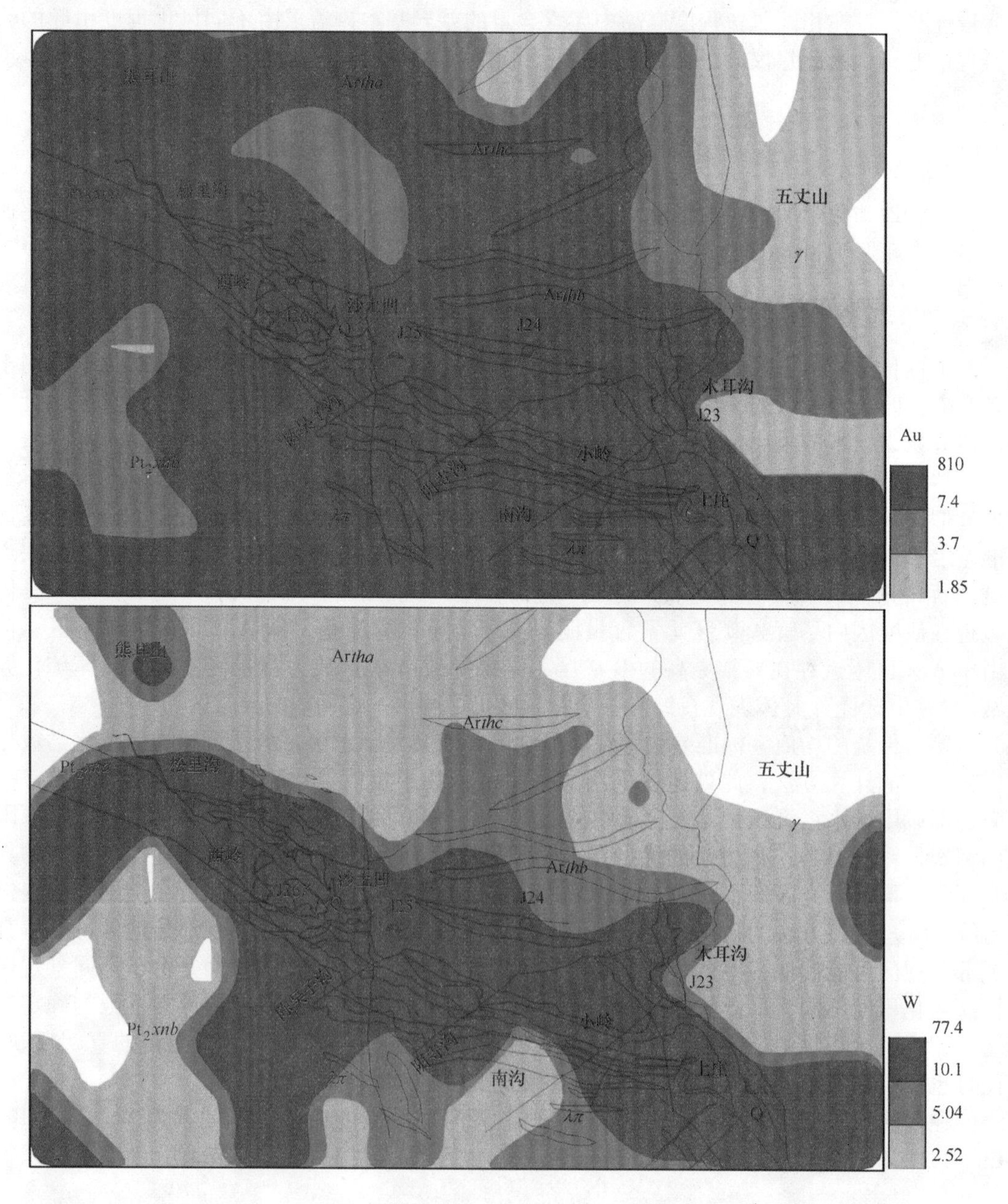

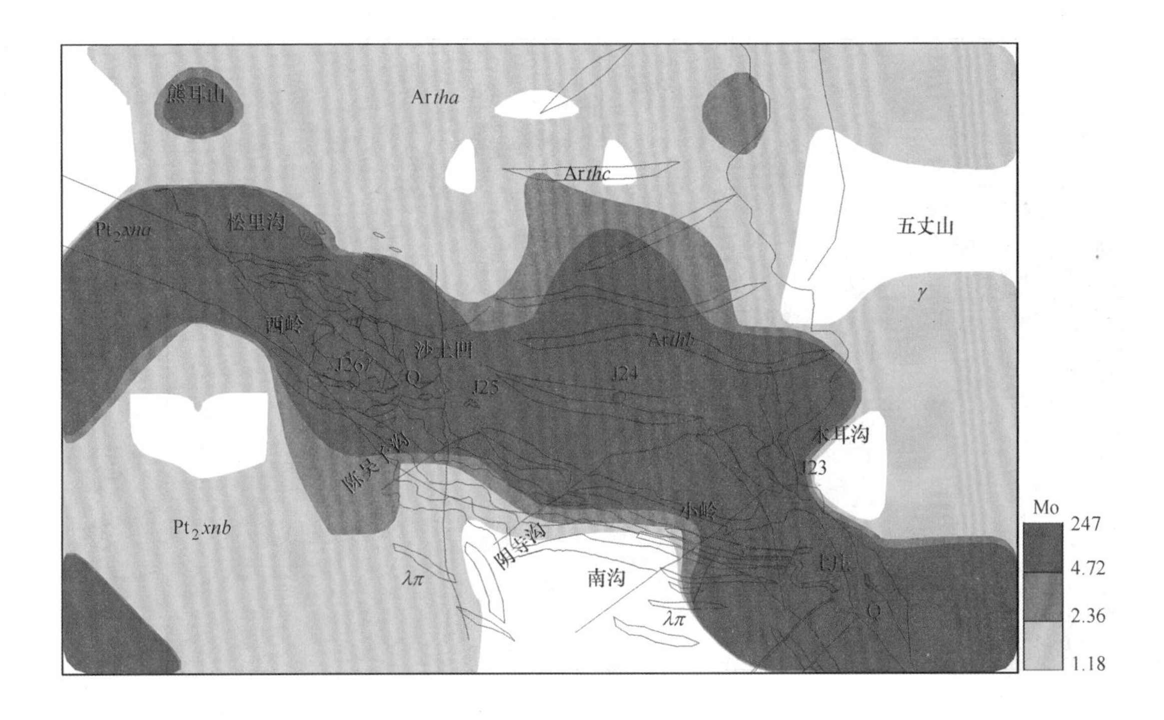
熊耳山
Artha
Arthc
五丈山
Pt_2xna
松里沟
γ
西岭
沙土凹
Arthb
J26
Q
J25
J24
木耳沟
陈吴子沟
J23
Pt_2xnb
小岭
阴寺沟
上庄
λπ
南沟
λπ
Q
Mo
247
4.72
2.36
1.18

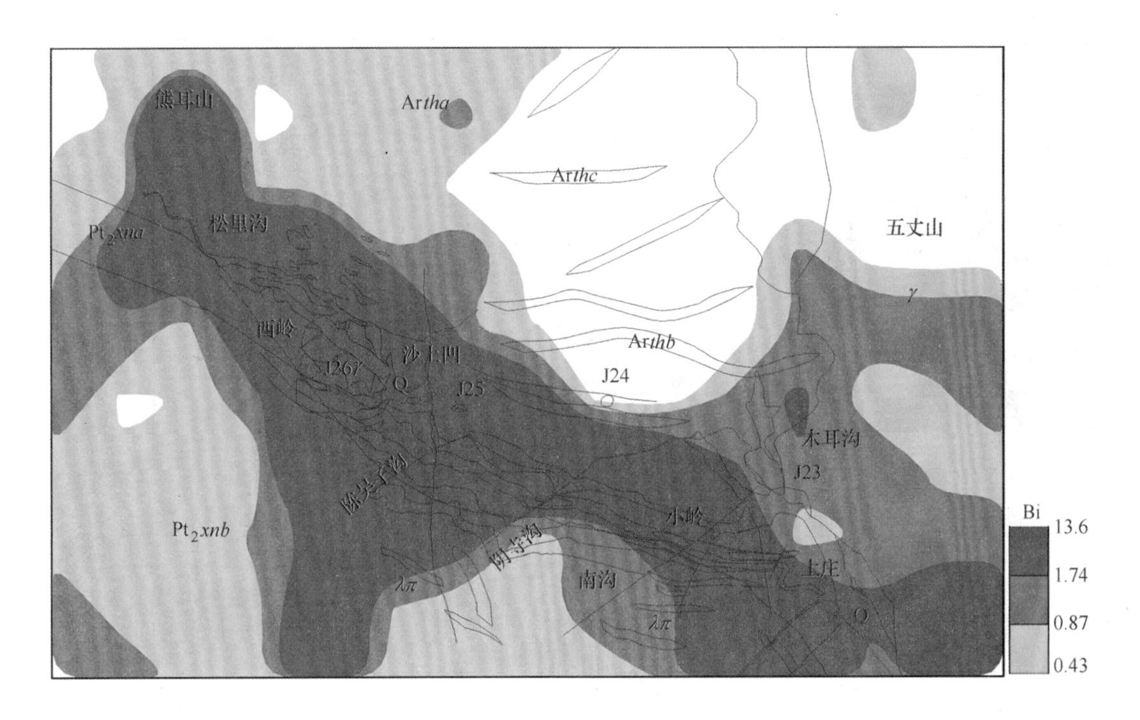
熊耳山
Artha
Arthc
五丈山
Pt_2xna
松里沟
γ
西岭
Arthb
沙土凹
J26
Q
J25
J24
木耳沟
J23
陈吴子沟
Pt_2xnb
小岭
阴寺沟
上庄
λπ
南沟
λπ
Q
Bi
13.6
1.74
0.87
0.43

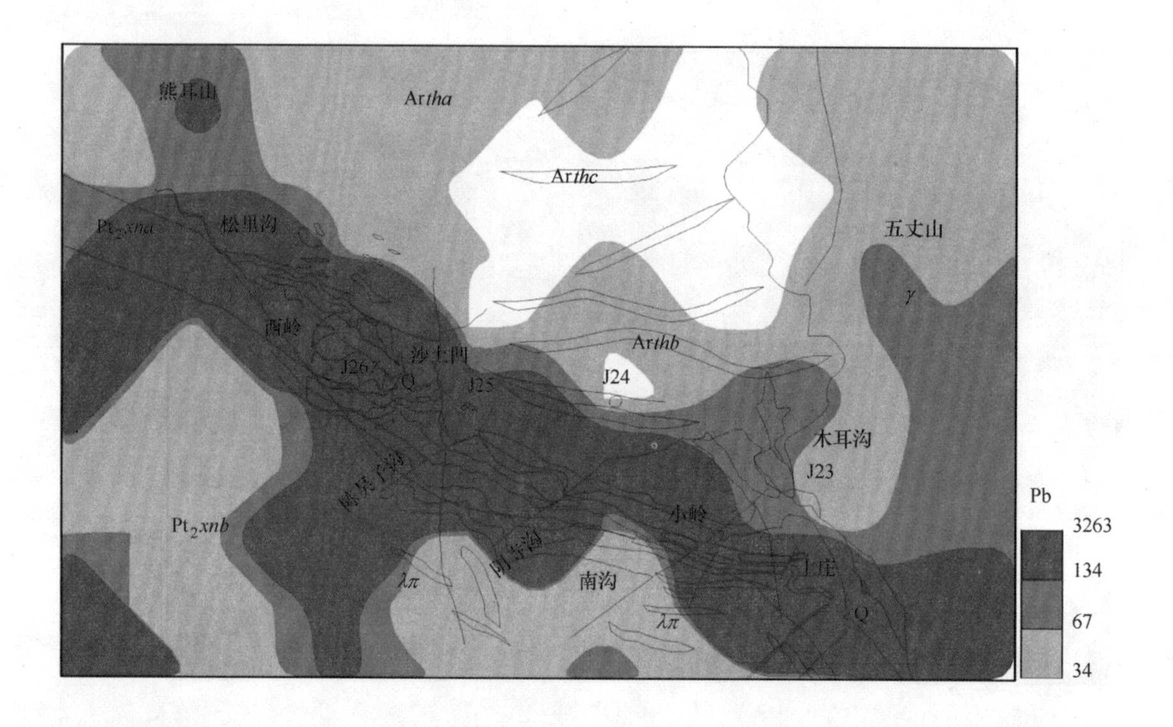
熊耳山
Artha
Arthc
五丈山
Pt₂xna
松里沟
γ
西岭
Arthb
J26
沙土凹
Q
J25
J24
木耳沟
J23
陈吴子沟
Pt₂xnb
小岭
明寺沟
上庄
λπ
南沟
λπ
Q
Pb
3263
134
67
34

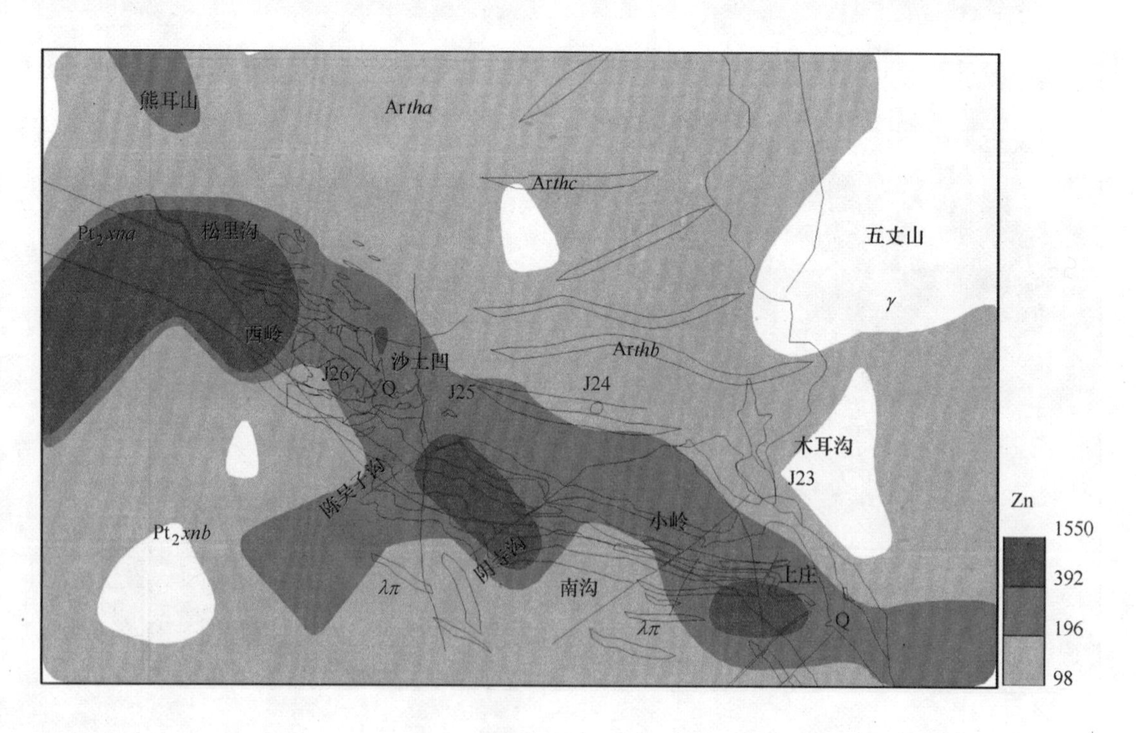
熊耳山
Artha
Arthc
Pt₂xna
松里沟
五丈山
γ
西岭
Arthb
沙土凹
J26
Q
J25
J24
木耳沟
J23
陈吴子沟
小岭
Pt₂xnb
明寺沟
上庄
λπ
南沟
Q
λπ
Zn
1550
392
196
98

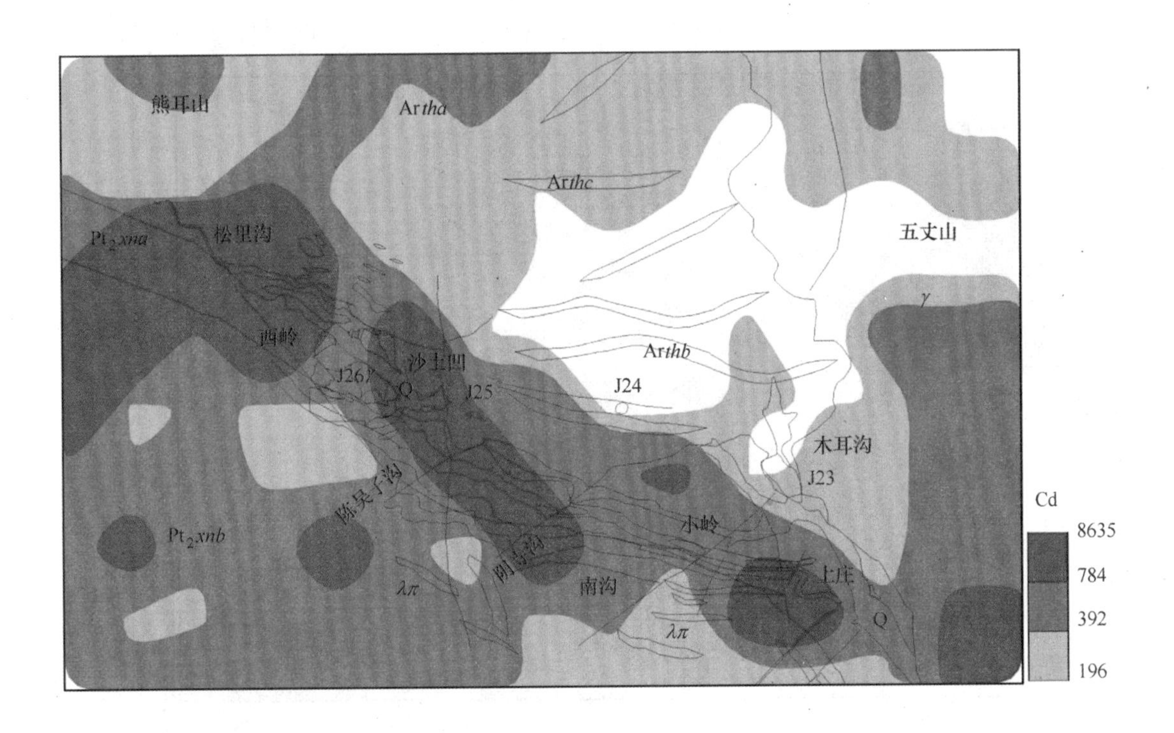
熊耳山
Artha
Arthc
五丈山
Pt2xna
松里沟
γ
西岭
Arthb
J26
Q
J25
J24
木耳沟
J23
陈吴子沟
小岭
Pt2xnb
南沟
λπ
上庄
Cd
8635
784
392
196

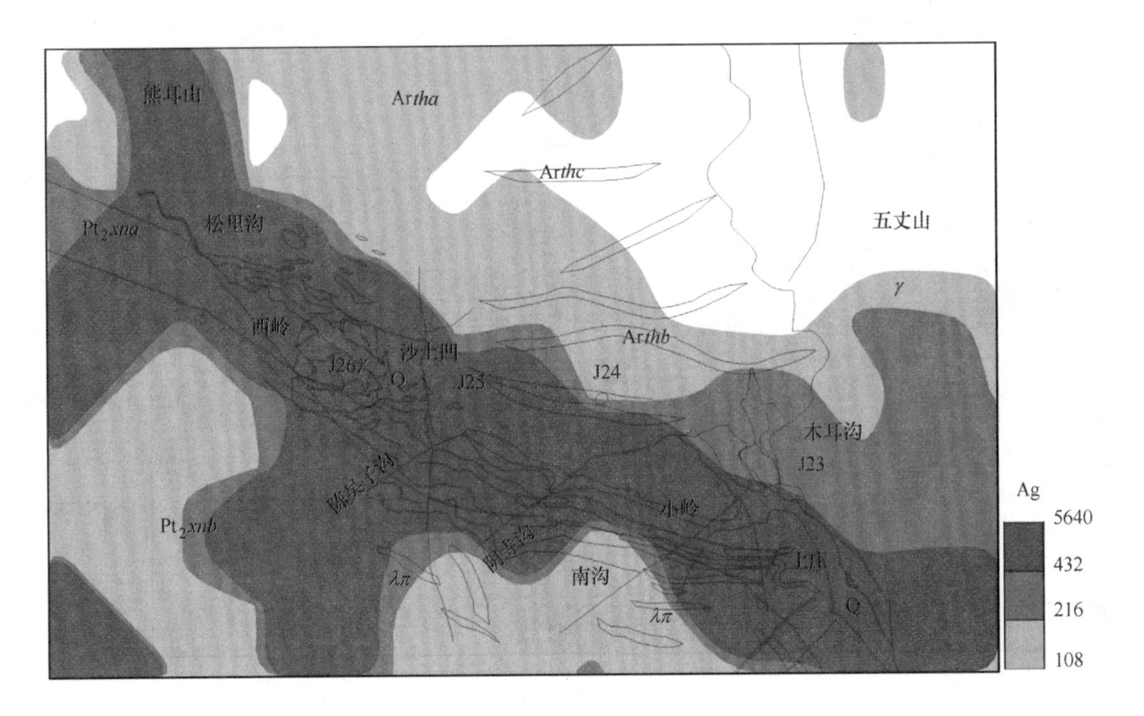
熊耳山
Artha
Arthc
五丈山
Pt2xna
松里沟
γ
西岭
Arthb
J26
Q
J25
J24
木耳沟
J23
陈吴子沟
小岭
Pt2xnb
南沟
λπ
上庄
Ag
5640
432
216
108

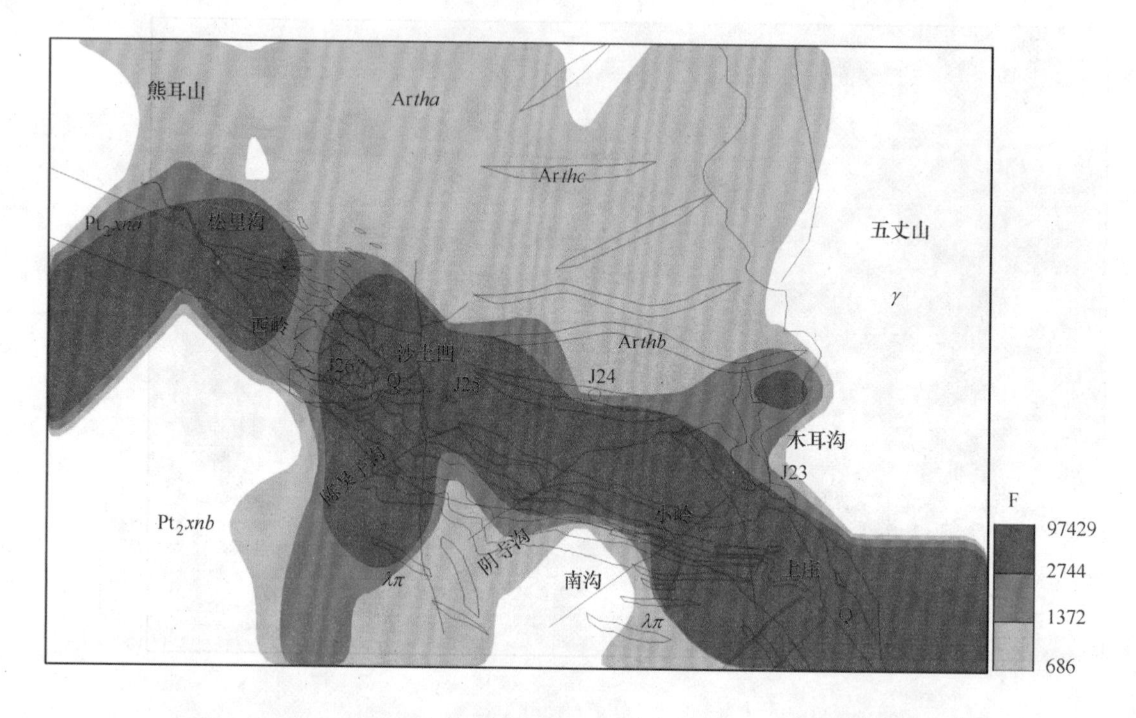
熊耳山
Artha
Arthc
Pt_2xna
松里沟
五丈山
γ
西岭
Arthb
J26
沙土凹
Q
J25
J24
木耳沟
J23
Pt_2xnb
小岭
阴寺沟
南沟
λπ
λπ
Q
F
97429
2744
1372
686

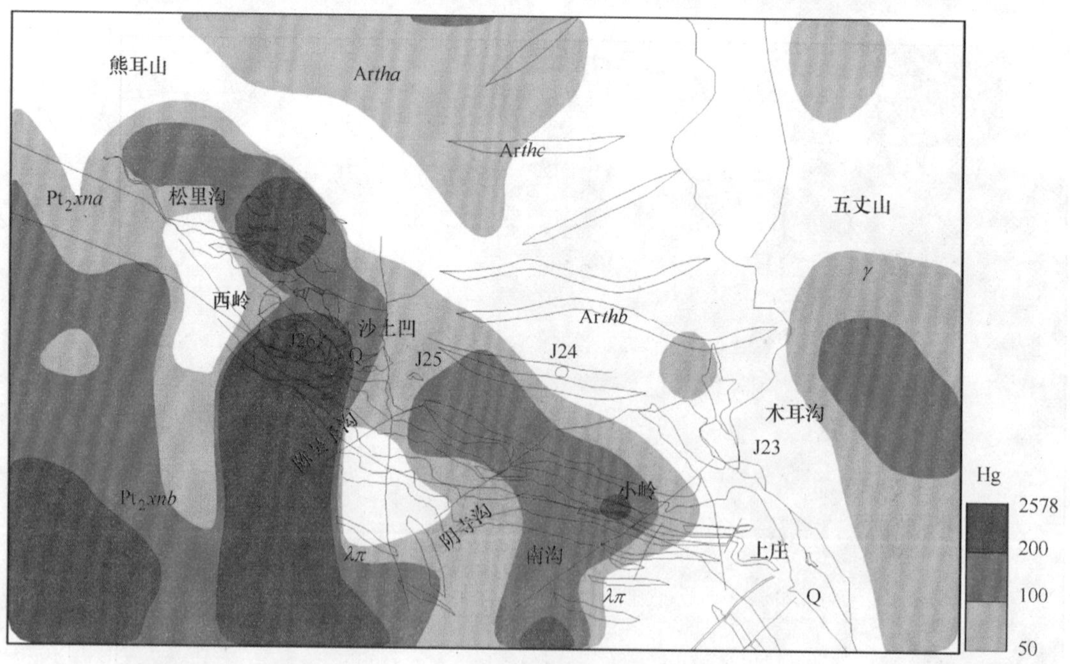
熊耳山
Artha
Arthc
Pt_2xna
松里沟
五丈山
γ
西岭
沙土凹
Arthb
J26
Q
J25
J24
木耳沟
J23
Pt_2xnb
小岭
阴寺沟
南沟
上庄
λπ
λπ
Q
Hg
2578
200
100
50

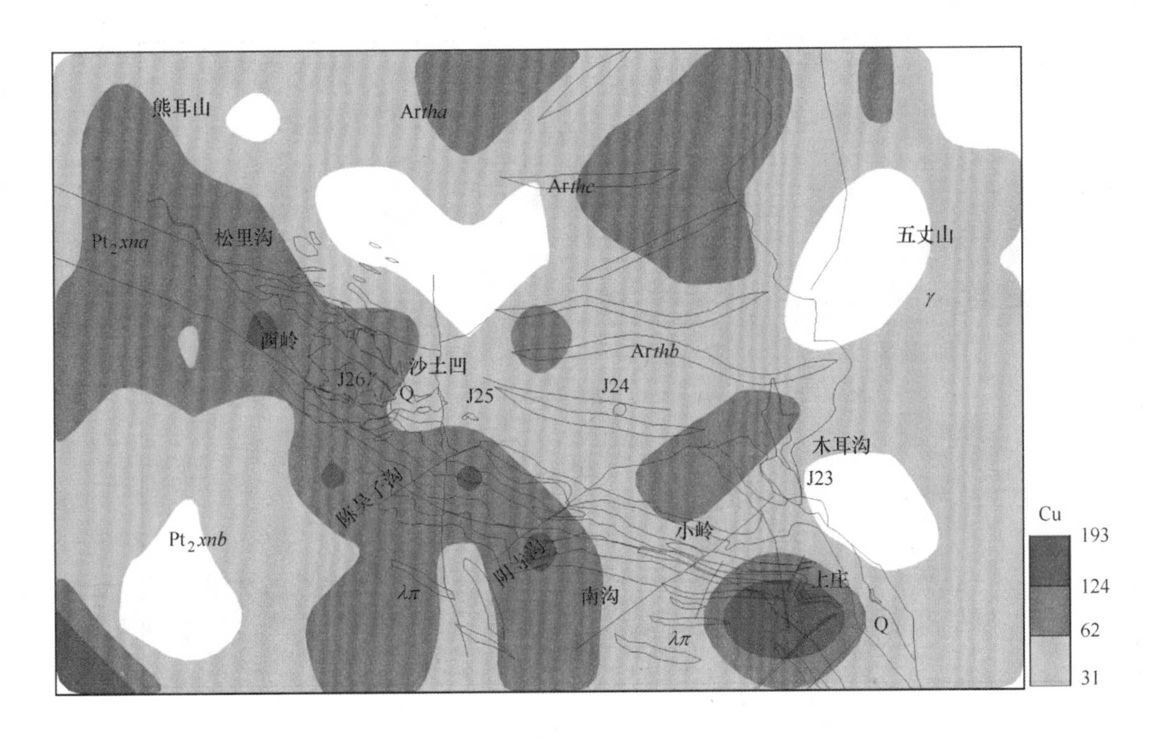

熊耳山
Artha
Arthc
五丈山
Pt2xna
松里沟
γ
西岭
Arthb
沙土凹
J26
Q
J25
J24
木耳沟
J23
陈吴子沟
Pt2xnb
小岭
南沟
λπ
上庄
Q
λπ
Cu
193
124
62
31

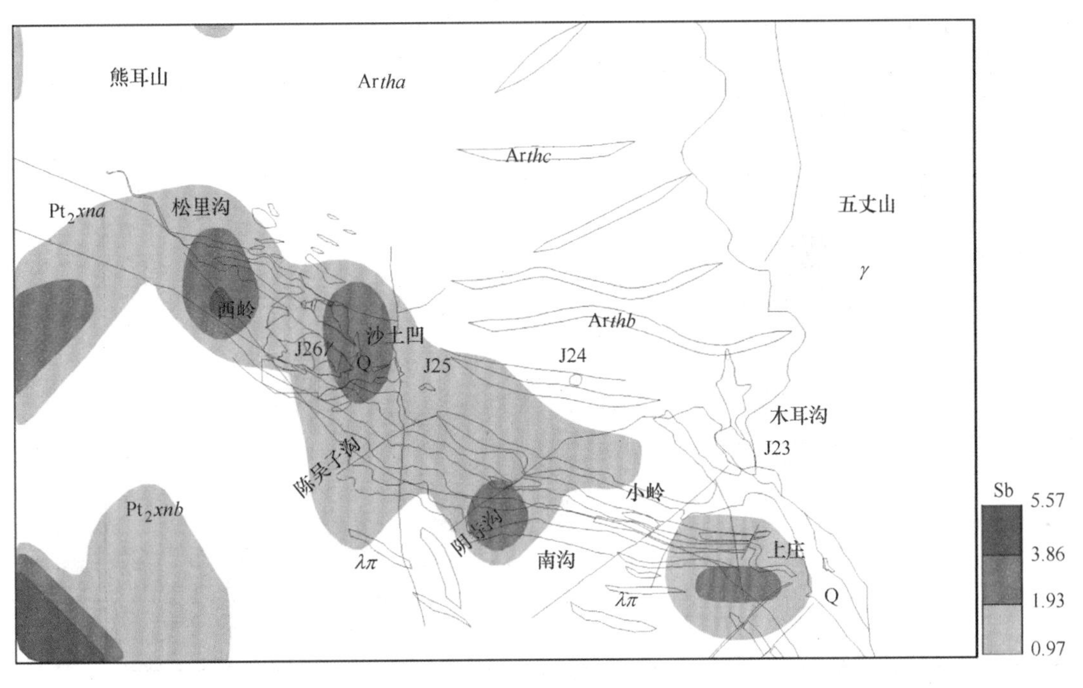

熊耳山
Artha
Arthc
Pt2xna
松里沟
五丈山
γ
西岭
Arthb
沙土凹
J26
Q
J25
J24
木耳沟
J23
陈吴子沟
小岭
Pt2xnb
λπ
南沟
上庄
λπ
Q
Sb
5.57
3.86
1.93
0.97

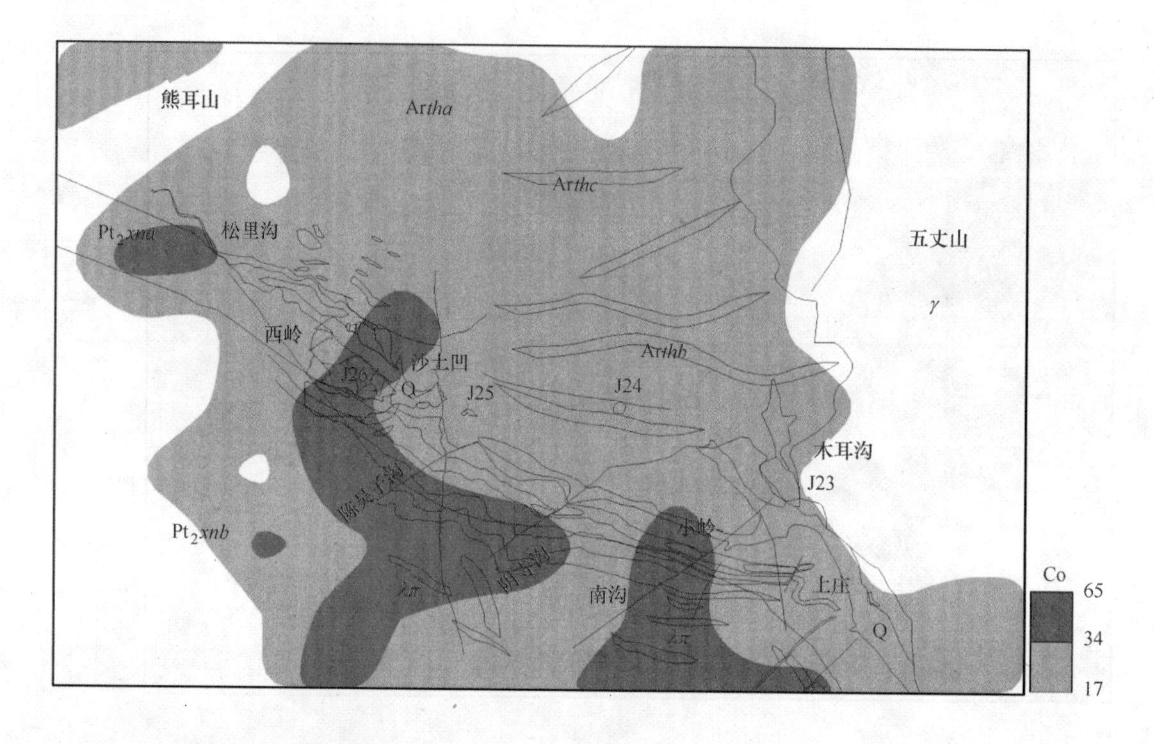
熊耳山
Artha
Arthc
Pt$_2$xna
松里沟
五丈山
γ
西岭
Arthb
沙土凹
J267
Q
J25
J24
木耳沟
J23
陈吴子沟
Pt$_2$xnb
小岭
阴寺沟
λπ
南沟
上庄
Q
Co
65
34
17

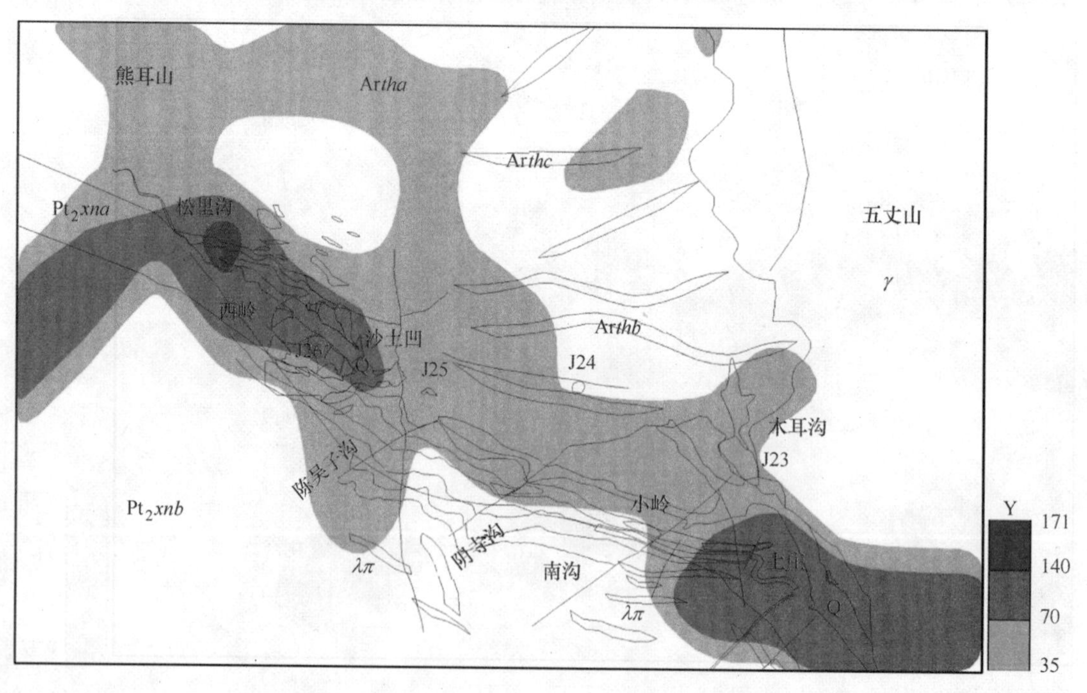
熊耳山
Artha
Arthc
Pt$_2$xna
松里沟
五丈山
γ
西岭
Arthb
沙土凹
J267
Q
J25
J24
木耳沟
J23
陈吴子沟
Pt$_2$xnb
小岭
阴寺沟
λπ
南沟
λπ
Q
Y
171
140
70
35

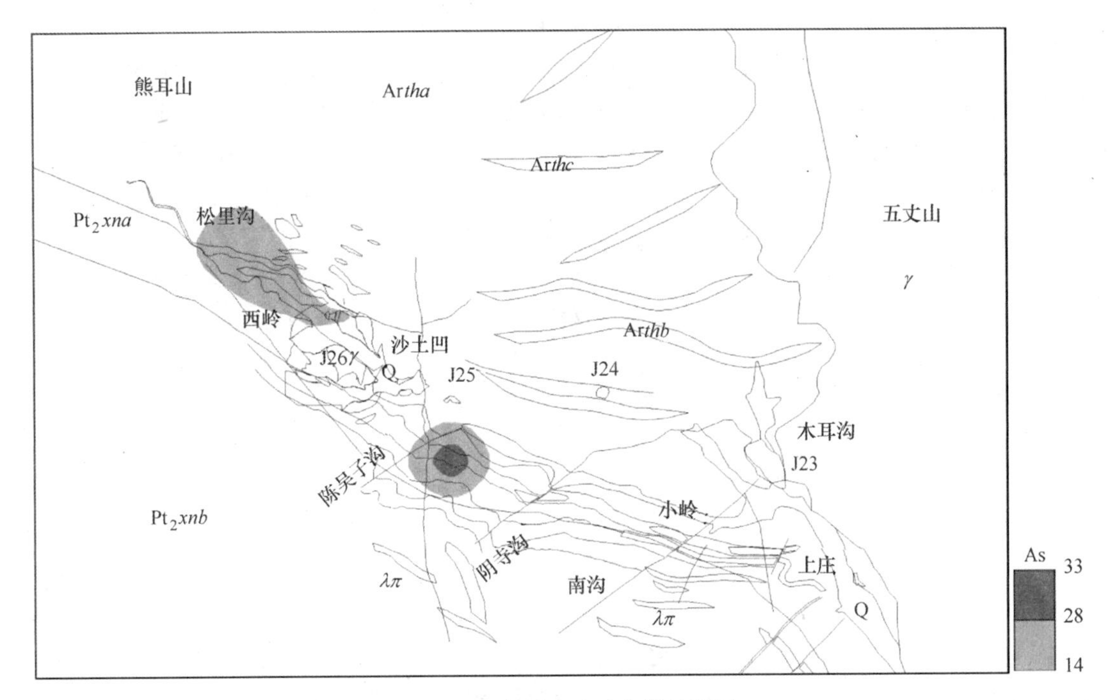

图 5－16　单元素地球化学异常图

（Au、Ag、Cd、Hg 的含量单位为 ng/g，其他元素的含量单位为 μg/g；
底图为牛头沟金矿地质简图（图 2－1））

从图 5－16 可以看出：（1）Au 元素在矿区存在大面积异常，异常内带分布区基本覆盖了牛头沟金矿五个矿段的空间出露范围。（2）W、Mo、Bi、Pb、Zn、Cd、Ag、F 共 8 项元素也在矿区存在大面积异常，且异常内带分布区与五个矿段的空间出露范围基本一致。（3）Hg 在矿区也存在大面积异常，其异常内带主要出露在松里沟、西岭－沙土凹（包含陈吴子沟）、南沟－小岭 3 个矿段。（4）Cu、Sb、Co、Y 在矿区也存在大面积异常，虽然其异常内带不太发育，但异常中带分布区与五个矿段的空间出露范围基本一致。（5）As 在矿区异常不太发育，但仅圈出的两处异常分别位于松里沟和西岭－沙土凹（包含陈吴子沟）矿段（佟依坤等　2014）。

综上所述，牛头沟金矿区 1∶5 万化探普查找矿指示元素组合可以确定为 Au、W、Mo、Bi、Cu、Pb、Zn、Cd、Ag、As、Sb、Hg、F、Co、Y 共 15 项（佟依坤等　2014）。这 15 项元素组合与牛头沟金矿区岩石地球化学勘查所确定的 15 项成矿指示元素组合完全一致，这表明在 1∶5 万化探普查工作中所采集的 60～100 目水系沉积物或土壤样品在找矿指示元素组合方面对该区原生晕基岩样品具有很好的继承性（佟依坤等　2014，贾玉杰等　2013）。

小　结

（1）片麻岩土壤或水系沉积物风化程度从粗粒级到细粒级逐渐增强，建议选择 60～

100 目样品作为牛头沟金矿区化探普查的最佳采样粒度。

（2）采集 60～100 目水系沉积物或土壤组合样品在牛头沟金矿区开展了 31.5km^2 的化探普查工作，采用 10 级累频方法绘制了 29 项微量元素及花岗岩风化指数（WIG）的地球化学图。牛头沟金矿区 14 项成矿指示元素 Au、W、Mo、Bi、Cu、Pb、Zn、Cd、Ag、Sb、Hg、F、Y、Co 在矿区均出现明显富集现象，成矿指示元素 As 在矿区并未发生明显富集，但未选作成矿指示元素的 La 却在矿区出现明显富集现象。

（3）在牛头沟金矿区除矿石和强矿化岩石外，该区岩石、土壤和水系沉积物样品的 Y、Ho 含量具有显著的正比关系：Ho＝0.0371Y，且这种正比例关系并不受样品介质和样品粒度差异的影响。基于 La_N-Ho_{NC} 关系对牛头沟金矿区化探普查样品的稀土元素配分曲线形态进行推测，认为该区矿致异常样品具有左倾型特征，而背景样品具平坦型特征。

（4）基于化探普查样品的采样粒度及风化过程元素的变化行为，牛头沟金矿区用来代表背景样品的样品并非真正意义上的背景样品，建议该区在确定找矿指示元素异常下限时可采用定值异常下限。

（5）采用水系沉积物中位值倍数法来确定成矿指示元素的异常下限，绘制了 15 项成矿指示元素的单元素地球化学异常图，结果发现 15 项成矿指示元素在该区 1∶5 万化探普查中均可作为找矿指示元素。牛头沟金矿区 1∶5 万化探普查工作中所采集的 60～100 目水系沉积物或土壤样品在找矿指示元素组合方面对该区原生晕基岩样品具有很好的继承性。

河南牛头沟金矿床化探普查地球化学特征见表 5－5。

表 5－5 河南牛头沟金矿床化探普查地球化学特征

序号	分类	项目名称	项目描述
20	地球化学特征	矿区化探普查	1. 与中国水系沉积物相比，富集 W、Mo、Bi、Cu、Pb、Zn、Cd、Au、Ag、Hg、F、Co、V、Cr、Sr、Ba、Y 共 17 项元素，其富集系数均大于 1.4； 2. 找矿指示元素组合为 Au、W、Mo、Bi、Cu、Pb、Zn、Cd、Ag、As、Sb、Hg、F、Co、Y 共 15 项

注：中国水系沉积物数据引自迟清华和鄢明才（2007）。

区 域 化 探

区域化探指采样介质为水系沉积物且工作比例尺大于1:5万的区域地球化学勘查，此处主要指1:20万的水系沉积物区域地球化学调查。首先基于1:20万区域地球化学调查获得的数据，分析豫西熊耳山矿集区区域地球化学特征，绘制单元素地球化学图，进而依据中国水系沉积物中位值倍数法确定找矿指示元素的异常下限并编制地球化学异常图，最后以牛头沟金矿为典型矿床确定牛头沟金矿区域化探的找矿指示元素组合，为豫西熊耳山地区寻找该类型金矿提供参考。

第一节　区域化探数据特征

一、数据来源

数据来源于项目内部收集的豫西地区水系沉积物化探数据，其比例尺为1:20万。样品覆盖范围东西向长110km，南北向宽70km，其坐标范围与图1－2相一致，面积为7700km^2。本次共收集1774件水系沉积物组合样品的39项元素分析数据，其中氧化物7项，微量元素32项。1774件样品点位空间分布如图6－1所示。

二、数据统计特征

豫西熊耳山矿集区1774件水系沉积物组合样品的39项元素分析数据的基本统计特征见表6－1。

表6－1　熊耳山矿集区区域化探元素含量数据统计参数

元　素	SiO_2	Al_2O_3	Fe_2O_3	Na_2O	K_2O	CaO	MgO	Ti	Mn	P	W	Sn	Mo
样品数	1772	1773	1773	1772	1772	1771	1772	1773	1772	1773	1773	1772	1773
最大值	71.9	18.35	25	5.44	6.39	16.18	12.4	17145	9940	5190	236	36	61.2
最小值	36.4	3.8	2.1	0.05	1.03	0.6	0.62	469.7	104	209	0.3	0.7	0.3
中位数	61.64	13.34	6.4	1.61	2.58	2.76	1.85	5696	914	829	2.4	3	1
平均值	61.29	13.11	6.5	1.8	2.6	3.4	2.3	5848	937	897	4.1	3.3	1.9
标准差	3.96	1.48	1.9	0.7	0.5	2.1	1.3	1469	319	393	7.9	1.6	3.96
中国水系沉积物	65.31	12.83	4.5	1.32	2.36	1.8	1.37	4105	670	580	1.8	3	0.84
富集系数	0.94	1.02	1.45	1.35	1.12	1.87	1.65	1.42	1.4	1.55	2.26	1.1	2.26

续表 6-1

元　素	Bi	Cu	Pb	Zn	Cd	Au	Ag	As	Sb	Hg	Li	Be	B
样品数	1774	1772	1774	1773	1772	1773	1772	1773	1772	1767	1772	1771	1772
最大值	28.1	525	13279	6100	14.55	554	26800	133	22.3	940	66	12	170
最小值	0.05	5	8.6	39.1	0.03	0.3	20	2.1	0.1	10	9.2	1	5.8
中位数	0.32	22.9	36	98	0.15	1.6	81	7.4	0.68	20	28	2.4	38
平均值	0.51	25.8	69.2	114	0.22	4	142.5	8.1	0.77	30.5	28.6	2.9	40.6
标准差	1.03	19.1	362	162	0.44	22.5	704	5.8	1	38.1	7.4	1.5	19.4
中国水系沉积物	0.31	22	24	70	0.14	1.32	77	10	0.69	36	32	2.1	47
富集系数	1.65	1.17	2.88	1.63	1.56	3.01	1.85	0.81	1.11	0.85	0.89	1.36	0.86
元　素	F	Co	Ni	V	Cr	Zr	Nb	Th	U	Y	La	Sr	Ba
样品数	1774	1773	1772	1772	1772	1772	1773	1772	1772	1772	1771	1774	1772
最大值	34000	41	104.2	1165	350	3600.3	180	161.3	27	110	470	1220	16438
最小值	109	3.8	4.8	12	13	30.9	2	0.2	0.64	8	15	16	80
中位数	659	17.2	26.9	100	72	323	19.5	11.9	2.1	30.6	45.8	180	780
平均值	785	17.6	27.7	103	75.9	365	26.3	17	2.7	32.3	50.1	212	890
标准差	1078	4.9	10.3	42	32.9	187	17.2	14.9	1.9	8.8	21.8	113.6	681
中国水系沉积物	490	12.1	25	80	59	270	16	11.9	2.45	25	39	145	490
富集系数	1.6	1.46	1.11	1.29	1.29	1.35	1.64	1.43	1.09	1.29	1.29	1.46	1.82

注：样品共1774件，部分数据空缺；氧化物的含量单位为%，Au、Ag、Cd、Hg的含量单位为ng/g，其他元素的含量单位为μg/g；中国水系沉积物数据取其中位值（迟清华和鄢明才 2007）。富集系数=平均值/中国水系沉积物。

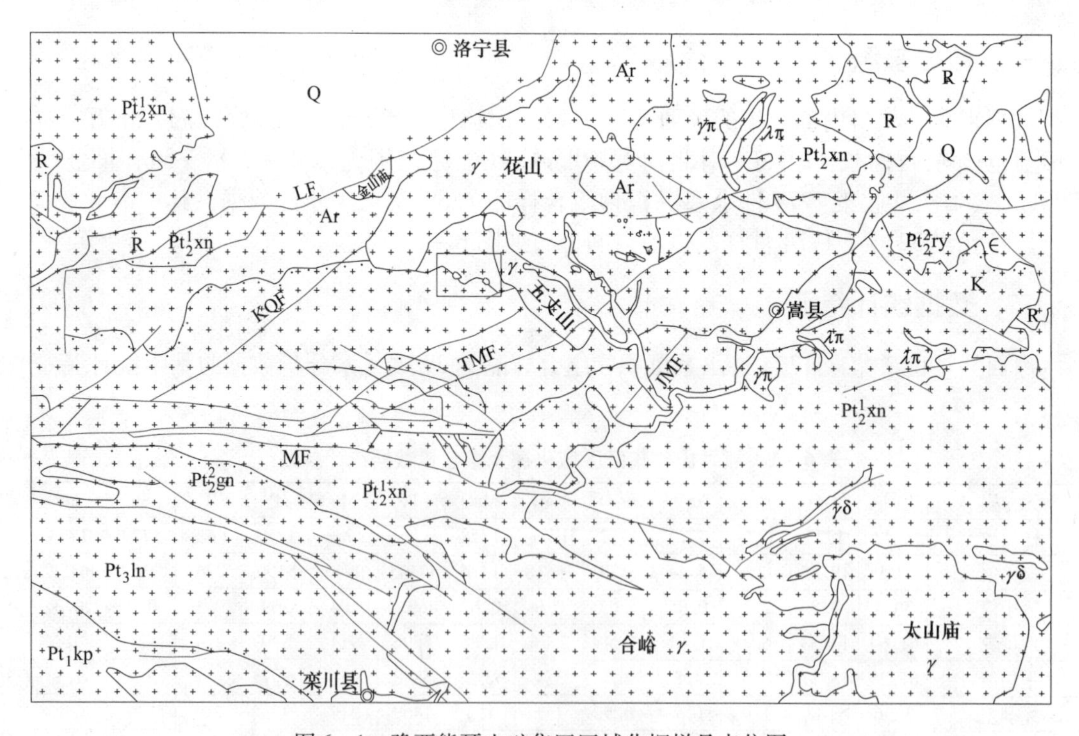

图6-1 豫西熊耳山矿集区区域化探样品点位图

（十字线点为区域化探采样点，方框为牛头沟金矿矿区范围，其他图例参考图1-2）

与中国水系沉积物39项元素含量相比，熊耳山矿集区区域化探样品中Au具有最大富集系数，其值为3.01，其他元素富集系数均小于3.0。富集系数介于2.5~3.0的有Pb；富集系数介于2.0~2.5的有W、Mo；富集系数介于1.4~2.0的有Bi、Zn、Cd、Ag、F、Co、Nb、Th、Sr、Ba、CaO、MgO、Fe_2O_3、Ti、Mn、P。

若不考虑主量氧化物，在29项微量元素中富集系数大于1.4的元素共有14项，其中热液成矿元素有Au、W、Mo、Bi、Pb、Zn、Cd、Ag；大离子亲石元素有Sr、Ba；其他元素有F、Co、Nb、Th。

第二节　地球化学图

一、地球化学图制作方法

地球化学图件的制作采用中国地质调查局开发的GeoExpl软件成图。首先将离散数据进行网格化处理，网格间距为2km，计算模型采用最近点，数据搜索模式采用圆域，搜索半径为1.35km。然后利用网格数据采用累频19级方法生成单元素地球化学图，具体累频值区间划分值及其在GeoExpl软件中对应的颜色索引号详见向运川等人（2010）。

二、地球化学图

在牛头沟金矿区岩石地球化学勘查中确定牛头沟金矿成矿指示元素为Au、W、Mo、Bi、Cu、Pb、Zn、Cd、Ag、As、Sb、Hg、F、Co、Y共15项，在1:5万化探普查中确定这15项元素为寻找牛头沟金矿类型矿床的找矿指示元素，即在找矿指示元素组合方面化探普查采集的水系沉积物和土壤对该区原生晕基岩样品具有很好的继承性。此处重点探讨1:20万区域化探采集的水系沉积物对1:5万化探普查采集的水系沉积物和土壤在15项找矿指示元素方面的继承性。

豫西熊耳山矿集区Au、W、Mo、Bi、Cu、Pb、Zn、Cd、Ag、As、Sb、Hg、F、Co、Y共15项元素的地球化学图如图6－2所示。

从图6－2中可以看出，在牛头沟金矿区仅Au发生明显富集现象，其他14项元素并未出现明显富集特征。出现这种现象的原因有可能是由于地球化学图制作方法，即累频制图方法所致。当在牛头沟金矿区外围其他地段出现牛头沟金矿找矿指示元素的矿床时，如存在Mo、Pb、Zn、Ag矿床时，按照累频制图方法高含量区出现在其他矿床的矿区范围内，从而导致牛头沟金矿区富集程度相对降低，尽管其相对背景区仍明显表现为高含量区。

鉴于上述采用累频方法制作地球化学图时存在的不足，同时参考牛头沟金矿区1:5万地球化学异常图的制作方法，建议采用水系沉积物中位值倍数法来确定这15项元素的异常下限，进而绘制地球化学异常图，以探讨1:20万区域化探采集的水系沉积物对1:5万化探普查采集的水系沉积物和土壤在15项找矿指示元素方面的继承性。

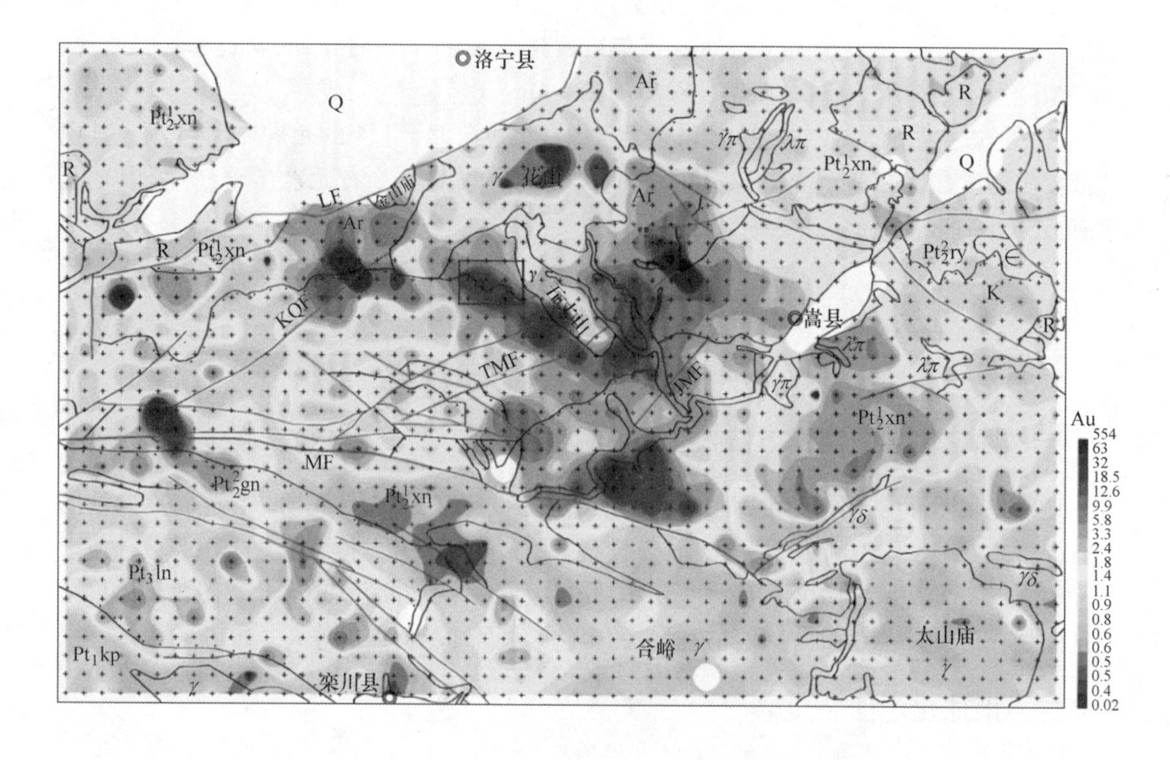
洛宁县
Q
Ar
R
Pt$_2^1$xn
γπ
λπ
花山
LF
金山庙
KQF
五丈山
TMF
JMF
嵩县
Pt$_2^2$ry
K
MF
Pt$_2^2$gn
Pt$_3$ln
Pt$_1$kp
栾川县
合峪
太山庙
γδ
Au
554
63
32
18.5
12.6
9.9
5.8
3.3
2.4
1.8
1.4
1.1
0.9
0.8
0.6
0.6
0.5
0.5
0.4
0.02

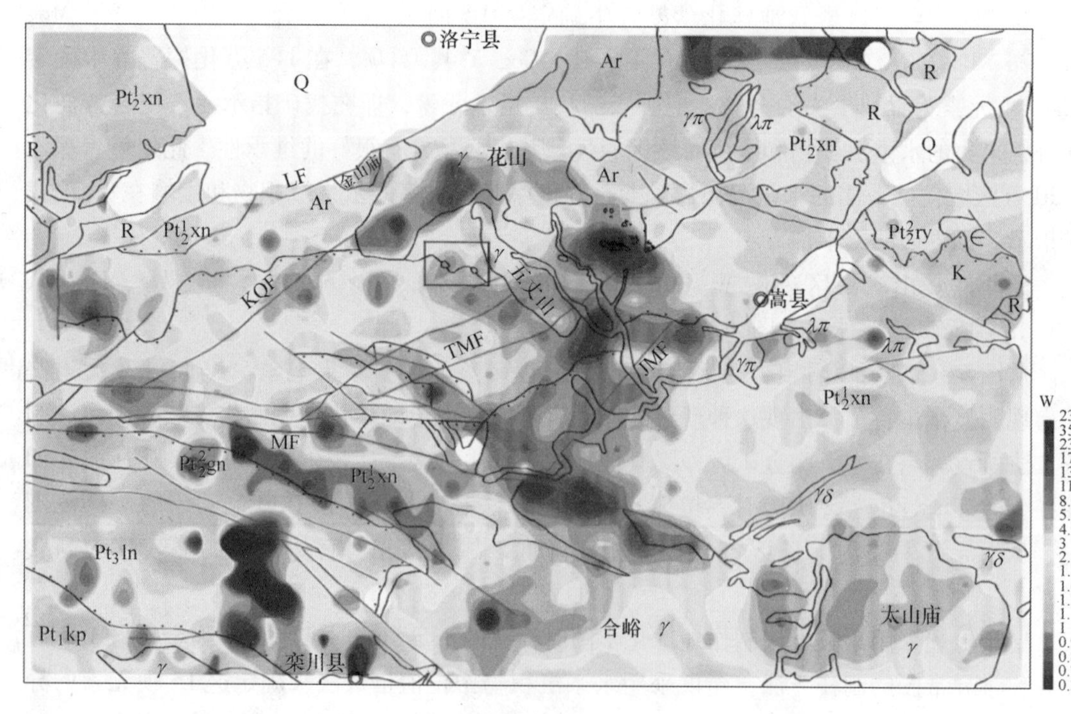
洛宁县
Q
Ar
R
Pt$_2^1$xn
γπ
λπ
花山
LF
金山庙
KQF
五丈山
TMF
JMF
嵩县
Pt$_2^2$ry
K
MF
Pt$_2^2$gn
Pt$_3$ln
Pt$_1$kp
栾川县
合峪
太山庙
γδ
W
236
35.2
23.6
17.6
13.5
11
8.3
5.6
4.1
3
2.1
1.8
1.6
1.3
1.1
1
0.9
0.8
0.7
0.3

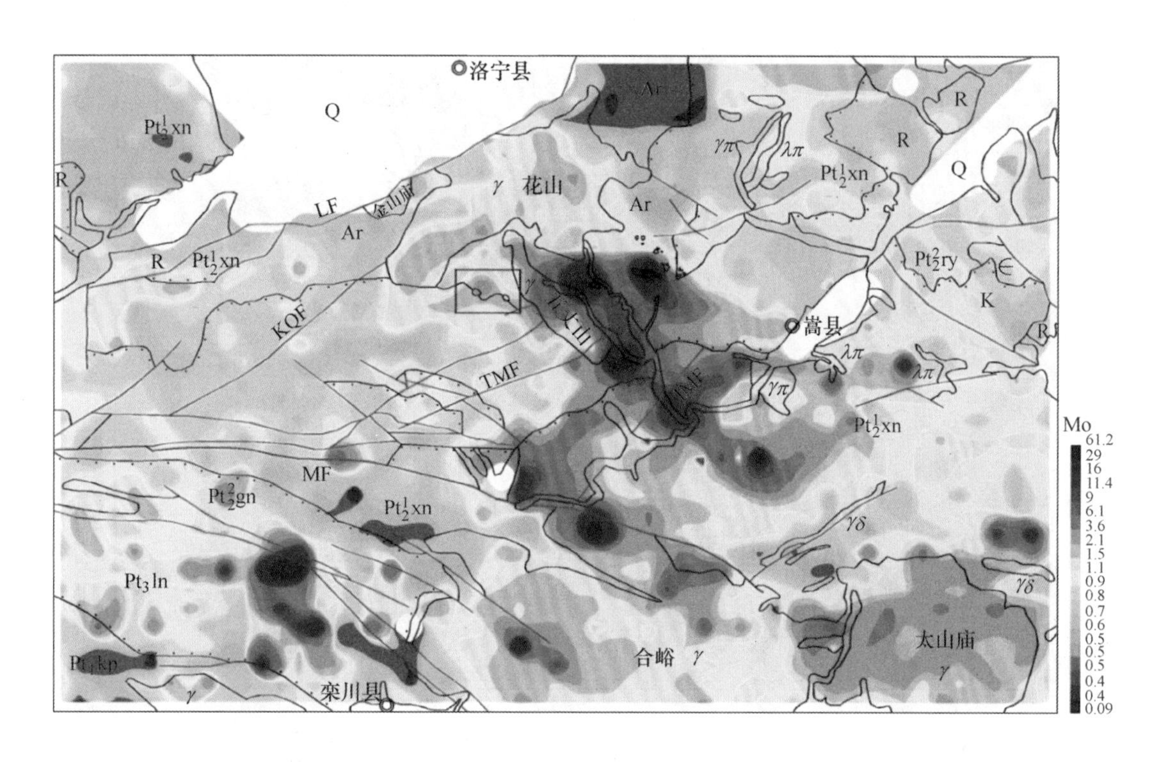
洛宁县
Q
Pt_2^1xn
R
Ar
$\gamma\pi$
$\lambda\pi$
R
R
Q
Pt_2^1xn
γ 花山
LF
金山庙
Ar
Ar
R Pt_2^1xn
Pt_2^2ry
∈
K
KQF
五丈山
嵩县
R
TMF
JMF
$\gamma\pi$
$\lambda\pi$
$\lambda\pi$
Pt_2^1xn
MF
Pt_2^2gn
Pt_2^1xn
$\gamma\delta$
Pt_3ln
$\gamma\delta$
Pt_1kp
合峪 γ
太山庙
γ
γ
栾川县
Mo
61.2
29
16
11.4
9
6.1
3.6
2.1
1.5
1.1
0.9
0.8
0.7
0.6
0.5
0.5
0.5
0.4
0.4
0.09

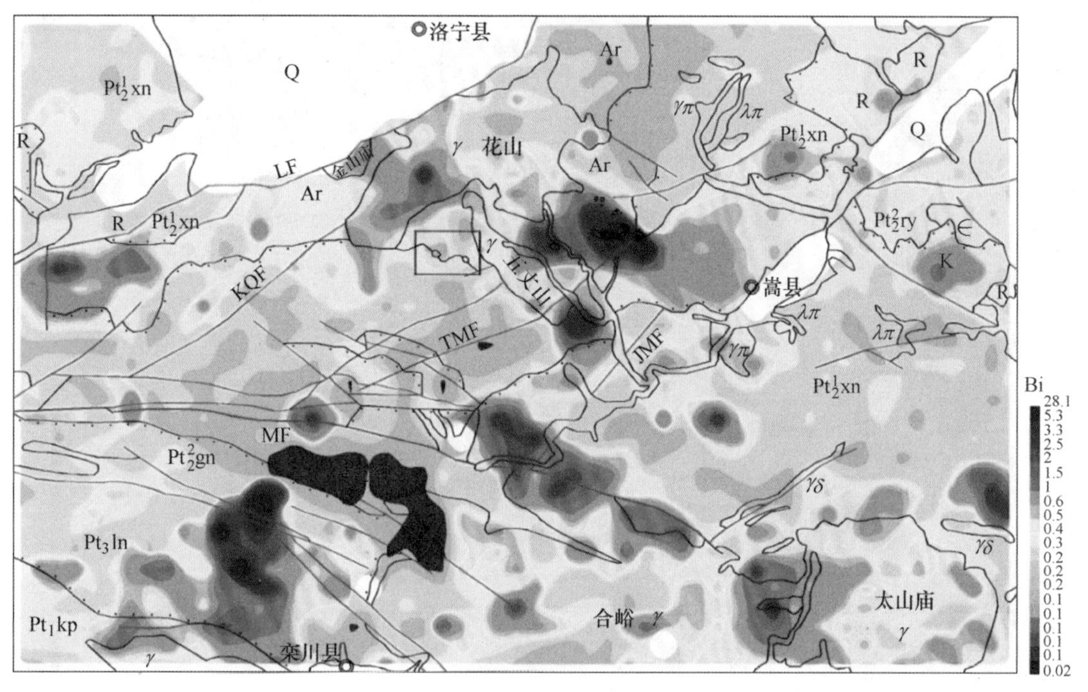
洛宁县
Ar
Q
Pt_2^1xn
R
$\gamma\pi$
$\lambda\pi$
R
R
Q
Pt_2^1xn
γ 花山
LF
金山庙
Ar
Ar
R Pt_2^1xn
Pt_2^2ry
∈
K
KQF
五丈山
嵩县
R
TMF
JMF
$\gamma\pi$
$\lambda\pi$
$\lambda\pi$
Pt_2^1xn
MF
Pt_2^2gn
$\gamma\delta$
Pt_3ln
$\gamma\delta$
Pt_1kp
合峪 γ
太山庙
γ
γ
栾川县
Bi
28.1
5.3
3.3
2.5
2
1.5
1
0.6
0.5
0.4
0.3
0.2
0.2
0.2
0.1
0.1
0.1
0.1
0.1
0.02

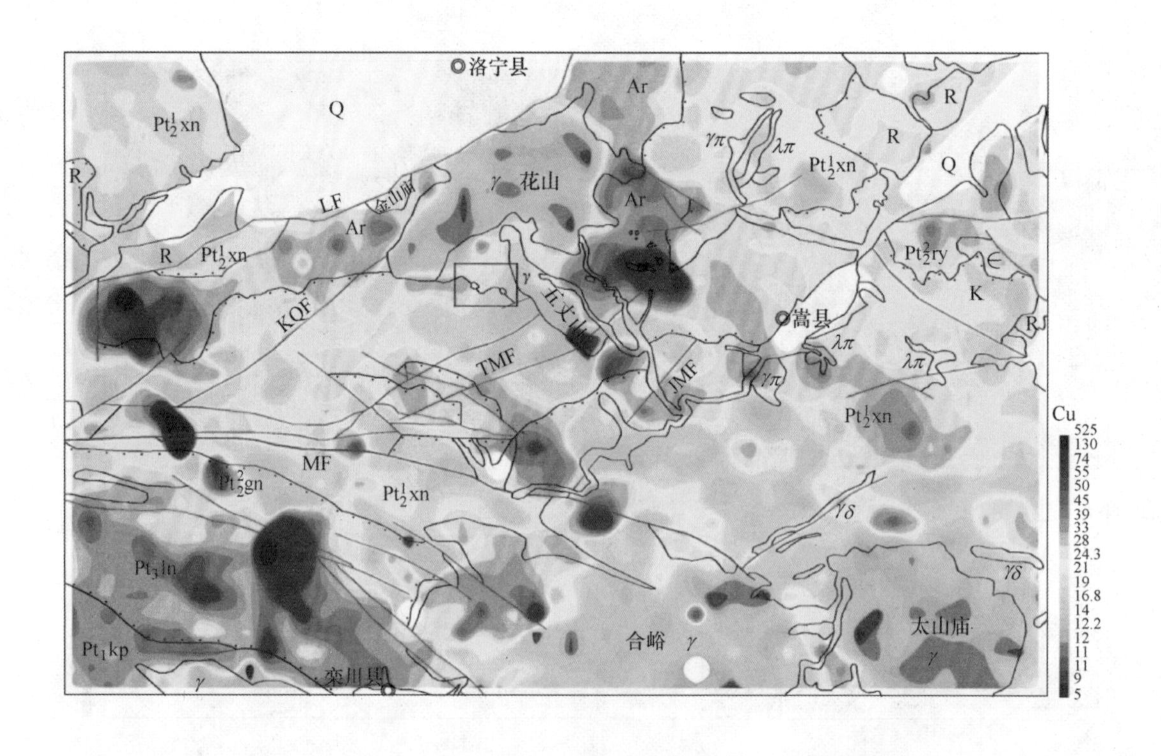
洛宁县
Q
Pt_2^1xn
R
Ar
$\gamma\pi$
$\lambda\pi$
Pt_2^1xn
R
Q
LF
金山庙
γ 花山
Ar
Ar
R Pt_2^1xn
Pt_2^2ry
$\in$
K
KQF
γ
五丈山
嵩县
R
$\lambda\pi$
$\lambda\pi$
TMF
JMF
$\gamma\pi$
Pt_2^1xn
MF
Pt_2^2gn
Pt_2^1xn
$\gamma\delta$
Pt_3ln
$\gamma\delta$
Pt_1kp
合峪 γ
太山庙
γ
栾川县
γ
Cu
525
130
74
55
50
45
39
33
28
24.3
21
19
16.8
14
12.2
12
11
11
9
5

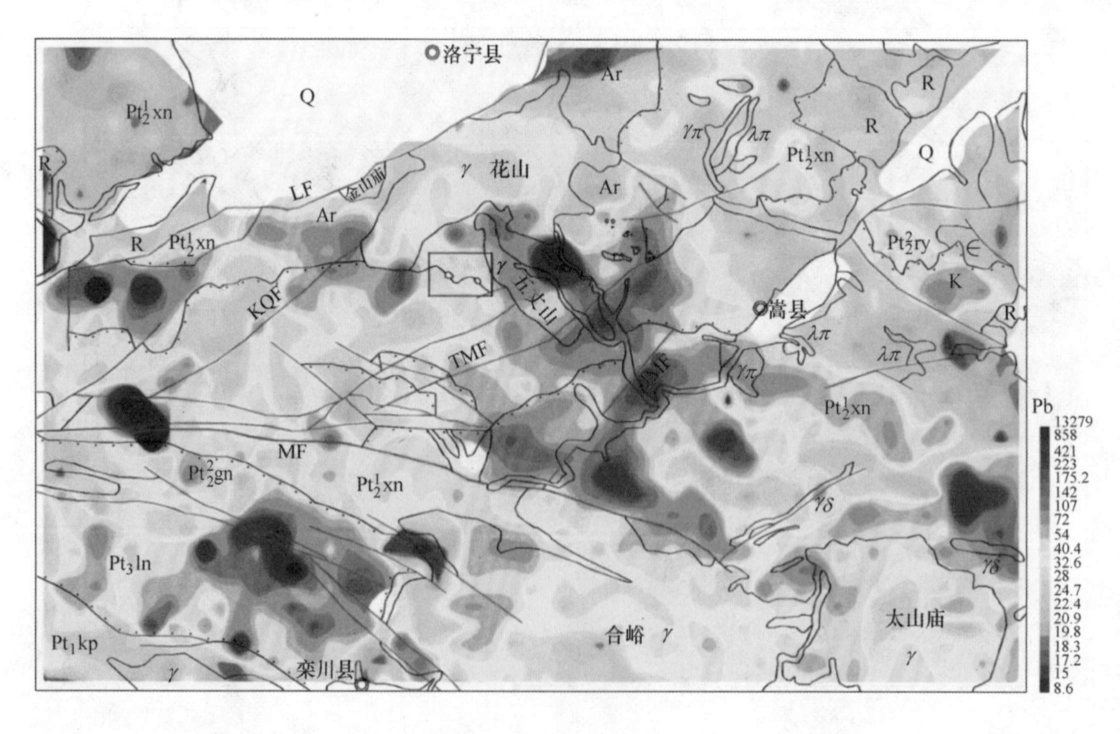
洛宁县
Q
Pt_2^1xn
R
Ar
$\gamma\pi$
$\lambda\pi$
Pt_2^1xn
R
Q
LF
金山庙
γ 花山
Ar
Ar
R Pt_2^1xn
Pt_2^2ry
$\in$
K
KQF
γ
五丈山
嵩县
R
$\lambda\pi$
$\lambda\pi$
TMF
JMF
$\gamma\pi$
Pt_2^1xn
MF
Pt_2^2gn
Pt_2^1xn
$\gamma\delta$
Pt_3ln
$\gamma\delta$
Pt_1kp
合峪 γ
太山庙
γ
栾川县
γ
Pb
13279
858
421
223
175.2
142
107
72
54
40.4
32.6
28
24.7
22.4
20.9
19.8
18.3
17.2
15
8.6

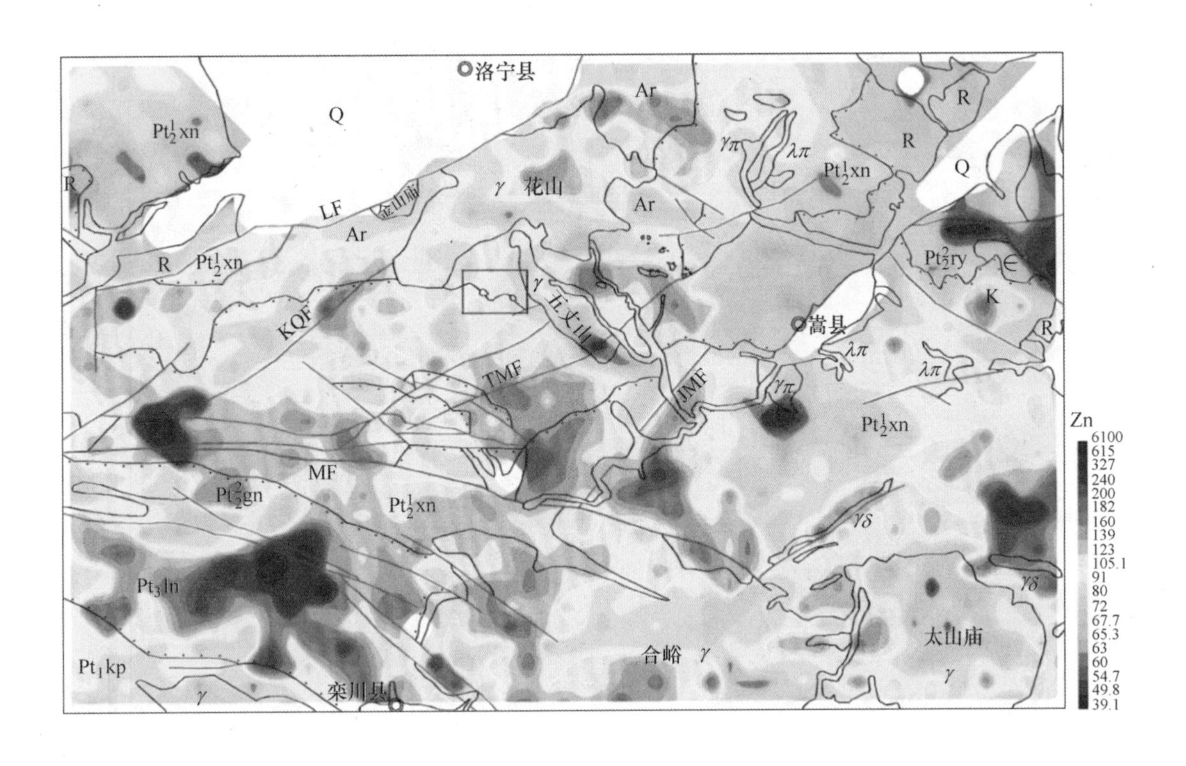
洛宁县
Q
Ar
R
花山
Ar
LF
Ar
R
KQF
五丈山
嵩县
TMF
JMF
MF
合峪
太山庙
栾川县
Zn
6100
615
327
240
200
182
160
139
123
105.1
91
80
72
67.7
65.3
63
60
54.7
49.8
39.1

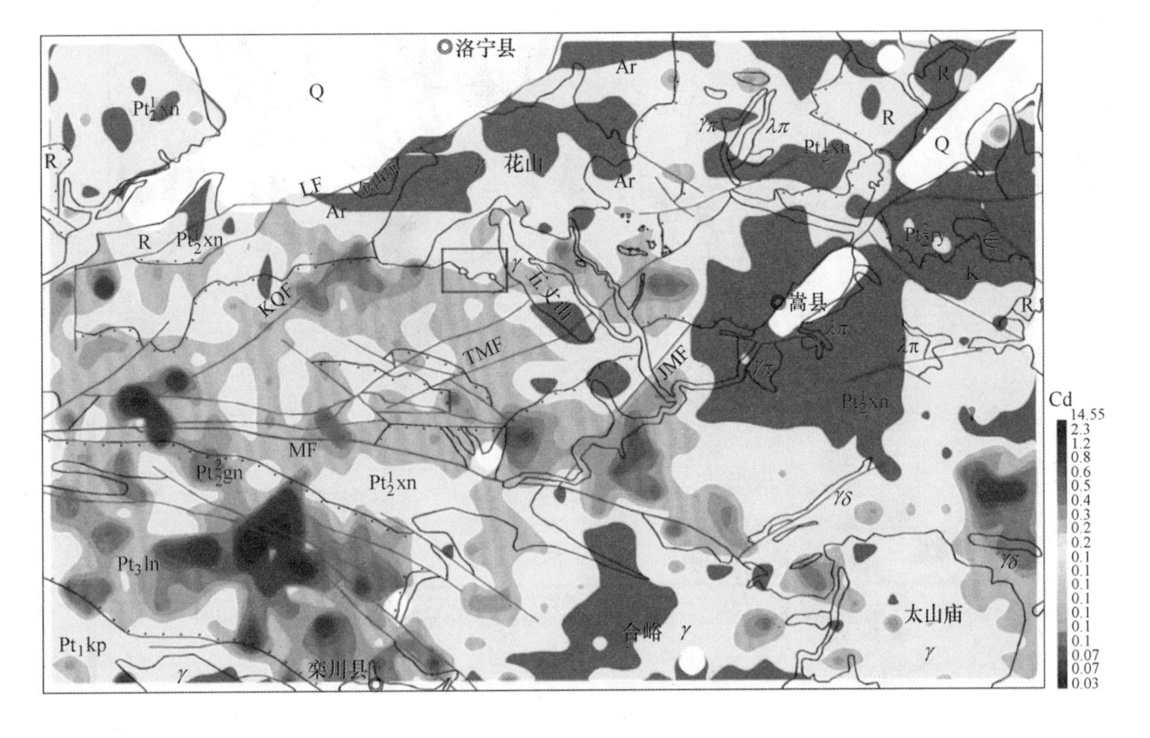
洛宁县
Q
Ar
R
花山
Ar
LF
Ar
R
KQF
五丈山
嵩县
TMF
JMF
MF
合峪
太山庙
栾川县
Cd
14.55
2.3
1.2
0.8
0.6
0.5
0.4
0.3
0.2
0.2
0.1
0.1
0.1
0.1
0.1
0.1
0.1
0.07
0.07
0.03

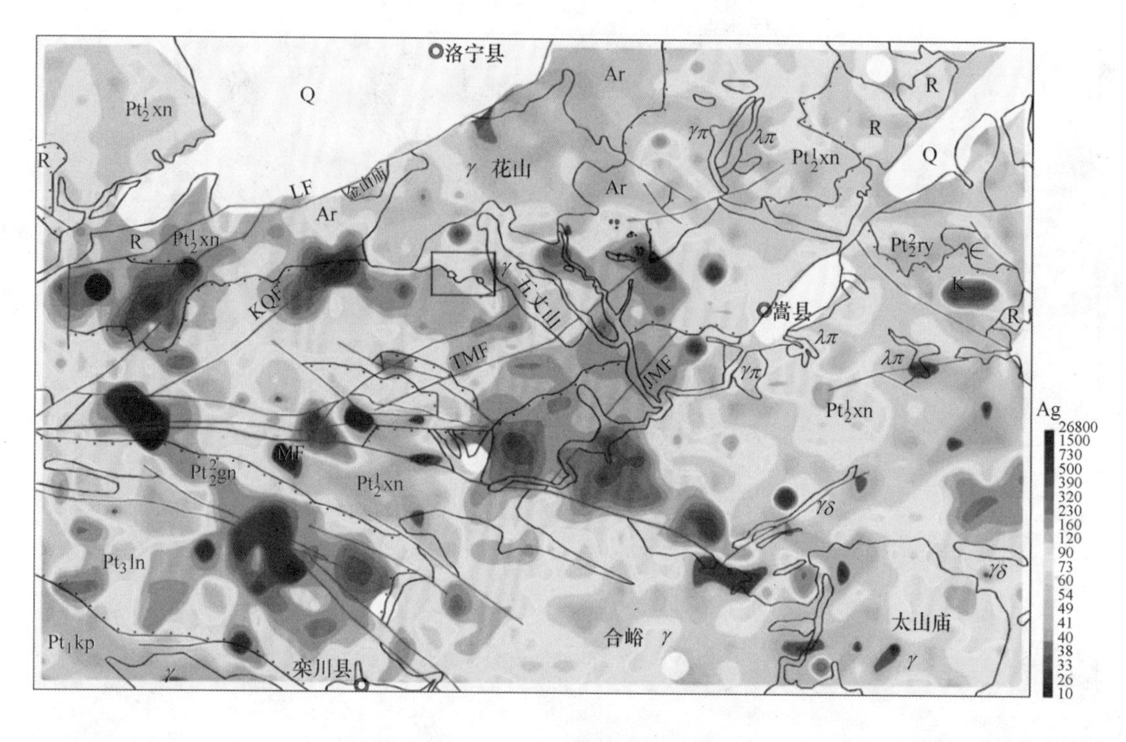
洛宁县
Q
Ar
R
Pt_2^1xn
γπ
λπ
Q
LF
金山庙
γ 花山
KQF
五丈山
TMF
嵩县
JMF
Pt_2^2ry
∈
K
MF
Pt_2^2gn
γδ
Pt_3ln
Pt_1kp
栾川县
合峪 γ
太山庙
Ag
26800
1500
730
500
390
320
230
160
120
90
73
60
54
49
41
40
38
33
26
10

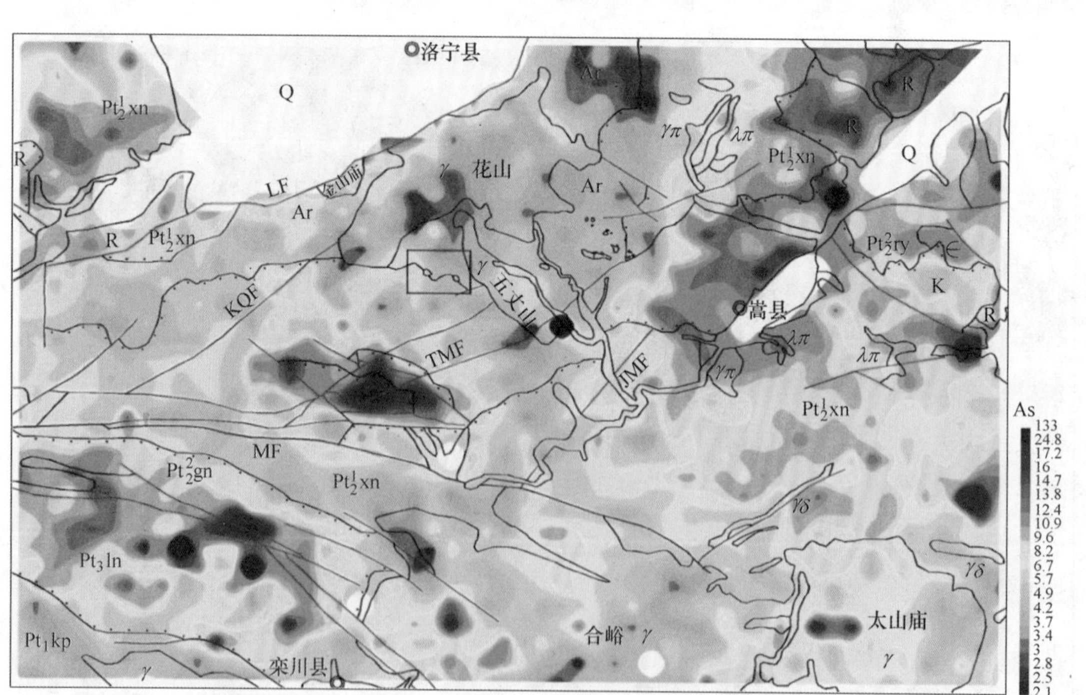
洛宁县
Q
Ar
R
Pt_2^1xn
γπ
λπ
Q
LF
金山庙
γ 花山
KQF
五丈山
TMF
嵩县
JMF
Pt_2^2ry
∈
K
MF
Pt_2^2gn
γδ
Pt_3ln
Pt_1kp
栾川县
合峪 γ
太山庙
As
133
24.8
17.2
16
14.7
13.8
12.4
10.9
9.6
8.2
6.7
5.7
4.9
4.2
3.7
3.4
3
2.8
2.5
2.1

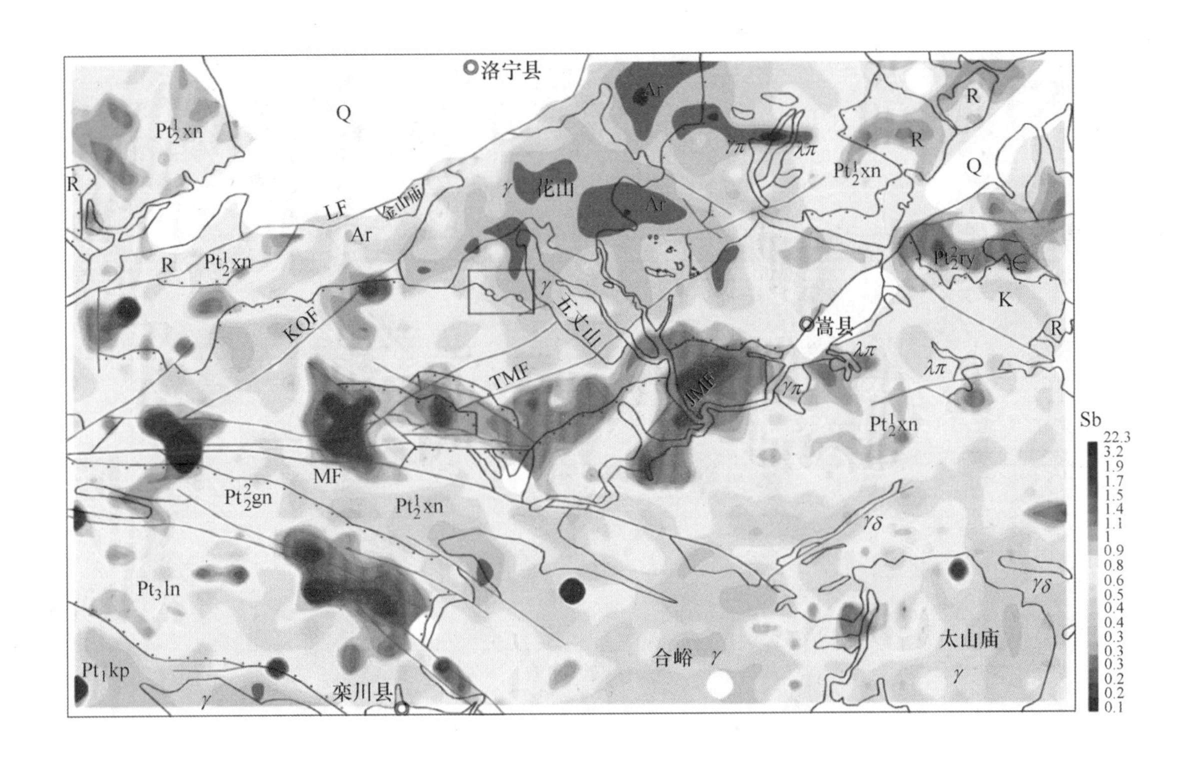
洛宁县
Q
Pt_2^1xn
R
LF
金山庙
Ar
花山
γ
γπ
λπ
Q
Pt_2^2ry
∈
K
KQF
五丈山
TMF
JMF
嵩县
MF
Pt_2^2gn
γδ
Pt_3ln
Pt_1kp
栾川县
合峪
太山庙
Sb
22.3
3.2
1.9
1.7
1.5
1.4
1.1
1
0.9
0.8
0.6
0.5
0.4
0.4
0.3
0.3
0.3
0.2
0.2
0.1

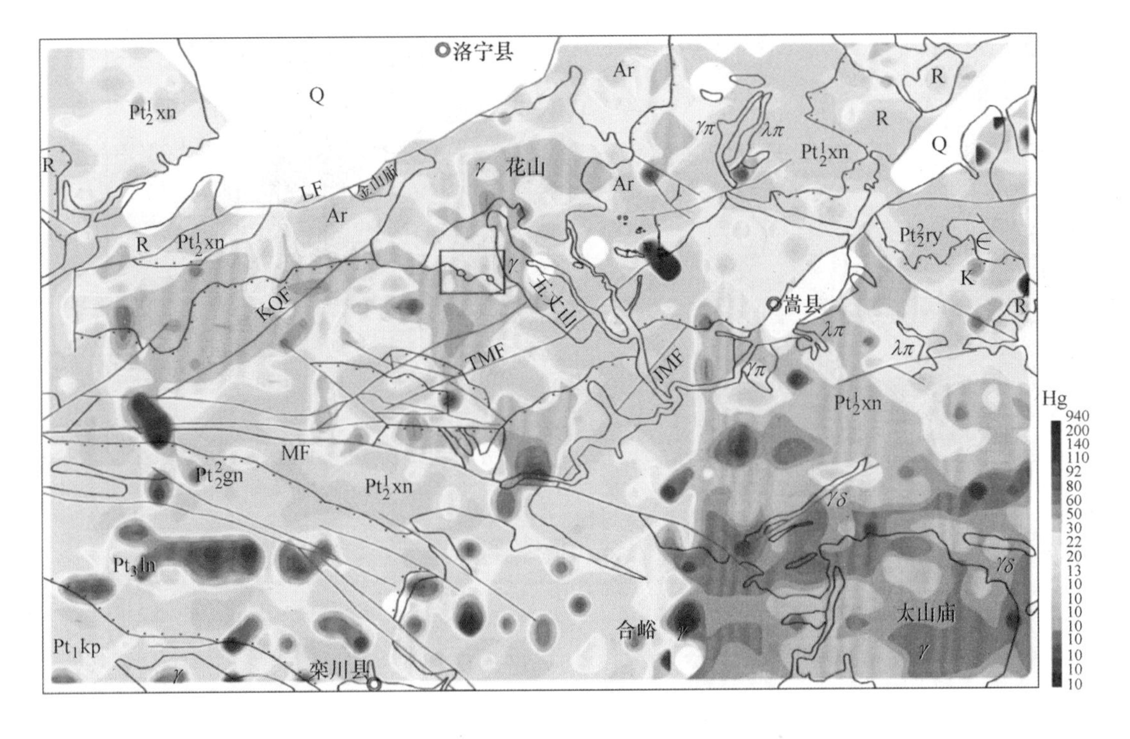
洛宁县
Q
Ar
Pt_2^1xn
R
LF
金山庙
花山
γ
γπ
λπ
Q
Pt_2^2ry
∈
K
KQF
五丈山
TMF
JMF
嵩县
MF
Pt_2^2gn
γδ
Pt_3ln
Pt_1kp
栾川县
合峪
太山庙
Hg
940
200
140
110
92
80
60
50
30
22
20
13
10
10
10
10
10
10
10
10

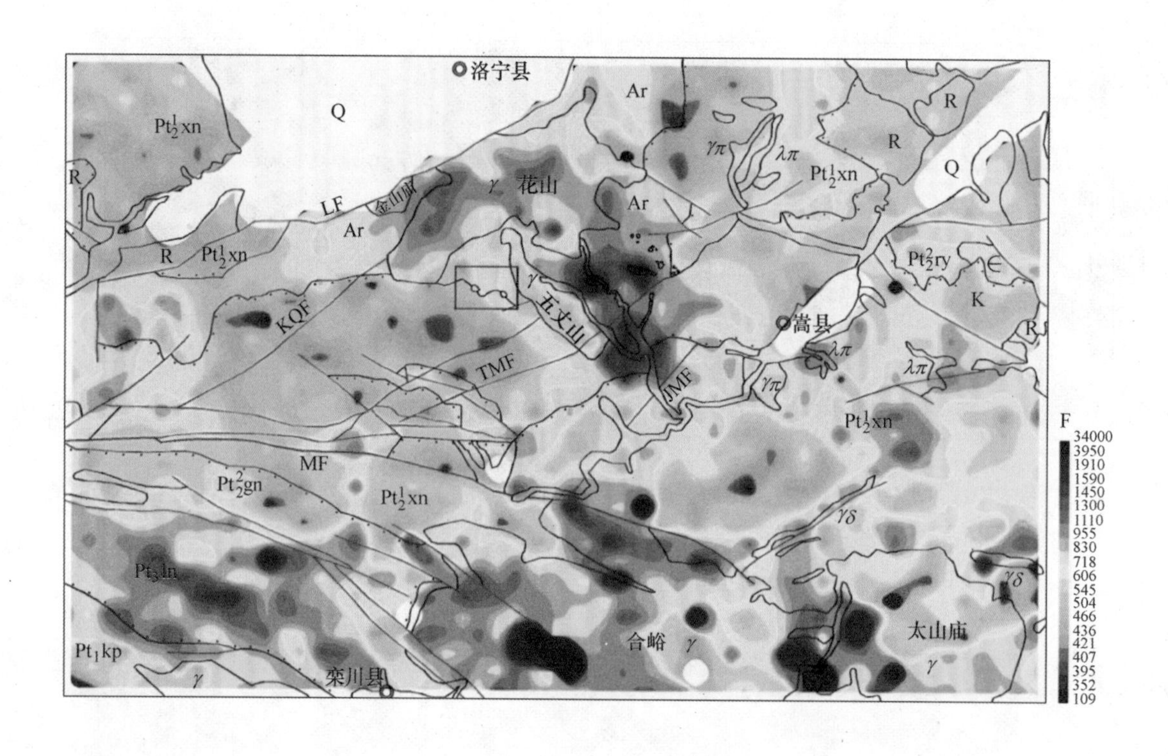

洛宁县
Q
Ar
R
Pt_2^1xn
LF
金山庙
花山
γπ
λπ
KQF
五丈山
TMF
嵩县
JMF
MF
Pt_2^2gn
Pt_2^2ry
∈
K
γδ
Pt_3ln
Pt_1kp
栾川县
合峪
太山庙
F
34000
3950
1910
1590
1450
1300
1110
955
830
718
606
545
504
466
436
421
407
395
352
109

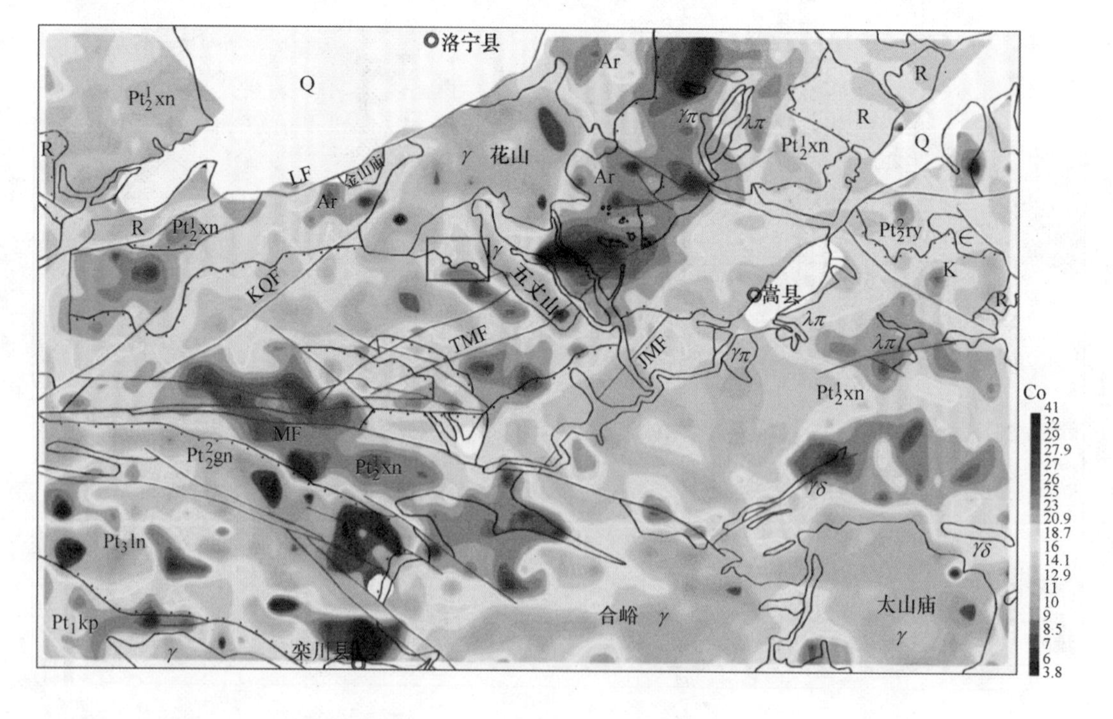

洛宁县
Q
Ar
R
Pt_2^1xn
LF
金山庙
花山
γπ
λπ
KQF
五丈山
TMF
嵩县
JMF
MF
Pt_2^2gn
Pt_2^2ry
∈
K
γδ
Pt_3ln
Pt_1kp
栾川县
合峪
太山庙
Co
41
32
29
27.9
27
26
25
23
20.9
18.7
16
14.1
12.9
11
10
9
8.5
7
6
3.8

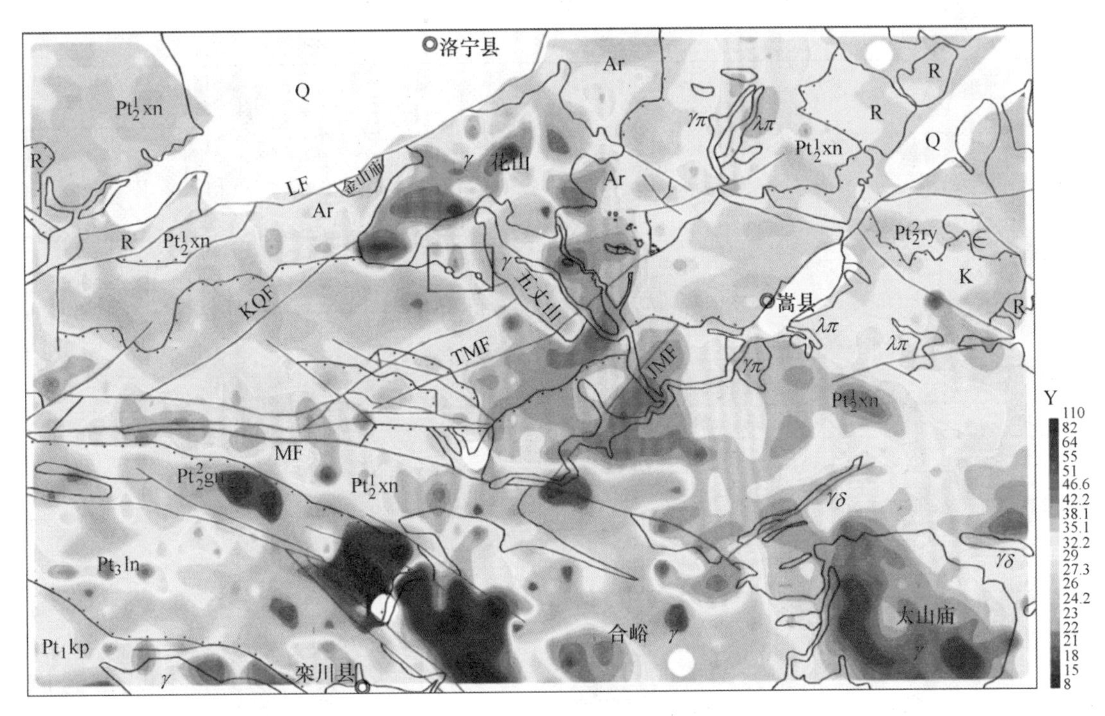

图 6 – 2　豫西熊耳山矿集区 1∶20 万区域化探地球化学图

第三节　地球化学异常图

一、异常下限的确定

鉴于牛头沟金矿区 1∶5 万化探普查所确定的找矿指示元素为 W、Mo、Bi、Cu、Pb、Zn、Cd、Au、Ag、As、Sb、Hg、Co、Y、F 共 15 项，本节采用水系沉积物中位值倍数法来确定这 15 项元素的异常下限，即 15 项元素的异常外带、异常中带和异常内带的起始值分别为其中国水系沉积物中位值的 1.4 倍、2.8 倍和 5.6 倍（佟依坤等　2014）。

二、单元素地球化学异常图

豫西熊耳山矿集区 1∶20 万区域化探 15 项元素地球化学异常图的制作采用中国地质调查局开发的 GeoExpl 软件完成，如图 6 – 3 所示。

从图 6 – 3 可以看出：（1）Au 元素在熊耳山矿集区内存在大面积异常，在牛头沟金矿区内异常发育三级浓度分带，且以内带为主；（2）W、Mo 两元素在熊耳山矿集区内也存在大面积异常，在牛头沟金矿区内异常发育两级浓度分带，异常中带均出现在西岭 – 沙土凹矿段；（3）Bi、Pb、Zn、Ag、F、Co、Y 七元素在熊耳山矿集区内也存在大面积异常，在牛头沟金矿区内仅发育一级浓度分带；（4）Cu、Cd、As、Sb、Hg 五元素在熊耳山矿集区内异常不太发育，在牛头沟金矿区内无异常出现。

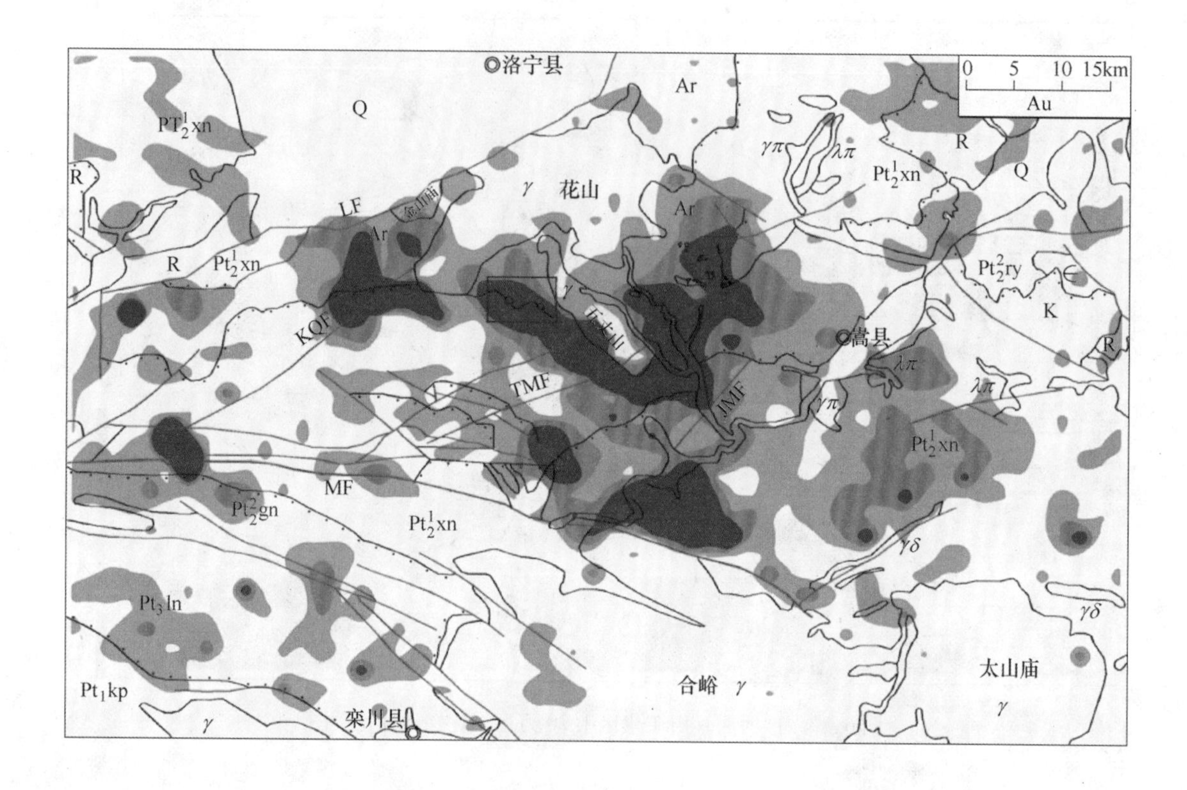
洛宁县
0 5 10 15km
Au
Ar
Q
PT_2^1xn
γπ
λπ
R
Pt_2^1xn
Q
R
γ
花山
LF
Ar
Ar
R
Pt_2^1xn
Pt_2^2ry
γ
K
KQF
嵩县
R
λπ
TMF
λπ
JMF
γπ
Pt_2^1xn
MF
Pt_2^2gn
Pt_2^1xn
γδ
Pt_3ln
γδ
太山庙
Pt_1kp
合峪 γ
γ
γ
栾川县

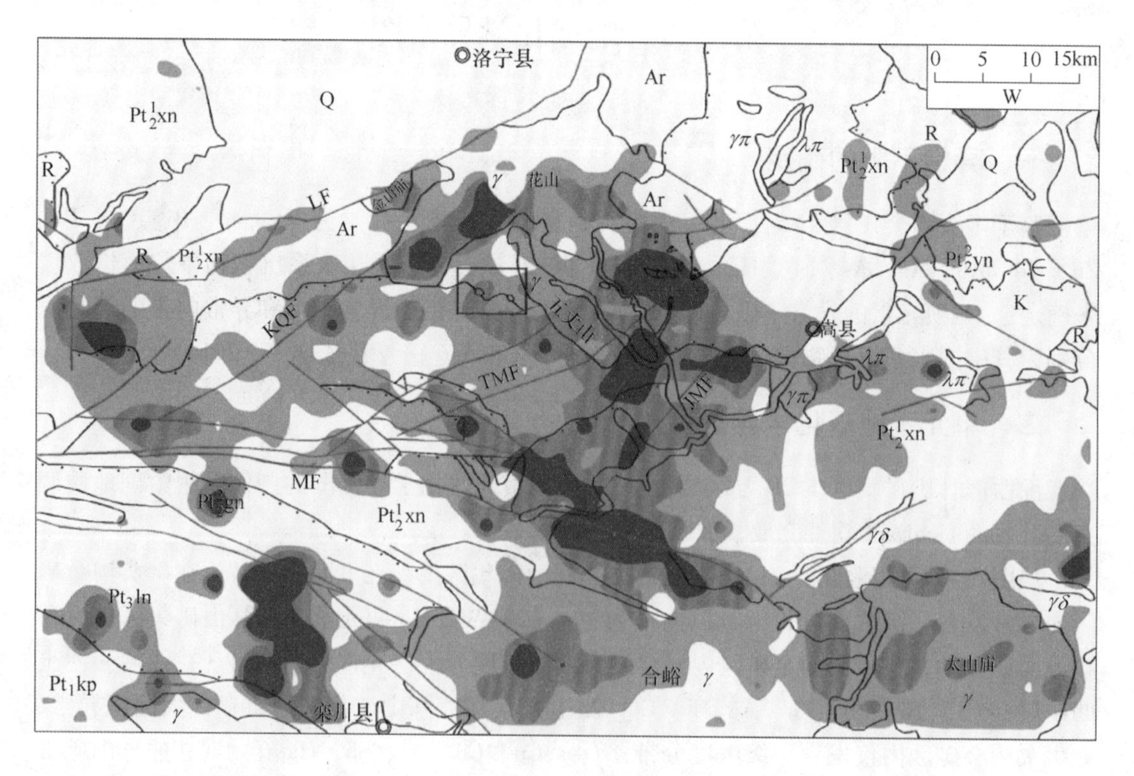
洛宁县
0 5 10 15km
W
Ar
Q
Pt_2^1xn
γπ
λπ
R
Pt_2^1xn
Q
R
γ
花山
LF
Ar
Ar
R
Pt_2^1xn
Pt_2^2yn
γ
K
KQF
嵩县
R
λπ
TMF
λπ
JMF
γπ
Pt_2^1xn
MF
Pt_2^2gn
Pt_2^1xn
γδ
Pt_3ln
γδ
太山庙
Pt_1kp
合峪 γ
γ
γ
栾川县

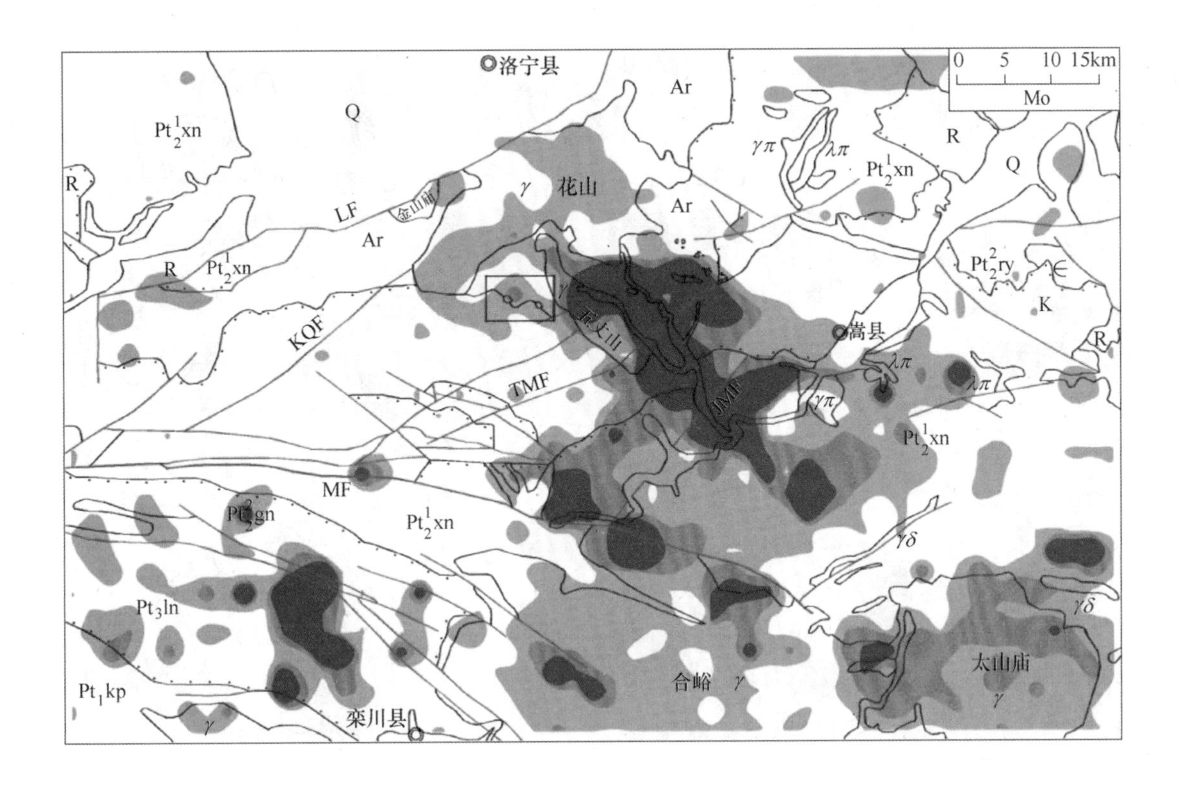

0　5　10　15km
Mo
洛宁县
Q
Ar
Pt_2^1xn
R
$\gamma\pi$
$\lambda\pi$
Q
γ
花山
LF
金山庙
Ar
Pt_2^2ry
∈
K
KQF
五丈山
嵩县
TMF
JMF
$\lambda\pi$
$\gamma\pi$
MF
Pt_2^2gn
Pt_3ln
Pt_1kp
$\gamma\delta$
栾川县
合峪
太山庙
γ

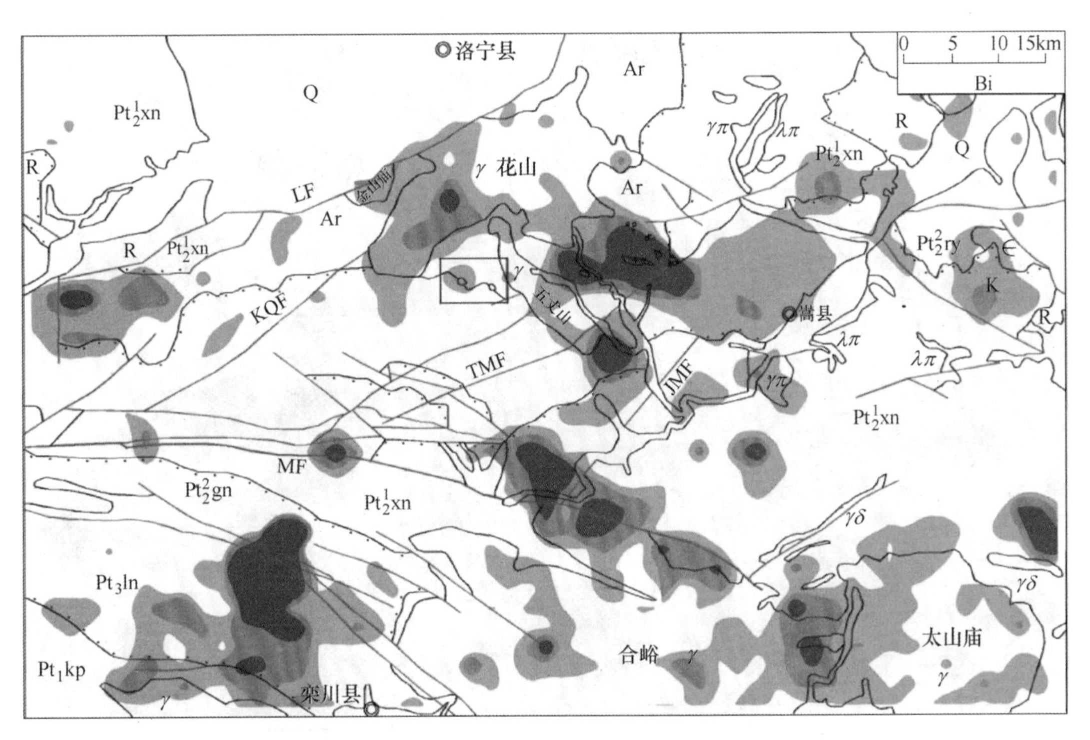

0　5　10　15km
Bi
洛宁县
Q
Ar
Pt_2^1xn
R
$\gamma\pi$
$\lambda\pi$
Q
γ
花山
LF
金山庙
Ar
Pt_2^2ry
∈
K
KQF
五丈山
嵩县
TMF
JMF
$\lambda\pi$
$\gamma\pi$
MF
Pt_2^2gn
Pt_3ln
Pt_1kp
$\gamma\delta$
栾川县
合峪
太山庙
γ

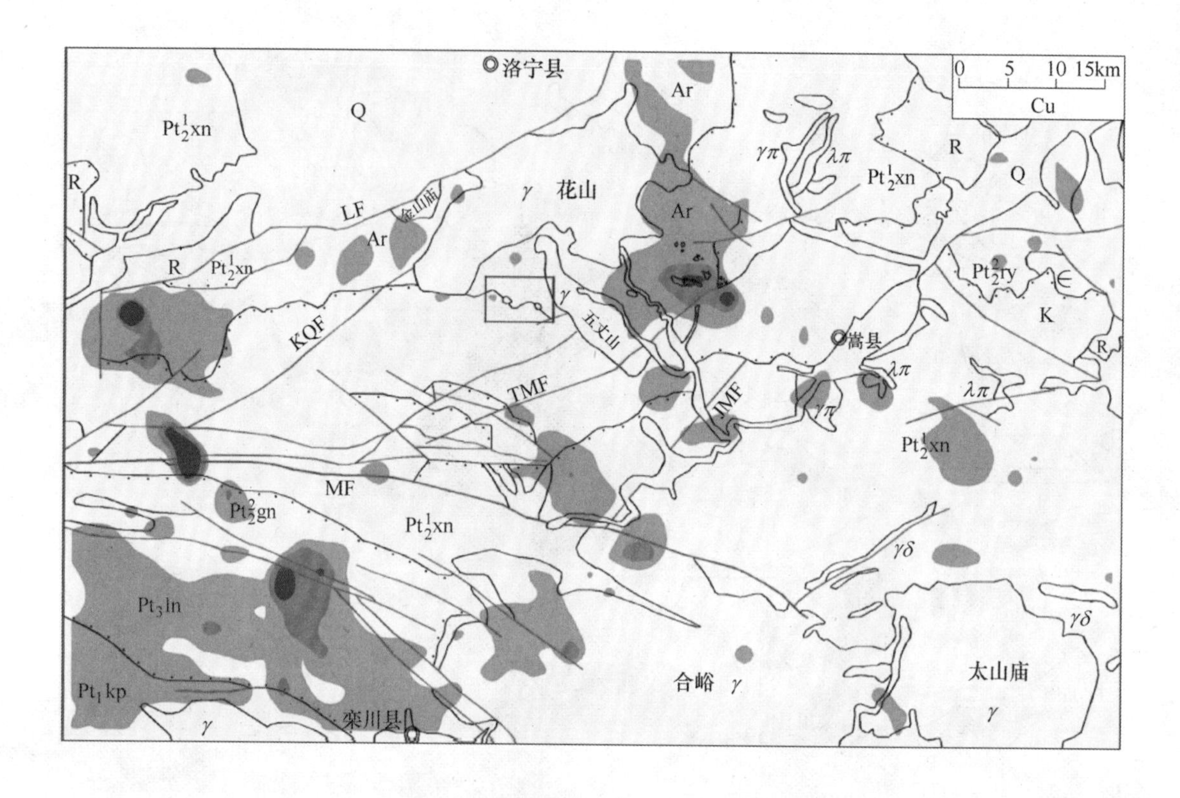
洛宁县
0 5 10 15km
Cu
Ar
Q
Pt_2^1xn
R
LF
金山庙
γ 花山
γπ
λπ
Q
Ar
Pt_2^2ry
∈
K
KQF
五丈山
嵩县
TMF
JMF
λπ
MF
Pt_2^2gn
γδ
Pt_3ln
Pt_1kp
栾川县
合峪 γ
太山庙

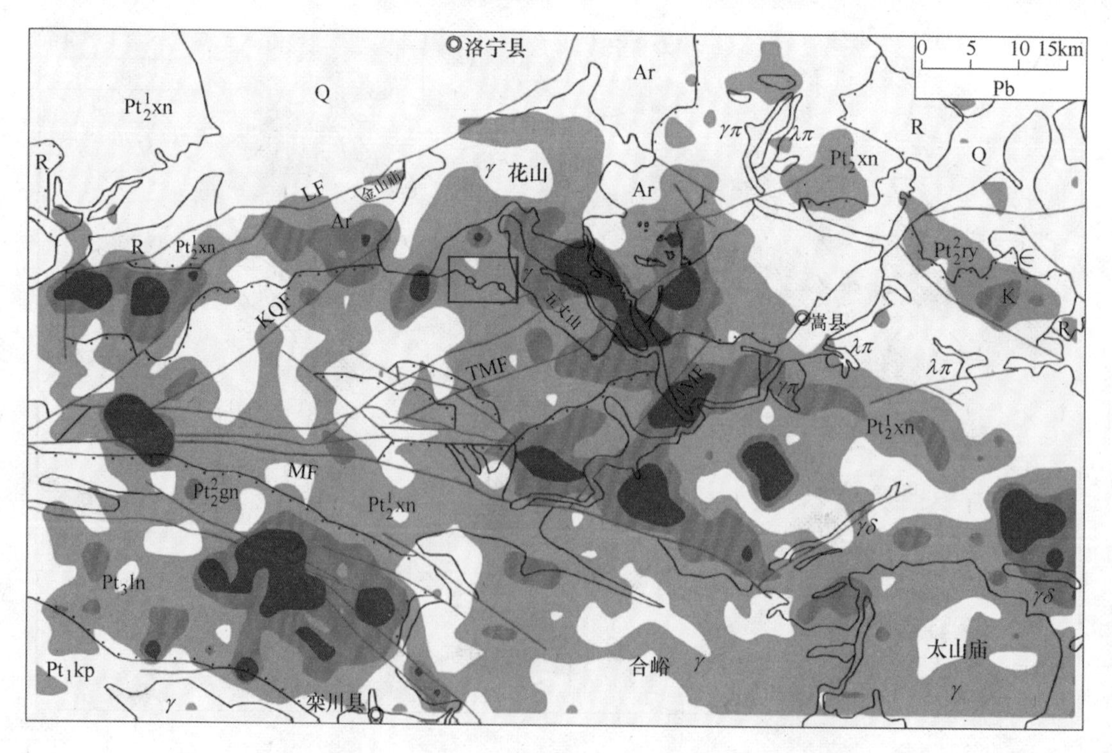
洛宁县
0 5 10 15km
Pb
Ar
Q
Pt_2^1xn
R
LF
金山庙
γ 花山
γπ
λπ
Q
Pt_2^2ry
∈
K
KQF
五丈山
嵩县
TMF
JMF
λπ
MF
Pt_2^2gn
γδ
Pt_3ln
Pt_1kp
栾川县
合峪 γ
太山庙

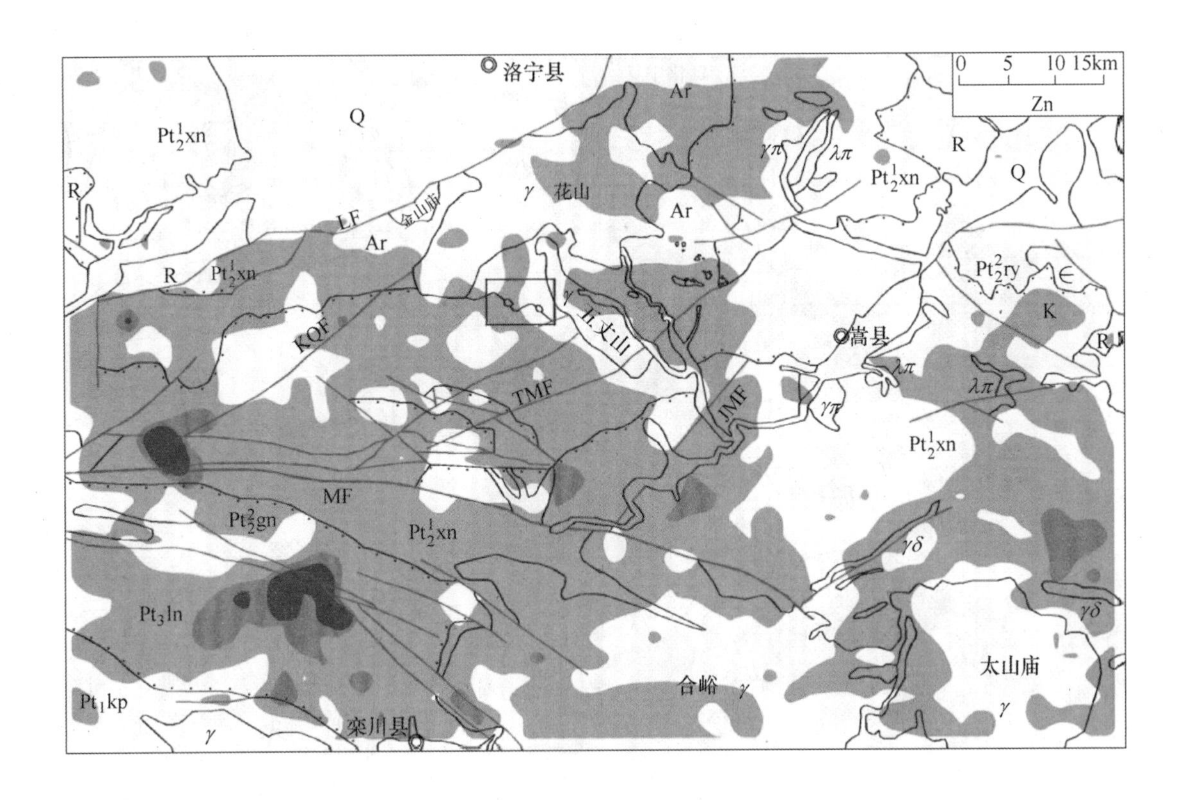
洛宁县
0 5 10 15km
Zn
Ar
Q
Pt_2^1xn
R
γπ
λπ
Pt_2^1xn
Q
γ 花山
Ar
LF
金山庙
Ar
R
Pt_2^1xn
Pt_2^2ry
∈
γ
K
KQF
五丈山
嵩县
R
λπ
λπ
TMF
JMF
γπ
Pt_2^1xn
MF
Pt_2^2gn
Pt_2^1xn
γδ
Pt_3ln
γδ
太山庙
合峪 γ
Pt_1kp
γ
栾川县
γ

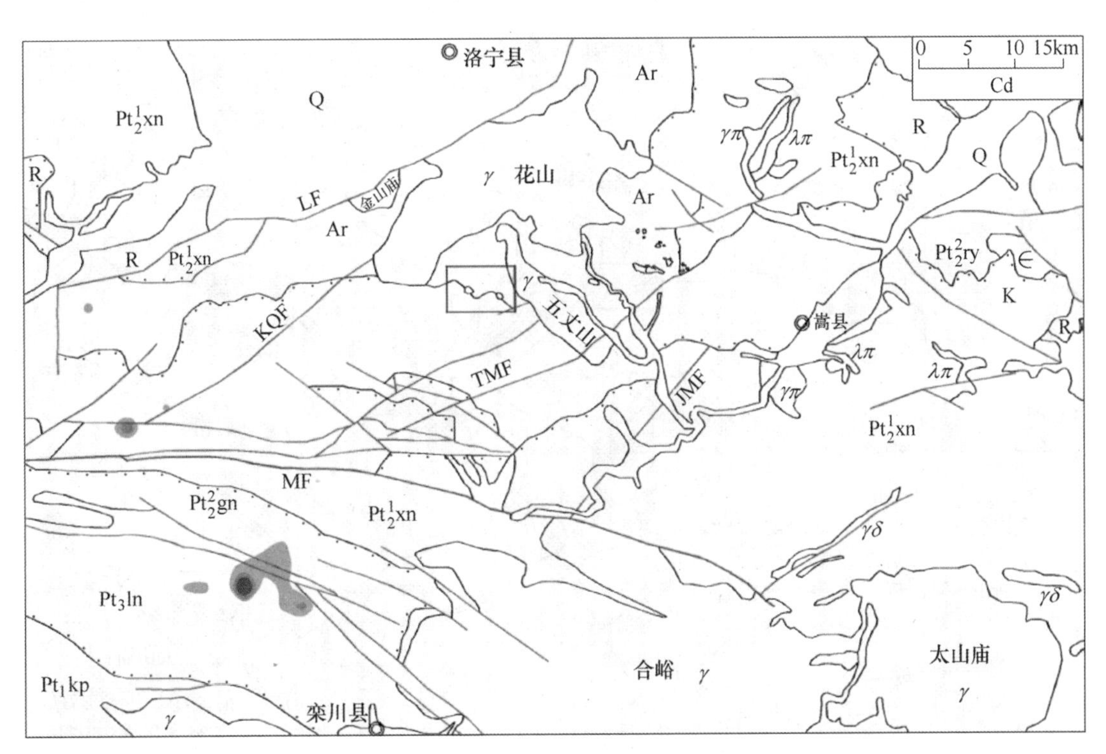
洛宁县
0 5 10 15km
Cd
Ar
Q
Pt_2^1xn
R
γπ
λπ
Pt_2^1xn
Q
γ 花山
Ar
LF
金山庙
Ar
R
Pt_2^1xn
Pt_2^2ry
∈
γ
K
KQF
五丈山
嵩县
R
λπ
λπ
TMF
JMF
γπ
Pt_2^1xn
MF
Pt_2^2gn
Pt_2^1xn
γδ
Pt_3ln
γδ
太山庙
合峪 γ
Pt_1kp
γ
栾川县
γ

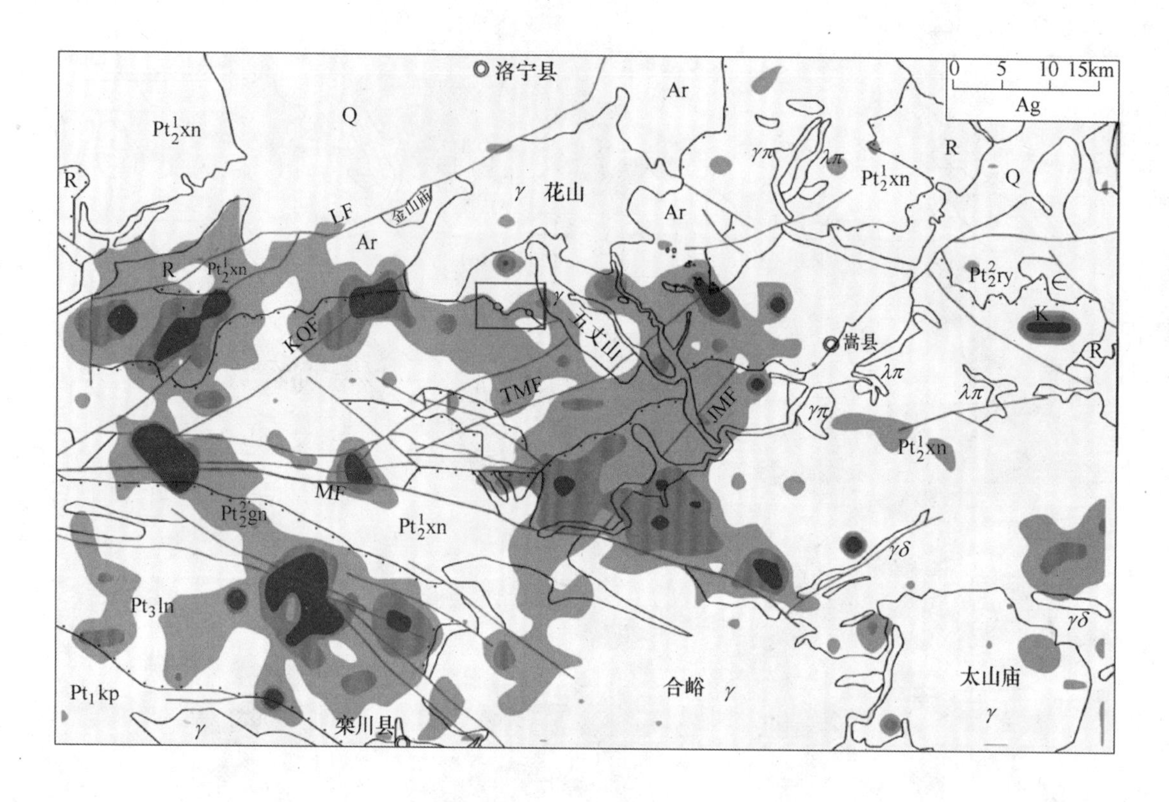
洛宁县
0 5 10 15km
Ag
Ar
Q
Pt_2^1xn
R
γπ
λπ
Pt_2^1xn
R
Q
γ 花山
LF
金山庙
Ar
Ar
R
Pt_2^1xn
Pt_2^2ry
∈
K
KQF
γ
五丈山
嵩县
R
λπ
λπ
TMF
JMF
γπ
Pt_2^1xn
MF
Pt_2^2gn
Pt_2^1xn
γδ
Pt_3ln
γδ
合峪 γ
太山庙
γ
Pt_1kp
γ
栾川县

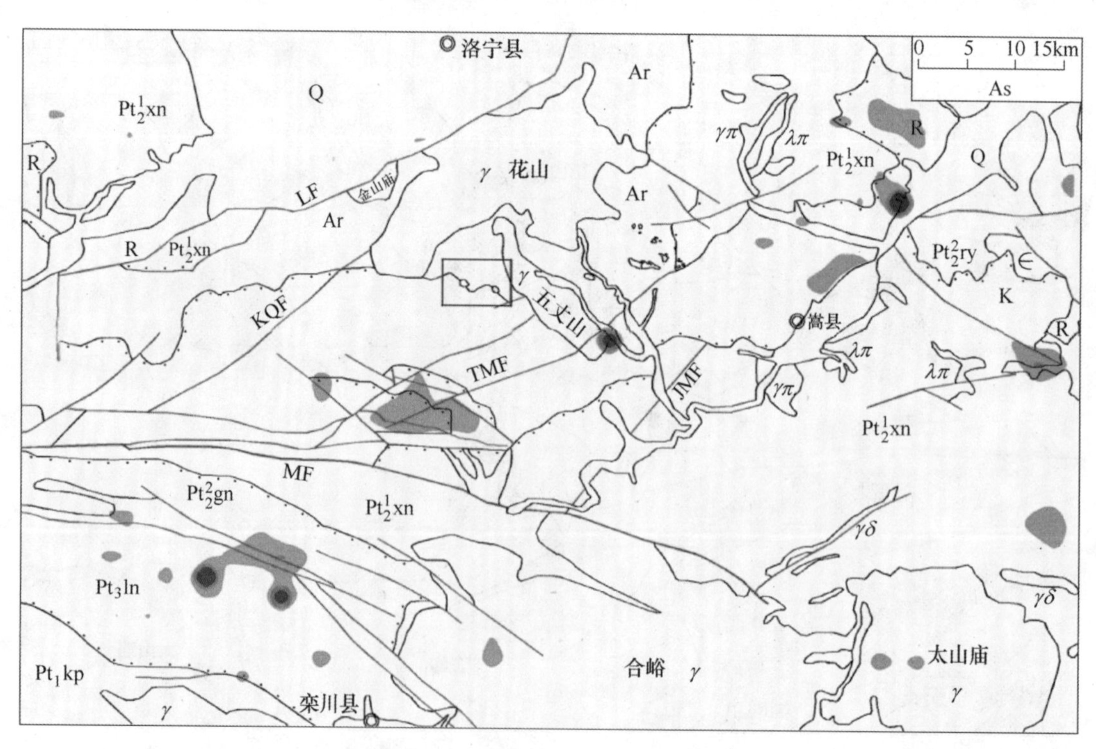
洛宁县
0 5 10 15km
As
Ar
Q
Pt_2^1xn
γπ
λπ
Pt_2^1xn
R
Q
R
γ 花山
LF
金山庙
Ar
Ar
R
Pt_2^1xn
Pt_2^2ry
∈
K
KQF
γ
五丈山
嵩县
R
λπ
λπ
TMF
JMF
γπ
Pt_2^1xn
MF
Pt_2^2gn
Pt_2^1xn
γδ
Pt_3ln
γδ
合峪 γ
太山庙
γ
Pt_1kp
γ
栾川县

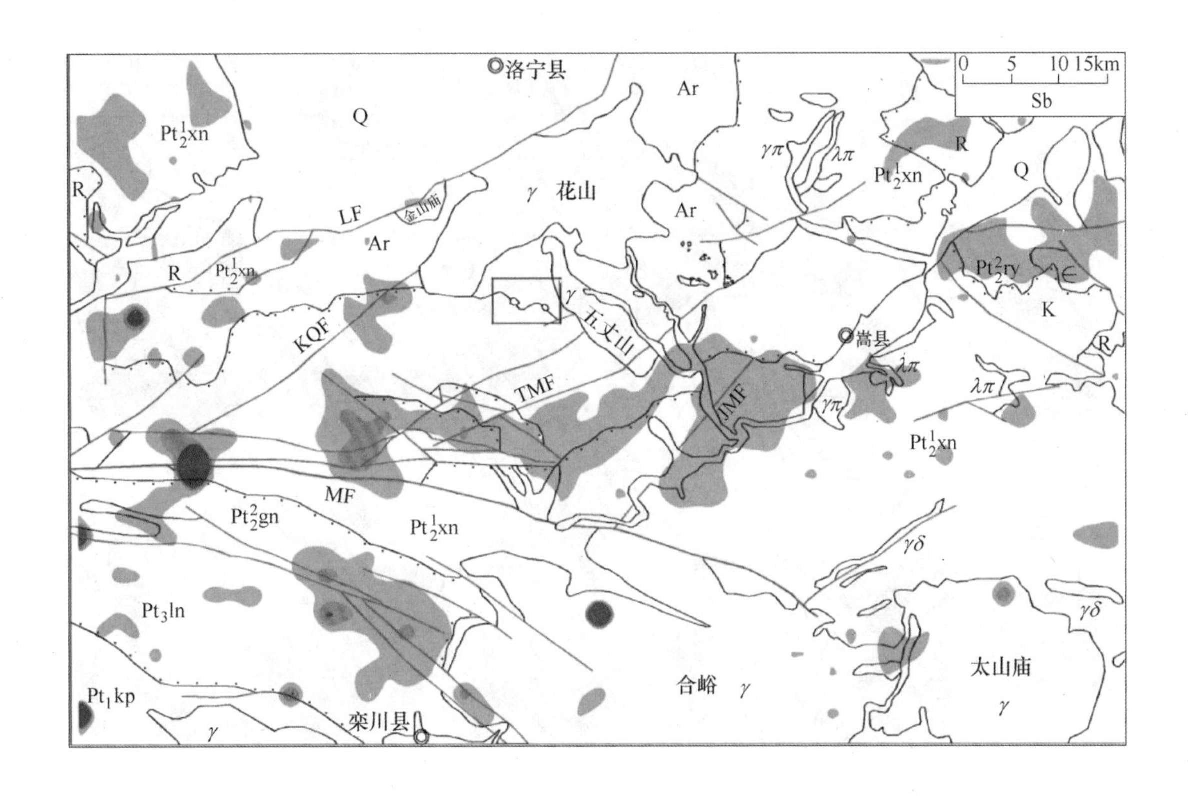

洛宁县
0 5 10 15km
Sb
Q
Ar
R
花山
金山庙
五丈山
嵩县
KQF
LF
TMF
MF
JMF
太山庙
合峪
栾川县

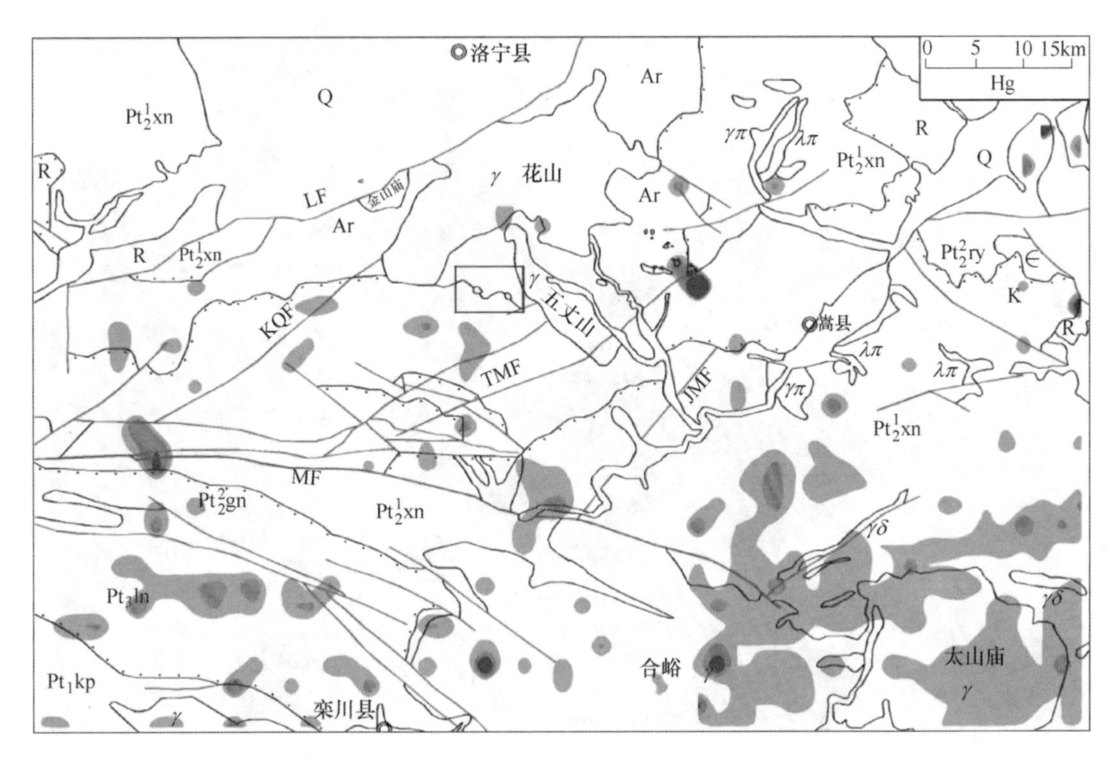

洛宁县
0 5 10 15km
Hg
Q
Ar
R
花山
金山庙
五丈山
嵩县
KQF
LF
TMF
MF
JMF
太山庙
合峪
栾川县

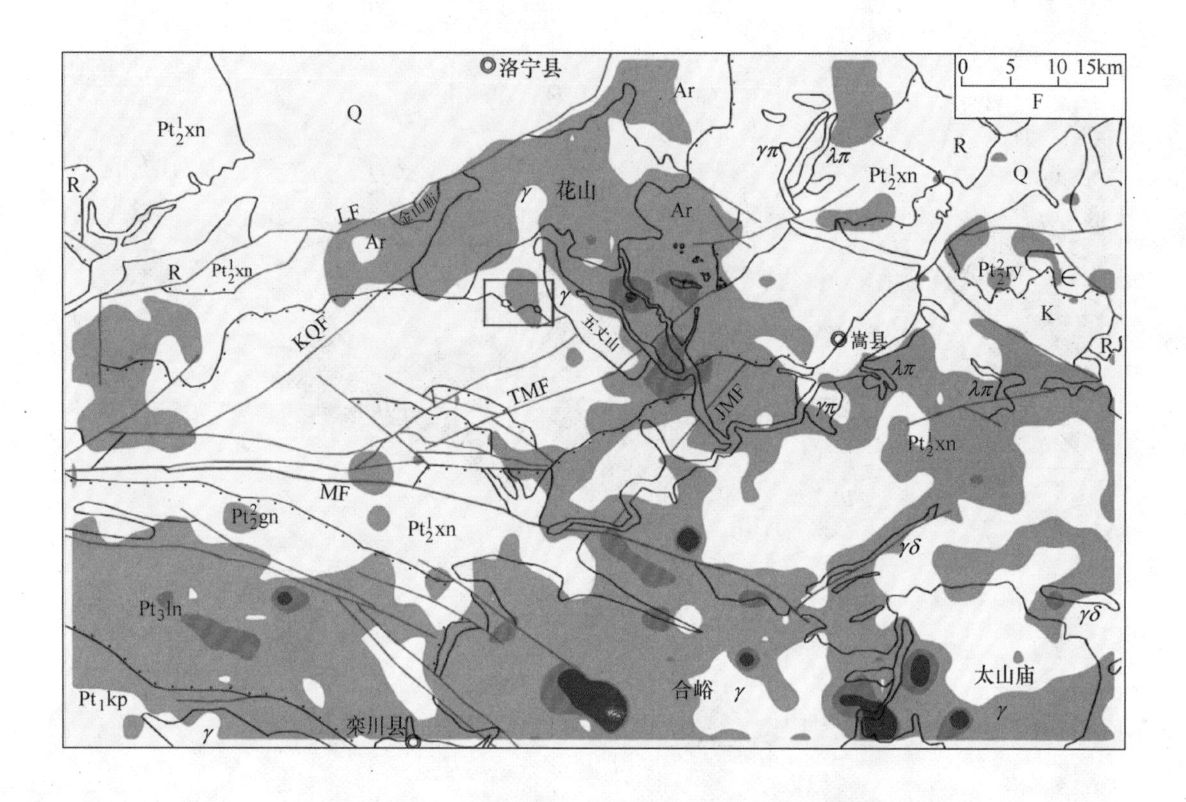
洛宁县
0 5 10 15km
F
Ar
Q
Pt_2^1xn
R
$\gamma\pi$
$\lambda\pi$
花山
LF
金山庙
KQF
五丈山
TMF
JMF
MF
嵩县
Pt_2^2ry
K
Pt_2^2gn
Pt_3ln
Pt_1kp
$\gamma\delta$
合峪
太山庙
栾川县

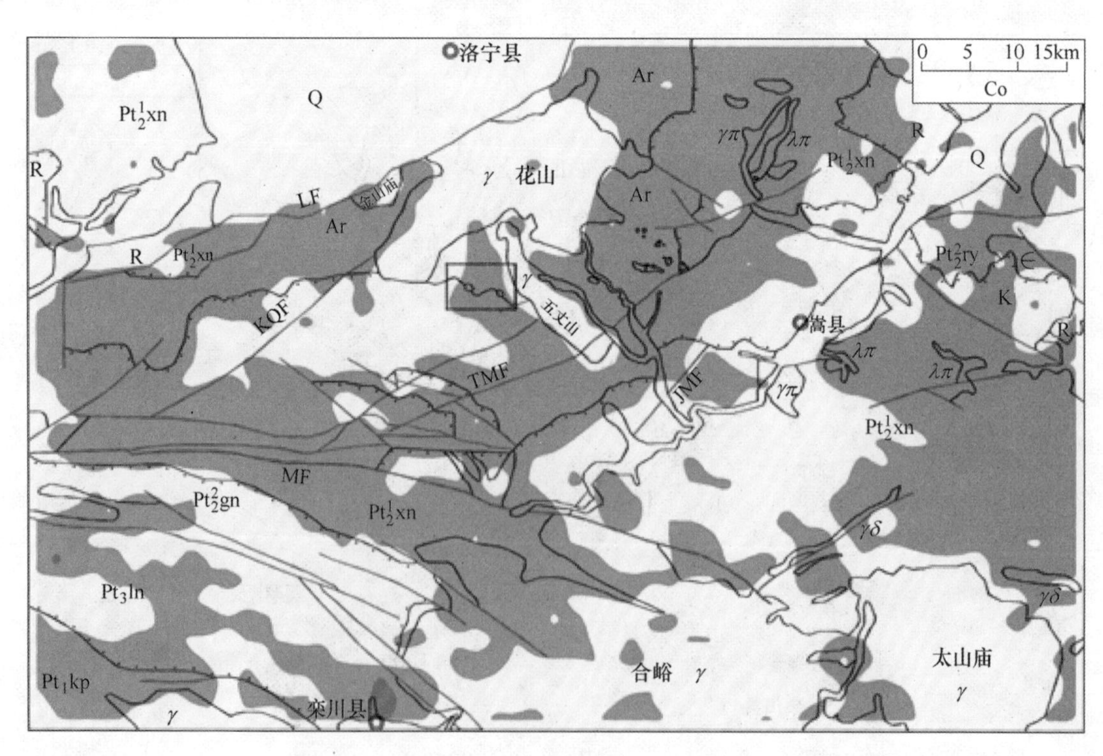
洛宁县
0 5 10 15km
Co
Ar
Q
Pt_2^1xn
R
$\gamma\pi$
$\lambda\pi$
花山
LF
金山庙
KQF
五丈山
TMF
JMF
MF
嵩县
Pt_2^2ry
K
Pt_2^2gn
Pt_3ln
Pt_1kp
$\gamma\delta$
合峪
太山庙
栾川县

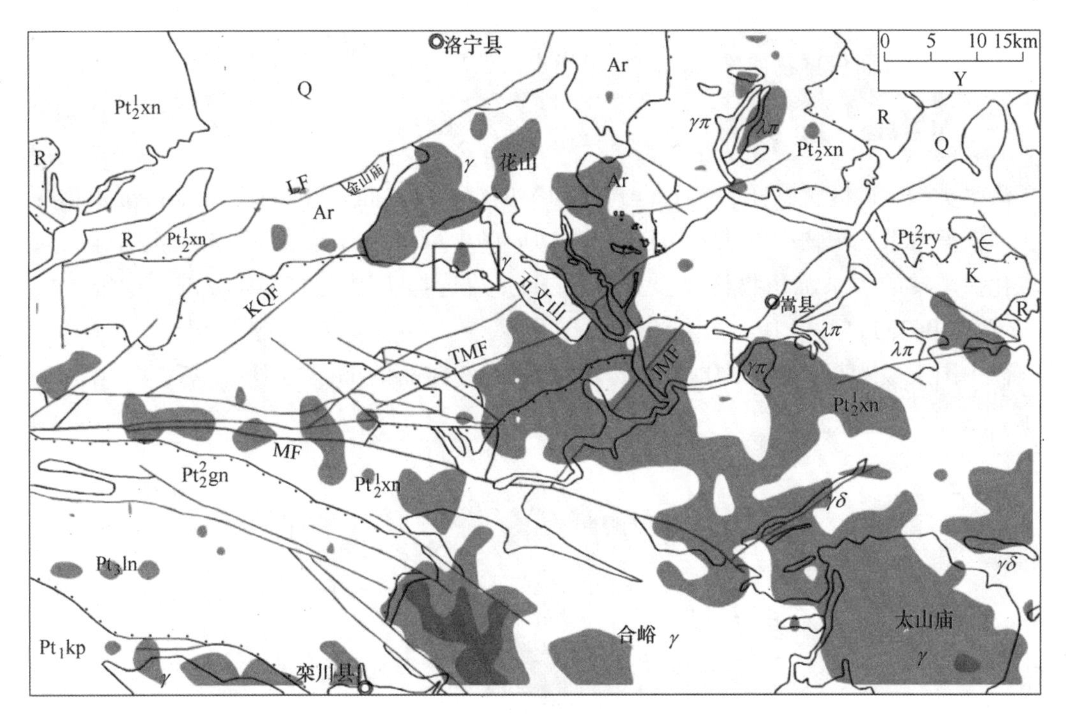

图 6－3　豫西熊耳山矿集区单元素地球化学异常图

（Au、Ag、Cd、Hg 的含量单位为 ng/g，其他元素的含量单位为 μg/g；底图为熊耳山矿集区地质图（图 1－2））

综上所述，1∶20 万区域化探 Au 在牛头沟金矿区发育具有三级浓度分带的异常，可视为主成矿元素；W、Mo、Bi、Pb、Zn、Ag、F、Co、Y 九元素在牛头沟金矿区存在异常，可视为金矿找矿指示元素；但 Cu、Cd、As、Sb、Hg 五元素则不能作为牛头沟金矿的找矿指示元素。即牛头沟金矿区 1∶20 万区域化探所确定的找矿指示元素组合为 Au、W、Mo、Bi、Pb、Zn、Ag、Co、Y、F，共 10 项。

由于在岩石地球化学勘查和 1∶5 万化探普查中 Cu、Cd、As、Sb、Hg 五元素均被确定为牛头沟金矿的找矿指示元素，但在 1∶20 万区域化探调查中这 5 项元素在牛头沟金矿区未出现异常，造成这种现象的原因可能是区域稀释作用和（或）样品代表性问题。牛头沟金矿区 1∶5 万化探普查采用粒度为 60～100 目，这与 1∶20 万区域化探调查的采样粒度并不一致，由于样品的风化程度不同可导致元素的富集程度不同（Gong et al　2013），因此造成这种 1∶5 万与 1∶20 万地球化学异常差异的原因有待进一步查证。

第四节　物质来源示踪

在牛头沟金矿区岩石、土壤和 1∶5 万水系沉积物调查研究中确定了背景样品的 Y、Ho 含量具有显著的正比关系（Ho＝0.0371Y），且这种正比例关系并不受样品介质和样品粒度差异的影响。基于 La_N－Ho_{NC}关系对牛头沟金矿区化探普查样品的稀土元素配分曲线形态进行推测，认为该区矿致异常样品具有左倾型特征，而背景样品具有平坦型特征。此处利用 Ho =0.0371Y 的定量关系来推测熊耳山矿集区 1∶20 万水系沉积物样品的稀土元素配分曲线形态，进而依据物质来源示踪技术确定矿致异常区。

一、Y - Ho - La 关系

将牛头沟金矿区背景样品中 Ho =0.0371Y 的定量关系推广至 1∶20 万水系沉积物样品中，即依据水系沉积物中 Y 含量可以计算出 Ho 的含量。然后再选择中国土壤为标准（因区域化探采集的水系沉积物样品没有分析 Ho，故选择中国土壤作为标准，中国土壤的 Ho/Y 为 0.0435），可得 $Ho_{NC}=0.853Y_N$。

以中国土壤为标准，1∶20 万区域化探 1774 件样品的 La_N 与 Ho_{NC} 的关系如图 6 - 4 所示。

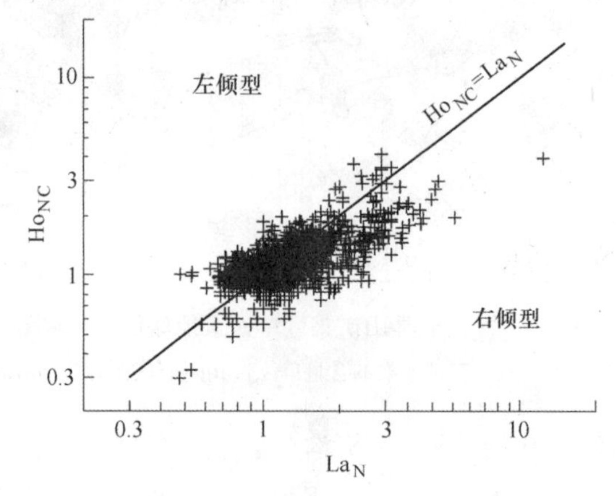

图 6 - 4　熊耳山矿集区区域化探样品 La_N 与 Ho_{NC} 的关系

（标准样品为中国土壤；La_N、Y_N 分别为 La、Y 的标准化数据；$Ho_{NC}=0.853Y_N$）

从图 6 - 4 中可以看出，大部分样品点位于直线 $Ho_{NC}=La_N$ 的附近或其下方，推测其稀土元素配分曲线特征应属于平坦型或右倾型，但部分样品点明显位于直线 $Ho_{NC}=La_N$ 的上方，推测其稀土元素配分曲线特征应为左倾型。由于该区成矿物质的稀土元素配分曲线具左倾型特征，因此具左倾型特征（即具有较大 Ho_{NC}/La_N）的样品可能指示矿致异常区。

二、Ho_{NC}/La_N

参数 Ho_{NC} 是由牛头沟金矿区的经验方程 $Ho_{NC}=0.853Y_N$ 计算获得，Y_N 和 La_N 是采用中国土壤标准化的数据，因此参数 Ho_{NC}/La_N 的实质即为样品的 Y/La 值乘以一个校正系数，即

$$Ho_{NC}/La_N = 0.853Y_N/La_N = 0.853 \times (38/23) \times (Y/La) = 1.41Y/La$$

式中，38 和 23 分别为中国土壤的 La 和 Y 元素含量，单位为 μg/g。

在牛头沟金矿区岩石、土壤和水系沉积物元素含量研究中已确定 Y 为金找矿指示元素，而 La 不是找矿指示元素。因此高 Y/La 值，即 Y/La 的正异常应为牛头沟金矿的找矿指标。

在基于 La_N-Ho_{NC} 关系对牛头沟金矿区岩石、土壤和水系沉积物样品的稀土元素配分曲线形态研究中认为矿致异常样品具有左倾型特征，而左倾型特征则对应高的 Ho_{NC}/La_N（即 1.41Y/La）值。

上述二者殊途同归，即从不同方面论证了 Ho_{NC}/La_N 或 Y/La 的高异常应为牛头沟金矿的找矿指标。

豫西熊耳山矿集区 1∶20 万水系沉积物样品的 Ho_{NC}/La_N 统计参数见表 6－2，其数据分布直方图如图 6－5 所示。从表 6－2 和图 6－5 可以看出，尽管 Ho_{NC}/La_N 在置信度为 0.05 时并不服从正态分布，但也比较接近正态分布，几乎无明显离异数据。

表 6－2　熊耳山矿集区区域化探 Ho_{NC}/La_N 统计参数

参　数	值	参　数	值
样品数	1773	平均值	0.963
最小值	0.315	标准差	0.222
最大值	2.10	偏　度	0.222
中位数	0.962	峰　度	1.000

注：标准化样品为中国土壤（鄢明才和迟清华　1997）；统计参数值由 GeoExpl 软件计算获得。

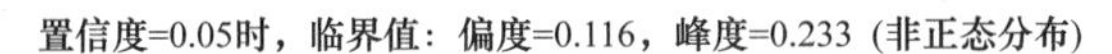

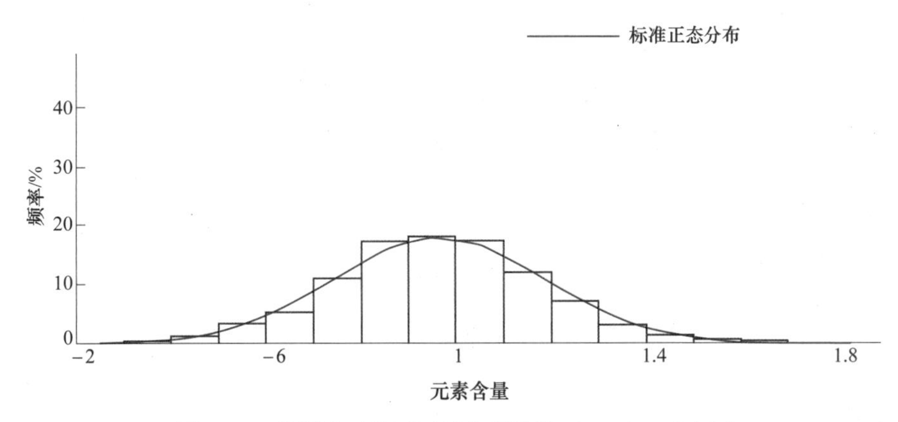

图 6－5　熊耳山矿集区区域化探样品 Ho_{NC}/La_N 直方图

（曲线为依据平均值和标准差所绘制的理论正态分布曲线，在置信度 0.05 时不服从正态分布）

若采用均值－标准差法（即平均值＋2×标准差）来确定 Ho_{NC}/La_N 的异常下限，则熊耳山矿集区 Ho_{NC}/La_N 的异常下限为 1.407。采用水系沉积物中位值倍数法来确定 Ho_{NC}/La_N 的异常下限，则由于缺少 Ho 分析数据而采用中国土壤来代替。即采用中国土壤平均值倍数法来确定 Ho_{NC}/La_N 的异常下限，其倍数为 1.4 倍（佟依坤等　2014）。由于中国土壤的 Ho_{NC}/La_N 值为 1.0（在稀土配分曲线形态方面表现为平坦型），因此 Ho_{NC}/La_N 的异常下限为 1.4（异常样品在稀土配分曲线形态方面表现为左倾型）。这两种不同方法所确定的熊耳山矿集区 Ho_{NC}/La_N 的异常下限均为 1.4。

如果按照累频 85%，92% 和 98% 来确定异常下限（向运川等　2014），则熊耳山矿集区 Ho_{NC}/La_N 的异常外带、中带和内带起始值分别为 1.2、1.3 和 1.4（图 6－6），其中内带起始值 1.4 与均值－标准差法和中国土壤平均值倍数法所确定的异常下限一致。

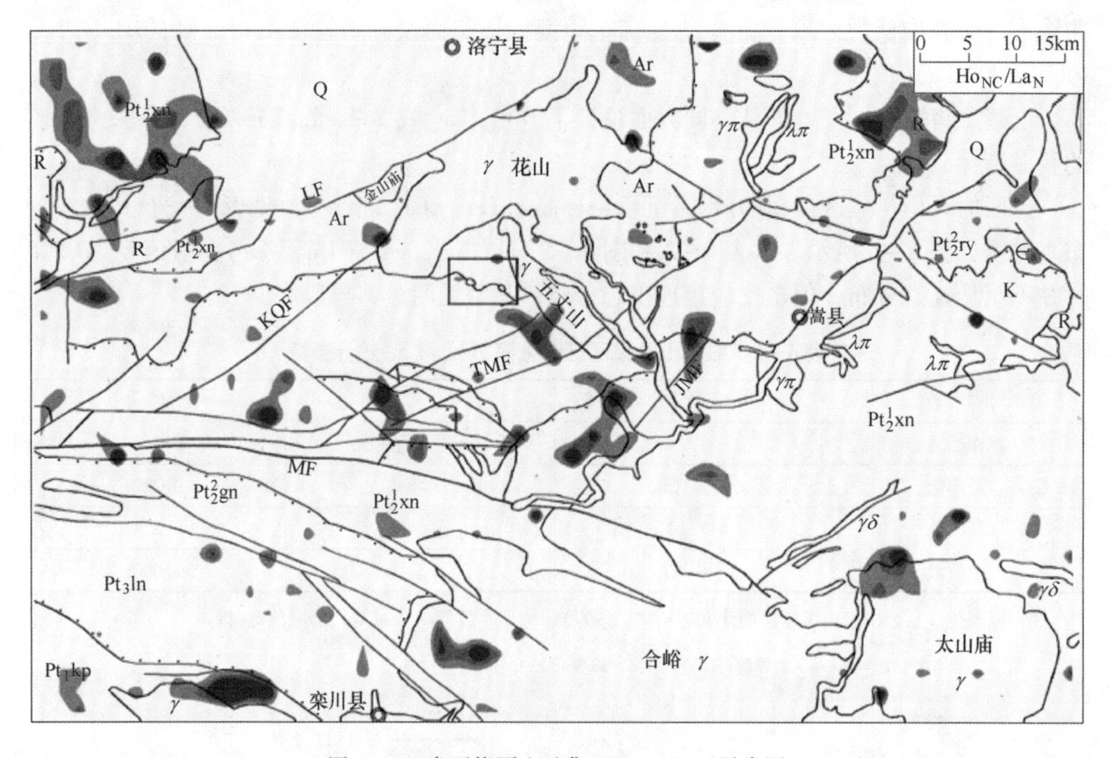

图 6－6 豫西熊耳山矿集区 Ho_{NC}/La_N 异常图

（标准化样品为中国土壤（鄢明才和迟清华 1997）；异常外、中、内分带值分别为 1.2，1.3 和 1.4；底图为熊耳山矿集区地质图（图 1－2））

从图 6－6 可以看出，无论采用上述哪种方式来确定定值异常下限，在牛头沟金矿区内 Ho_{NC}/La_N 均未出现明显异常。但在岩石、土壤和 1∶5 万水系沉积物调查中，牛头沟金矿区均存在明显的 Ho_{NC}/La_N 异常，即矿区样品稀土元素配分曲线具有左倾型特征。这表明 1∶20 万水系沉积物对矿区岩石、土壤和 1∶5 万水系沉积物的 Ho_{NC}/La_N 继承性出现了偏差，这种偏差可能由于 Y、La 在水系搬运风化过程中的性质差异所致。风化过程中轻重稀土元素行为发生分异的现象在片岩和碳酸盐岩的风化过程中也曾得到证实（Gong et al 2011，Gong et al 2010）。

第五节 风化程度与微量元素行为

因岩石的风化程度不同，微量元素在相同母岩的不同风化产物中其含量变化可高达两个数量级以上（Gong et al 2013，马云涛等 2015）。为更好地解释元素含量的变化行为及有效识别矿致异常，查明 1∶20 万区域化探所采集样品风化程度的差异则十分必要。

一、WIG

在牛头沟金矿区风化壳剖面和土壤剖面研究中发现许多微量元素清晰地表现出元素含量随风化程度的增强而富集的特征，风化程度则用 WIG（花岗岩风化指数）来表征。

豫西熊耳山矿集区1:20万水系沉积物样品的WIG统计参数见表6-3，其数据分布直方图如图6-7所示。从表6-3和图6-7可以看出，WIG的分布明显偏离正态分布，尽管WIG的值主要集中在40~60，但也存在部分值明显大于100。WIG的这种高值可能是由于样品中含有过高的CaO所致（图6-8）。

表6-3 熊耳山矿集区区域化探样品WIG统计参数

参 数	值	参 数	值
样品数	1772	平均值	61.6
最小值	23.9	标准差	31.4
最大值	420.9	偏 度	4.14
中位数	53.1	峰 度	28.0

注：统计参数值由GeoExpl软件计算获得。

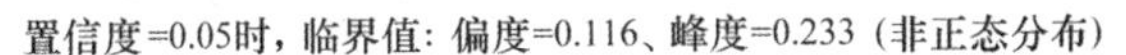

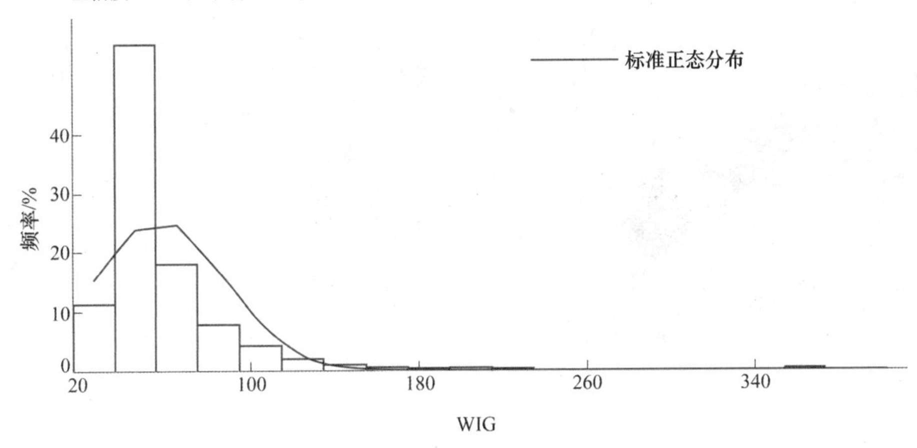

图6-7 熊耳山矿集区区域化探样品WIG直方图
（曲线为依据平均值和标准差所绘制的理论正态分布曲线，在置信度0.05时不服从正态分布）

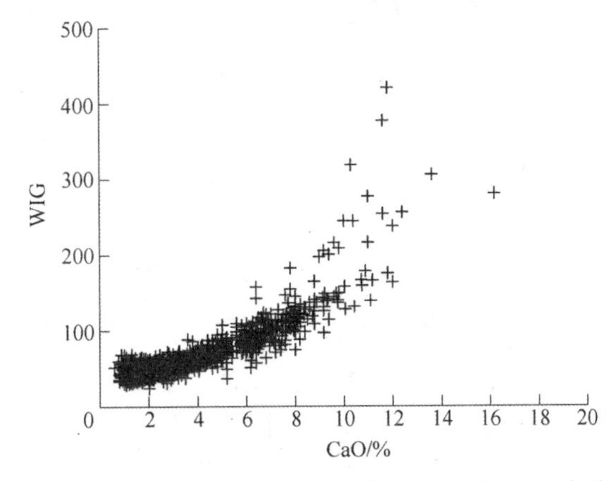

图6-8 熊耳山矿集区区域化探样品WIG与CaO关系图

按照单元素地球化学图的制作方法，豫西熊耳山矿集区 WIG 的地球化学图如图 6－9所示。WIG 的高值区主要出现在研究区西北部的第四系和研究区西南部呈北西向展布的中元古代官道口群地层和晚元古代栾川群地层中。官道口群和栾川群地层中均含有碳酸盐岩建造，其水系沉积物中可能含有较多的碳酸钙，从而导致风化指数 WIG 的值偏高，这与图 6－8 的结果相一致。研究区西北部的 WIG 高值的原因有待进一步查证。

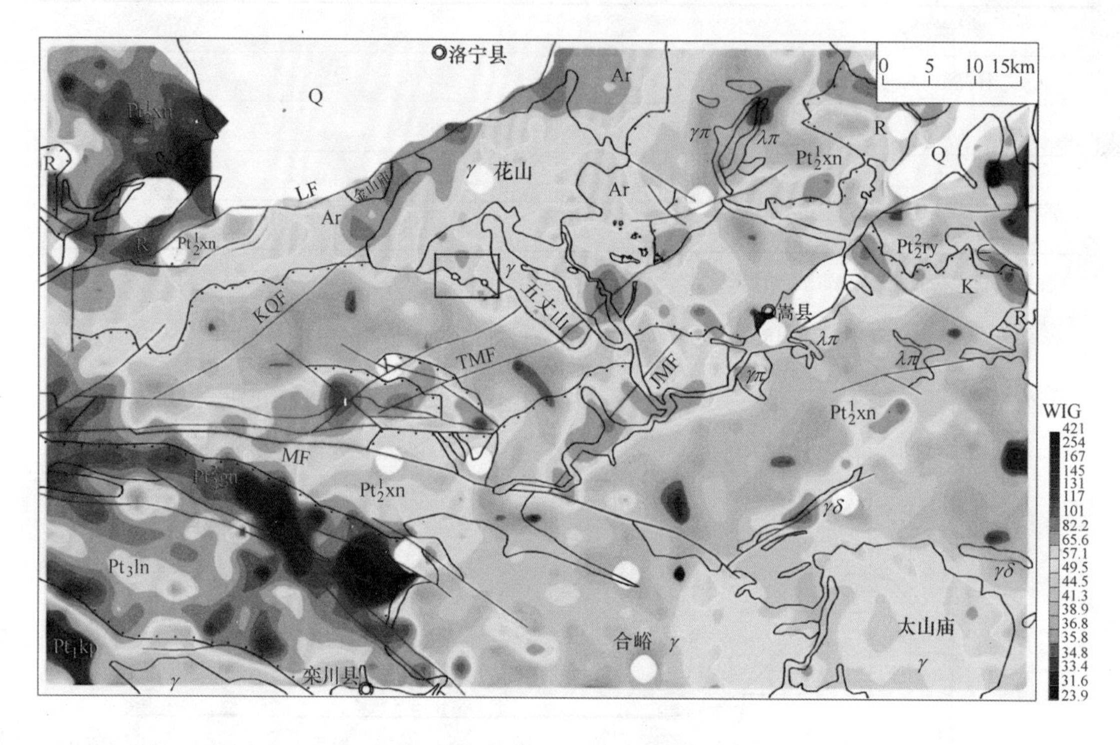

图 6－9 豫西熊耳山矿集区 1:20 万区域化探 WIG 地球化学图

（底图为熊耳山矿集区地质图（图 1－2））

二、WIG 与找矿指示元素的关系

熊耳山矿集区 1:20 万区域化探 1772 件样品的 WIG（花岗岩风化指数）与 10 项找矿指示元素含量的关系如图 6－10 所示。

从图 6－10 可以看出：（1）在 WIG 高值区找矿指示元素的含量均比较低，这可能是由于 WIG 高值区样品含有较多的碳酸盐岩，而碳酸盐岩对找矿指示元素具有稀释作用所致。（2）与中国土壤相比，10 项找矿指示元素在该区均存在有显著正异常。（3）与胶东玲珑花岗岩风化产物元素地球化学背景相比较，Au 既存在明显正异常又同时存在明显的负异常，但 W、Co、F 三元素在该区存在明显正异常，基本无负异常出现。

由于找矿指示元素含量变化既受风化作用的影响又受成矿作用的影响，因此其风化行为与背景区样品的风化行为不同。如何有效区分风化富集形成的异常和矿致异常，是勘查地球化学期待解决的科学问题。

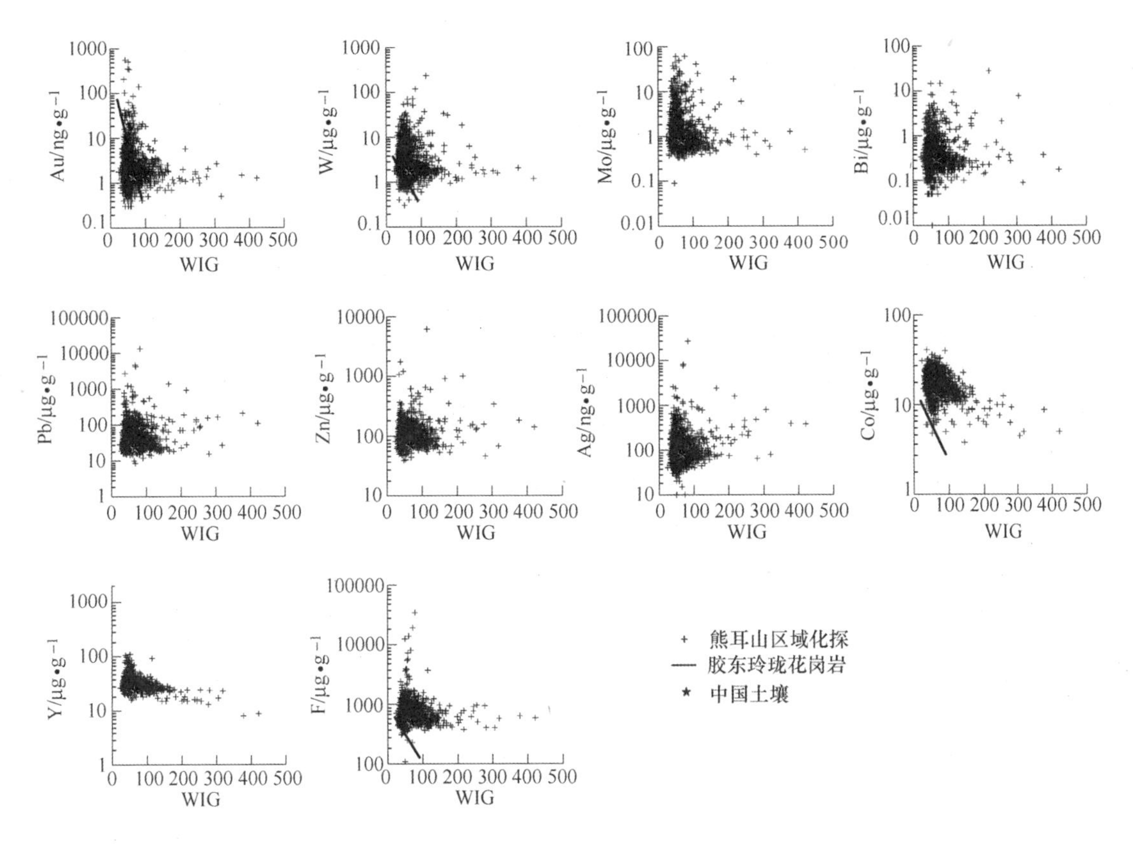

图 6-10 找矿指示元素含量与风化指数 WIG 的关系

（实线为 Gong 等人（2013）所提出的表征胶东玲珑花岗岩风化产物中元素地球化学背景的定量方程）

小 结

（1）相对于中国水系沉积物元素含量中位值而言，1∶20 万区域化探 29 项微量元素中富集系数大于 1.4 的元素共有 14 项：Au、W、Mo、Bi、Pb、Zn、Cd、Ag、F、Co、Sr、Ba、Nb、Th，其中 Au 具有最大富集系数，其值为 3.01。

（2）1∶20 万区域化探地球化学图结果显示在牛头沟金矿区仅 Au 发生明显富集现象，其他成矿指示元素 W、Mo、Bi、Cu、Pb、Zn、Cd、Ag、As、Sb、Hg、F、Co、Y 共 14 项元素并未出现明显富集特征。造成这种现象的原因有可能是由于地球化学图制作方法，即累频制图方法所致。

（3）采用水系沉积物中位值倍数法制作了豫西熊耳山矿集区的单元素地球化学异常图，结果显示 Au 在牛头沟金矿区发育具有三级浓度分带的异常，W、Mo、Bi、Pb、Zn、Ag、F、Co、Y 九元素在牛头沟金矿区存在异常，但 Cu、Cd、As、Sb、Hg 五元素在牛头沟金矿区不存在异常。即牛头沟金矿区 1∶20 万区域化探所确定的找矿指示元素组合为 Au、W、Mo、Bi、Pb、Zn、Ag、Co、Y、F 共 10 项。

(4) 将牛头沟金矿区背景样品中 Ho = 0.0371Y 的定量关系推广至1∶20万水系沉积物样品中，发现1∶20万水系沉积物对矿区岩石、土壤和1∶5万水系沉积物的 Ho_{NC}/La_N 继承性出现了偏差，这种偏差可能由Y、La在水系搬运风化过程中的性质差异所致。

(5) 熊耳山矿集区区域化探样品具有高的WIG值可能是由于样品含有较多碳酸盐岩所致。如何有效区分风化富集形成的异常和矿致异常，是勘查地球化学期待解决的科学问题。

河南牛头沟金矿床区域化探地球化学特征见表6-4。

表6-4 河南牛头沟金矿床区域化探地球化学特征

序号	分类	项目名称	项目描述
21	地球化学特征	区域化探	1. 与中国水系沉积物相比，富集Au、W、Mo、Bi、Pb、Zn、Cd、Ag、F、Co、Sr、Ba、Nb、Th共14项元素，其富集系数均大于1.4； 2. 找矿指示元素组合为Au、W、Mo、Bi、Pb、Zn、Ag、Co、Y、F共10项

注：中国水系沉积物数据引自迟清华和鄢明才（2007）。

地球化学定量预测初探

地球化学定量预测是指利用地球化学方法技术进行矿产资源总量估算，即以地球化学异常范围为基础，应用成矿主元素和区内已知矿产信息相结合的方法来计算预测区资源总量（向运川等 2010）。本章在介绍地球化学定量预测基本方法的基础上选择面金属量法，以牛头沟金矿为已知模型区，在熊耳山矿集区内筛选出与牛头沟金矿相近似的预测区进行资源量初步估算，然后修正采用面金属量来估算资源量的计算方法，并引入相关校正系数以便科学估算元素的潜在资源量。

第一节 定量预测方法

地球化学定量预测的方法主要有面金属量法、丰度估计法（或称金属量估计法）和地球化学块体法，三者的实质均为类比法，即在已知模型区建立类比系数，将类比系数类推至预测区进行资源量估算（向运川等 2010）。

一、面金属量法

面金属量法是苏联学者索洛沃夫于 1957 年提出的一种地球化学异常评价方法。该方法的原理是利用次生晕和分散流资料对矿体进行定量评价：以晕的扩散模式为依据，在使用分析结果并结合地质资料圈定次生分散晕的条件下，研究某一水平截面（或平行于斜坡的截面）上所含的成矿元素的金属量与同一水平上的矿体中的金属量之间的对应关系，并借此进行资源估算（丁建华等 2007）。

（一）面金属量计算公式

面金属量是沿平面（或曲面）在地球化学异常范围内研究超出背景值的金属量，其计算公式如下：

$$P = \sum_{i=1}^{n} (C_i - C_{bi}) S_i \tag{7-1}$$

式中，P 为异常区的面金属量；n 为异常区的数据个数（或样品点数）；C_i 为异常区第 i 点的元素含量值；C_{bi}为异常区第 i 点的元素背景值；S_i 为异常区第 i 点的控制面积；元素含量单位为 μg/g 或其他质量分数单位，面积单位为 m^2 或 km^2。

当数据点为规则网格数据，且异常区元素背景值相同时，式（7-1）可简化为：

$$P = S(\bar{C} - C_b) \tag{7-2}$$

式中，S 为异常区的面积；$\bar{C}$ 为异常区元素含量平均值；C_b 为异常区元素含量背景值（可用异常下限来代替背景值，以便与异常区的圈定标准相统一）。

（二）类比系数

依据面金属量进行资源量估算一般采用类比法原理，即在模型区（或已知区）建立矿产资源量与面金属量的定量关系，然后将这种定量关系类推至预测区（或未知区），依据预测区的面金属量计算出预测区的资源量以达到定量估算的目的。模型区一般选在矿产资源量比较明确的异常区，而预测区的研究程度则相对较低。模型区矿产资源量与面金属量的定量关系通常用类比系数来表示。

1. 比例系数

当模型区的矿产资源量与面金属量为一组数据时，即模型区仅有一个面金属量数据和与之相对应的一个矿产资源量数据时，通常采用比例关系来获得类比系数，可称为比例系数 k：

$$R_m = kP_m = k'P_mH_mD_m \tag{7-3}$$

式中，R_m 为模型区的矿产资源量；P_m 为模型区的面金属量；H_m 为模型区所控制的深度；D_m 为模型区岩石的密度；k'为不含深度和岩石密度的比例系数。

2. 线性系数

当模型区的矿产资源量与面金属量为两组数据时，通常采用线性关系来获得类比系数，可称为线性系数 a、b：

$$R_m = a + bP_m = a' + b'P_mH_mD_m \tag{7-4}$$

式中，a、b 为线性系数，分别代表直线的截距和斜率；a'和 b'为不含深度和岩石密度的线性系数。

3. 拟合系数

当模型区的矿产资源量与面金属量为多组数据时，通常采用拟合方式来获得类比系数，可称为拟合系数。拟合系数的个数取决于所采用的拟合模型，如当采用幂函数拟合时其方程可表示为：

$$R_m = f(P_m) = aP_m^b = a'P_m^{b'}H_mD_m \tag{7-5}$$

式中，a、b 分别为拟合系数；a'和 b'为不含深度和岩石密度的拟合系数。

需要说明的是，上述三种类比系数均与元素含量背景值相关。当元素含量背景值发生改变时，必然引起面金属量值的改变，从而导致类比系数的改变。因此当把获得的类比系数视为经验参数时，其含量背景值需要与获得这些经验参数的背景值相匹配，同时也与异常区的圈定方法有关。当采用异常下限作为背景值时，同时也明确了异常的圈定方法，此时获得的经验参数更具参考价值。

（三）资源量计算

假设预测区的面金属量为 P_a，预测区待估算的矿产资源量为 R_a。采用类比法估算时可依据模型区确定的类比系数和计算获得的 P_a 值依据式（7－3）或式（7－4）或式（7－5）计算出预测区的矿产资源量（R_a）：

$$R_a = kP_a = k'P_m H_a D_a \tag{7-6}$$

$$R_a = a + bP_a = a' + b'P_m H_a D_a \tag{7-7}$$

$$R_a = f(P_a) = aP_a^b = a'P_m^{b'} H_a D_a \tag{7-8}$$

式中，H_a 为预测区所控制的深度；D_a 为预测区岩石的密度。

许多文献在谈到利用面金属量进行矿产资源量估算时常涉及到预测深度、岩石比重等参数（卢映祥等　2010，向运川等　2010，余宏全等　2009，丁建华等　2007），这时需要使用不含深度和岩石密度的类比系数，同时可考虑使用其他参数来进行校正，如岩石比重系数等。一般情况下，如果采用模型区与预测区进行类比，则模型区的深度、岩石比重等参数即可视为预测区的预测深度、岩石比重等。

二、丰度估计法（金属量估计法）

一般元素在地壳中的丰度越高，其形成矿床的可能性越大，相应的矿床储量也越大（罗建民等　2006）。经各国地质学者多年研究发现，各种成矿元素资源总量与该元素在地壳中的丰度有着极为密切的关系（赵鹏大等　1994）：

$$R = A \times 10^f \tag{7-9}$$

式中，R 为元素的资源总量；A 为元素的区域丰度值；f 为丰度估算模型经验参数。例如（向运川等　2010，刘大文和谢学锦　2005）：

早在 1960 年，原美国地质调查所所长 V. R. McKelvey 建立了美国矿产储量 R 与元素的地壳丰度 A 的线性关系：$R = A(10^{-6}) \times 10^6$，其单位为短吨（1 短吨＝0.91 吨）。

1973 年 R. L. Erickson 在 McKelvey 公式的基础上根据中国学者黎彤发表的地壳元素丰度估算了世界和美国 31 种元素的资源潜力：$R = 2.45 \times A(10^{-6}) \times 10^6 \times 17.3$，其中 17.3 表示世界陆地面积比美国陆地面积的倍数。

1990 年中国学者黎彤根据地壳元素丰度资料给出了资源潜力预测的公式：$R = M \times A/h \times F$，其中 M 为地壳质量，h 为陆壳元素丰度，F 为元素成矿率。

上述学者对资源量的预测基础都是元素地壳丰度，他们无一例外地在进行预测时假设所预测厚度（譬如 1km 厚）内的陆壳元素含量是均一分布的，那么所预测的资源量是蕴涵在这样一个巨大的预测范围内的，具体元素在什么局部地段富集是无法回答的，这样的预测结果更多的是理论意义（向运川等　2010）。

鉴于元素丰度与其储量之间存在一定的关系，地球化学家将这种关系类推至局部地区来进行矿产资源量的估算，通常也称该方法为丰度估计法（向运川等　2010，罗建民等　2006，赵鹏大等　1994，Celenk et al　1978）。本节将其与面金属量法对比后认为该方法可称为金属量估计法，其基本原理也是采用类比法，即在模型区（或已知区）建立矿产资源量与元素金属量的定量关系，然后将这种定量关系类推至预测区（或未知区），依据预测区的元素金属量进而计算出预测区的矿产资源量。模型区一般选在研究程度高、矿产资源量比较明确的区域，而预测区的研究程度则相对较低，其矿产资源量有待估算。

（一）金属量计算公式

熊耳山研究区金属量的计算公式如下：

$$M = \sum_{i=1}^{n} C_i S_i H_i D_i \quad (7-10)$$

式中，M 为研究区元素的金属量；n 为研究区的数据个数（或样品点数）；C_i 为研究区第 i 点的元素含量值；S_i 为研究区第 i 点的控制面积；H_i 为研究区第 i 点的控制深度；D_i 为研究区第 i 点所控制岩石的密度；元素含量单位为 μg/g 或其他质量分数单位，面积单位为 m^2 或 km^2，深度单位为 m 或 km，密度单位为 t/m^3 或 $t \times 10^9/km^3$。

当数据点为规则网格数据，且每点所控制深度相同、每点所控制岩石的密度也相同时，式（7－10）可简化为：

$$M = SHD\overline{C} \quad (7-11)$$

式中，S 为研究区的面积；H 为研究区所控制的深度；D 为研究区岩石的密度；$\overline{C}$ 为研究区元素含量平均值。

（二）类比系数

模型区矿产资源量与元素金属量的定量关系通常用类比系数来表示。

1. 比例系数

当模型区的矿产资源量与元素金属量为一组数据时，通常采用比例关系来获得类比系数，可称为比例系数 k：

$$R_m = kM_m = k'M_m H_m D_m \quad (7-12)$$

式中，R_m 为模型区的矿产资源量；M_m 为模型区元素的金属量；H_m 为模型区所控制的深度；D_m 为模型区岩石的密度；k'为不含深度和岩石密度的比例系数。

2. 线性系数

当模型区的矿产资源量与元素金属量为两组数据时，通常采用线性关系来获得类比系数，可称为线性系数 a、b：

$$R_m = a + bM_m = a' + b'M_m H_m D_m \quad (7-13)$$

式中，a、b 为线性系数，分别代表直线的截距和斜率；a'和 b'为不含深度和岩石密度的线性系数。

3. 拟合系数

当模型区的矿产资源量与元素金属量为多组数据时，通常采用拟合方式来获得类比系数，可称之为拟合系数。拟合系数的个数取决于所采用的拟合模型，如当采用幂函数拟合时其方程可表示为：

$$R_m = f(M_m) = aM_m^b = a'M_m^{b'}H_m D_m \quad (7-14)$$

式中，a、b 分别为拟合系数；a'和 b'为不含深度和岩石密度的拟合系数。

需要说明的是，上述三种类比系数均与元素含量背景值无关，但均与模型区范围的圈定方法有关。因此，当把获得的类比系数视为经验参数时，需要注意拟合这些经验参数时模型区范围是如何圈定的，如模型区范围是否是采用异常下限来圈定，异常下限的值是多少等相关信息。

（三）资源量计算

假设预测区元素的金属量为 M_a，预测区待估算的矿产资源量为 R_a。采用类比法估算时可依据模型区确定的类比系数和计算获得的 M_a 值依据式（7－12）或式（7－13）或式（7－14）计算出预测区的矿产资源量（R_a）：

$$R_a = kM_a = k'M_aH_aD_a \quad (7-15)$$

$$R_a = a + bM_a = a' + b'M_aH_aD_a \quad (7-16)$$

$$R_a = f(M_a) = aM_a^b = a'M_a^{b'}H_aD_a \quad (7-17)$$

式中，H_a 为预测区所控制的深度；D_a 为预测区岩石的密度。

金属量估计法（或丰度估计法）在我国矿产资源定量预测中已得到有效应用，尤其是类比系数采用拟合系数时所得到的资源量更具可信性。如罗建民等人（2006）基于1∶20万化探资料和金矿床储量资料对甘肃省金矿资源量进行了定量估算，师淑娟等人（2011）基于河北省区域化探资料成果和金矿床储量资料获得了采用金属量估计法进行金资源量定量预测的线性系数。

三、地球化学块体法

地球化学块体理论是1995年由谢学锦院士提出的新的矿产勘查与资源评价思想（谢学锦　1995），其含义是具有某种或某些元素高含量的大岩块，能够为矿床的形成提供物源，通过地球化学块体分析矿床形成的物质来源及其浓集轨迹，确定矿床的聚集地点（远景区）；根据块体范围内该元素的含量分布可计算出这个地球化学块体中蕴涵该元素的所有金属量，然后根据所确定的地球化学块体成矿率来评价该地球化学块体的资源量，即实现对地球化学块体内的潜在资源量进行预测（周永恒等　2011，刘大文和谢学锦　2005）。

地球化学块体是地球上某种或某些元素高含量的巨大岩块，其面积大于或等于地球化学省的范围，地球化学省的面积约为1000～10000km^2，即在几何尺度上将地球化学块体的规模定义在1000km^{2}以上，厚度假定为1000m（谢学锦等　2002，刘大文　2002）。

地球化学块体理论中的核心部分是对成矿物质量上的把握，即金属供应量（Metal Endowment）的估算，这种金属供应量（Me）是指某种金属元素赋存在某个地球化学块体内的总量，这是一种估算值（刘大文和谢学锦　2005）。

（一）金属供应量计算公式

地球化学块体内金属供应量的计算公式如下（刘大文和谢学锦　2005）：

$$Me = SHD\overline{C} \quad (7-18)$$

式中，Me 为地球化学块体内元素的金属供应量；S 为地球化学块体的面积；H 为地球化学块体的厚度；D 为地球化学块体内岩石的密度；$\overline{C}$ 为地球化学块体内元素的含量平均值。

与上述丰度估计法（或金属量估计法）相比较，地球化学块体中的金属供应量 Me（式（7－18））实质上与金属量估计法中的金属量 M（式（7－11））相同。

（二）类比系数

研究程度高的地球化学块体内（即已知区）矿产资源量与其元素金属供应量的定量关系通常用类比系数来表示。

1. 比例系数（或成矿率）

当研究程度高的地球化学块体内矿产资源量与元素金属供应量为一组数据时，通常采用比例关系来获得类比系数，可称为比例系数 k 或成矿率 Mc（Mineralization coefficients）：

$$R_m = kMe_m = McMe_m \tag{7-19}$$

式中，R_m 为研究程度高的地球化学块体内矿产资源量；Me_m 为研究程度高的地球化学块体内元素的金属供应量（刘大文和谢学锦 2005）。

2. 线性系数

当研究程度高的地球化学块体内矿产资源量与元素金属供应量为两组数据时，通常可采用线性关系来获得类比系数，可称为线性系数 a、b：

$$R_m = a + bMe_m \tag{7-20}$$

式中，a、b 为线性系数，分别代表直线的截距和斜率。

3. 拟合系数

当研究程度高的地球化学块体内矿产资源量与元素金属供应量为多组数据时，通常采用拟合方式来获得类比系数，可称为拟合系数。拟合系数的个数取决于所采用的拟合模型，如当采用幂函数拟合时其方程可表示为：

$$R_m = f(Me_m) = aMe_m^b \tag{7-21}$$

式中，a、b 分别为拟合系数。

上述三种类比系数与丰度估计法（或金属量估计法）中的三种类比系数实质上相同，这些系数均与元素含量背景值无关，但均与模型区范围的圈定方法有关。因此当把获得的类比系数视为经验参数时，需要注意拟合这些经验参数时模型区范围是如何圈定的。

（三）资源量计算

假设待预测的地球化学矿体内元素的金属供应量为 Me_a，待预测块体内估算的矿产资源量为 R_a。当按照类比法估算时可采用在已知地球化学块体内所确定的类比系数依据式（7－19）或式（7－20）或式（7－21）计算出待预测地球化学块体内的矿产资源量（R_a）：

$$R_a = kMe_a = McMe_a \tag{7-22}$$

$$R_a = a + bMe_a \tag{7-23}$$

$$R_a = f(Me_a) = aMe_a^b \tag{7-24}$$

式中，k、a、b 即为在已知地球化学块体内所确定的类比系数。

地球化学块体法在我国矿产资源定量预测中也得到了广泛应用。如李通国等（2006）基于甘肃省 1:20 万化探资料圈出 14 种元素地球化学块体 173 个，利用块体内已探明的金属储量来计算其成矿率，进而预测其他地球化学块体内的金属资源总量。此外在辽宁（周永恒等 2011）、山东（刘大文等 2002）、福建（王少怀等 2010，王少怀等 2011）、贵州（何邵麟等 2007，邓小万等 2004）乃至全国（刘大文和谢学锦 2005，谢学锦等 2002）范围以及部分成矿带（李通国等 2006，谢学锦等 2002）内均进行了金、银、铜、铅、锌、锡等金属资源量估算的探讨。

上述计算中金属供应量 Me 采用元素含量（即介质中元素全量）来计算，但并非介质中所有金属量都能在成矿过程中被利用，只有那些呈活跃形式、易被各种流体携带、搬运的那部分金属才能在成矿过程中起作用（谢学锦 1995），这部分金属量被称为“成矿可利用金属”，即金属活动态分量（王学求 2003）。测定这种呈活动态金属在地球化学块体中的含量，并追踪其逐步富集的轨迹比测定金属全量能更可靠地估计成矿金属的供应量，从而能更可靠地预测大型和巨型矿床（王学求　2003）。如王希今等人（2007）在黑龙江省滨东铜铅锌钼成矿带基于超低密度地球化学调查所获得的金属活动态测量数据，圈定了滨东地区的地球化学块体，运用成矿可利用金属量进行金属资源量估算。

如果已知区和预测区均采用成矿可利用金属量来进行地球化学块体的圈定，则其定量估算的方法与采用元素含量（即全量）的估算方法完全相同。如果已知区采用成矿可利用金属量来计算类比系数，而预测区采用元素含量（即全量）来进行估算，此时则需要引进新的校正系数来进行类比估算（王学求　2003）。

四、方法的适用性

地球化学块体的范围定义在 1000km^2 以上，因此地球化学块体法适用于 1000km^2 以上的范围。

丰度估计法最初是利用元素地壳丰度与其世界陆地资源量的关系来估算元素的资源量，因此其适用范围为世界陆地范围。当采用模型区与预测区进行类比时，丰度估计法则演化为（或又称为）金属量估计法。按照计算原理，金属量估计法实质与地球化学块体法相同。由此推测，金属量估计法也应适用于 1000km^2 以上的范围。

面金属量法的原理是利用次生晕和分散流资料对矿体进行定量评价，因此其适用范围应为成矿带范围或矿田范围。

上述三种资源量估算方法均涉及研究程度较高的模型区和将要类比的研究程度较低的预测区，因此模型区与预测区的圈定也是进行资源量估算的关键。

第二节　牛头沟金矿区面金属量

本书选择牛头沟金矿区作为研究程度较高的模型区对豫西熊耳山矿集区金资源量进行估算，因此定量预测方法选择面金属量法。牛头沟金矿区面积性地球化学调查涉及到 1:5 万和 1:20 万两个尺度，本节对其分别进行金元素面金属量计算。

一、1:5 万化探普查

（一）必备参数

面金属量计算涉及到异常区范围和异常区内元素背景值两个必备参数。

牛头沟金矿区金异常区圈定时异常下限采用中国水系沉积物金元素含量中位值的 1.4 倍，即 1.85ng/g，给定异常下限即可圈定其异常区范围。金异常区内金元素的背景值采用异常下限来代替，即金背景值也取 1.85ng/g。

（二）异常区

牛头沟矿区金元素异常图绘制仍采用第五章第五节中的金元素地球化学异常图（图 7－1）。

虽然牛头沟矿区金异常具有清晰的内、中、外分带特征，但是在面金属量计算时选择

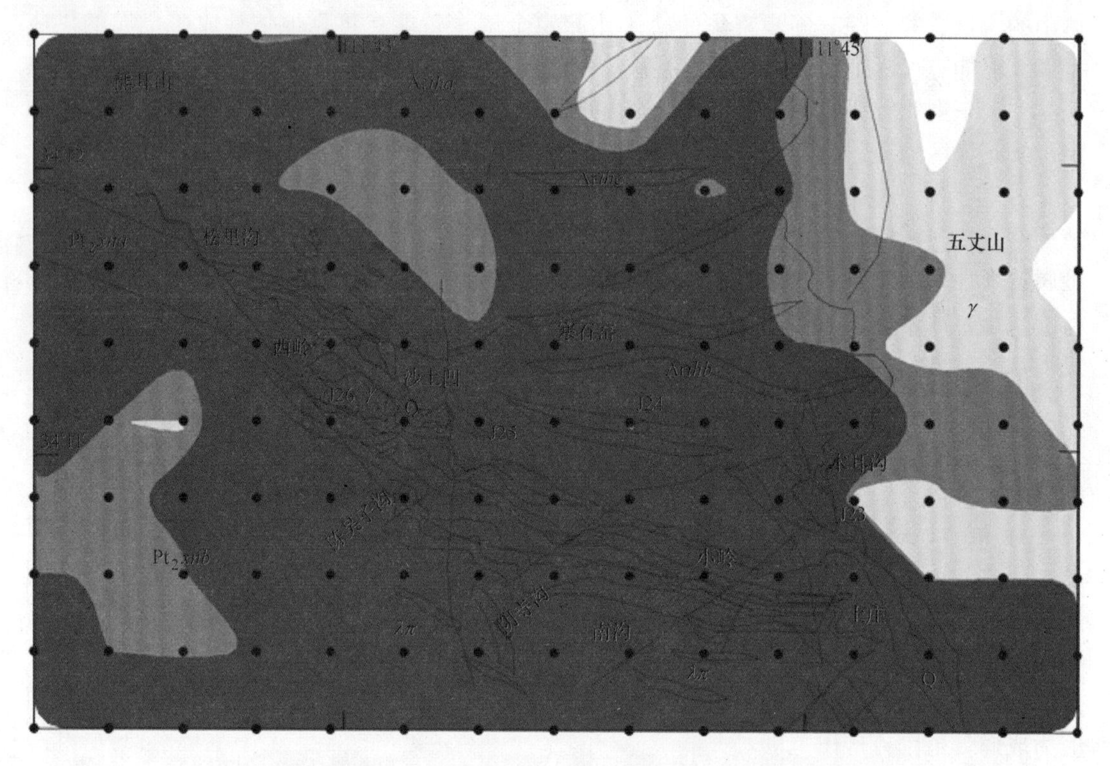

图7－1 牛头沟金矿区金地球化学异常图

（圆点为网格数据点位，点间距为500m；Au异常外、中、内带起始值分别为1.85ng/g、3.7ng/g、7.4ng/g；底图为牛头沟金矿地质简图（图2－1））

异常下限所圈定的范围作为异常区范围，其异常区面积为31.01km^2。

金异常区内含有131个数据点，其最大值为810ng/g，最小值为1.90ng/g，平均值为107.1ng/g。

（三）面金属量

牛头沟金矿区金元素的面金属量为31.01km^2 × (107.1 － 1.85) ng/g = 3264km^2 · ng/g。

按照金异常的外、中、内三个异常区的背景值均为1.85ng/g，计算三个异常区的面金属量并将其称为面金属量 a；而按照三个异常区的背景值分别为1.85ng/g、3.7ng/g、7.4ng/g（即异常区各自的异常起始值）计算三个异常区的面金属量并将其称为面金属量 b，其结果见表7－1。

表7－1 牛头沟金矿区金异常区参数统计

异常区	面积/km^2	数据个数	最小值/ng·g^{-1}	最大值/ng·g^{-1}	中位值/ng·g^{-1}	平均值/ng·g^{-1}	标准差/ng·g^{-1}	面金属量 a /km^2·ng·g^{-1}	面金属量 b /km^2·ng·g^{-1}
异常外带	31.01	131	1.90	810	4.02	107.1	162.5	3264	3264
异常中带	27.38	113	3.67	810	6.71	123.8	169.1	3338	3288
异常内带	24.23	92	7.70	810	11.8	150.8	176.7	3609	3474

注：异常外带范围包含异常中带和异常内带面积，异常中带范围包含异常内带面积；Au含量单位为ng/g。

从表7-1中可以看出，无论采用相同背景值计算面金属量（即面金属量 a）还是采用不同背景值计算面金属量（即面金属量 b）时，随着研究区面积逐渐减小（即从异常外带范围逐渐到异常内带范围）面金属量逐渐增大。这表明随着异常范围的增大面金属量具有降低的趋势。

因异常外带的起始值（即异常下限）最接近元素的平均值，建议面金属量计算选择异常外带进行。表7-1中异常中带和异常内带的面金属量仅供参考。

需要说明的是，牛头沟矿区内金异常区并未封闭，因此上述计算所获得的面金属量值 $3264km^2 \cdot ng/g$ 相对矿体所形成次生晕的面金属量值可能偏低。

（四）比例系数

牛头沟金矿区累计探明金金属量为36t，矿区金的面金属量为 $3264km^2 \cdot ng/g$。按照面金属量法进行定量估算金资源量时，其比例系数 $k = 36t/3264km^2 \cdot ng/g = 11.0 \times 10^6 t/km^2$。

上述比例系数已包含控制深度与岩石密度的信息，即采用此参数计算预测区的金资源量时其控制深度与岩石密度应与牛头沟金矿区的参数相一致，同时预测区的面金属量计算也应采用相应比例尺的化探数据，即1:5万化探普查数据。

二、1:20万区域化探

（一）必备参数

面金属量计算涉及异常区范围和异常区内元素背景值两个必备参数。豫西熊耳山金矿集区金异常区圈定时异常下限也采用中国水系沉积物金元素含量中位值的1.4倍，即1.85ng/g，给定异常下限即可圈定其异常区范围。金异常区内金元素的背景值采用异常下限来代替，即金背景值也取1.85ng/g。

（二）异常区

豫西熊耳山矿集区金元素异常图绘制仍采用第六章第三节中的金元素地球化学异常图（图7-2）。

牛头沟金矿区位于熊耳山矿集区中部一个范围较大的异常区内，因此计算牛头沟矿区金元素的面金属量时不能采用异常下限所圈定的区域，只能采用较小范围的区域，这导致计算面金属量的区域必然存在异常不封闭的情况。参考1:5万化探普查时牛头沟金矿区面金属量的计算方法，此处选择1:5万化探普查所圈定的异常区域来作为计算面金属量的异常区范围，即异常区面积也为 $31.01km^2$。

牛头沟金矿区金异常区内含有8个数据点，其最大值为41ng/g，最小值为1.6ng/g，平均值为18.9ng/g。

（三）面金属量

牛头沟金矿区1:20万区域化探金元素的面金属量为 $31.01km^2 \times (18.9 - 1.85) ng/g = 529km^2 \cdot ng/g$。

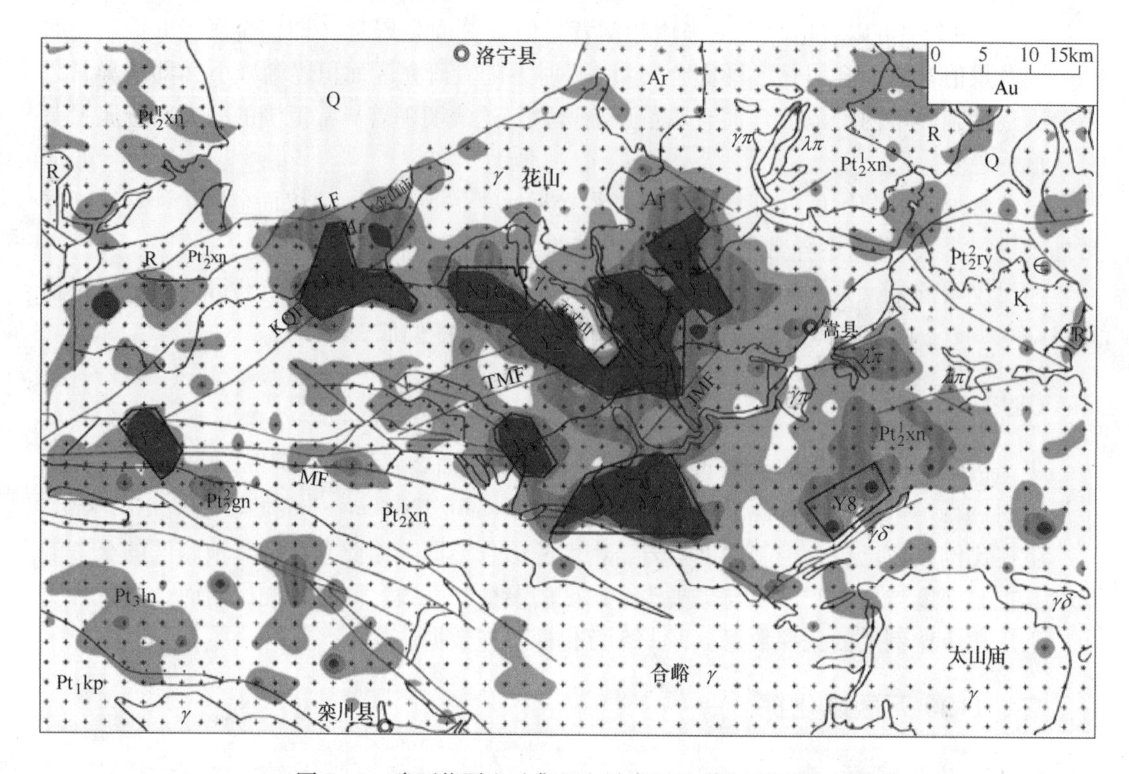

图7-2 豫西熊耳山矿集区金异常图及金找矿预测区

（十字线点为网格数据点位，点间距为2km；Au异常外、中、内带起始值分别为1.85ng/g、3.7ng/g、7.4ng/g；图中蓝色区域为计算牛头沟金矿区面金属量的范围（NTG）和本次圈定的预测区范围及其编号（Y1～Y8）；底图为豫西熊耳山矿集区地质简图（图1-2））

需要说明的是，牛头沟矿区内金异常区并未封闭，因此上述计算所获得的面金属量值 $529km^2$ · ng/g 相对次生晕所形成分散流的面金属量值可能偏低。

（四）比例系数

牛头沟金矿区累计探明金金属量为36t，1∶20万区域化探牛头沟矿区金的面金属量为 $529km^2$ · ng/g。按照面金属量法进行定量估算金资源量时，其比例系数 $k = 36t/529km^2 \cdot ng/g = 68.0 \times 10^6 t/km^2$。

上述比例系数已包含控制深度与岩石密度的信息，即采用此参数计算时预测区的控制深度与岩石密度应与牛头沟金矿区的参数相一致，同时预测区的面金属量计算也应采用相应比例尺的化探数据，即1∶20万化探普查数据。但异常区不封闭的问题仍将导致类比计算结果存在偏差。

牛头沟金矿区1∶5万化探普查中金的面金属量为 $3264km^2$ · ng/g，在1∶20万区域化探中金的面金属量为 $529km^2$ · ng/g。此处引入分散系数 Dc（Dispersion coefficient）来描绘从1∶5万化探普查到1∶20万区域化探因工作比例尺不同而造成元素面金属量的分散情况：

$$Dc_4 = P_{20}/P_5 \quad (7-25)$$

式中，P_{20}、P_5 分别为基于1∶20万区域化探和1∶5万化探普查数据所计算的面金属量，下标4代表两种工作比例尺的比值，即采样密度放稀的倍数。

牛头沟金矿区金面金属量的分散系数为 $Dc_4 = 529/3264 = 0.162$。

第三节　预测区面金属量

本节基于1:20万区域化探金地球化学异常图在豫西熊耳山矿集区内圈定预测区并计算其面金属量。

一、预测区圈定

由于定量预测选择牛头沟金矿区为模型区，在1:20万区域化探金地球化学异常图（图7－2）中牛头沟矿区存在明显的三级浓度分带，因此预测区内也应发育有明显的金异常。

在牛头沟金矿区基于1:20万区域化探资料所圈定的模型区内含有8个数据点，涉及面积约31km²，由此建议预测区面积也应有一定的规模，即预测区内数据点数不宜太少，以避免所计算出的面金属量不具有代表性或缺乏稳健性。

在牛头沟金矿区基于1:20万区域化探资料所圈定的模型区存在异常不封闭的特征，因此预测区内的金异常也可以不封闭。

基于上述圈区分析及成矿元素异常特征，预测区圈定条件可概括为：

（1）预测区需存在金异常，异常具有明显浓度分带则更优。

（2）预测区面积需有一定的规模，以保证面金属量计算具有一定的稳健性。

（3）预测区范围可以选择不封闭的异常区，但以封闭的异常区作为预测区可能更优。

基于上述预测区圈定条件，在豫西熊耳山矿集区初步圈定出8个预测区（图7－2），预测区编号自西至东、自北至南依次编号为Y1～Y8，每个预测区均明显发育金异常且基本以内带异常为主。8个金找矿预测区的参数统计见表7－2。

表7－2　豫西熊耳山矿集区金预测区参数统计

预测区编号	面积/km²	数据个数	最小值/ng·g⁻¹	最大值/ng·g⁻¹	中位值/ng·g⁻¹	平均值/ng·g⁻¹	标准差/ng·g⁻¹	面金属量/km²·ng·g⁻¹	金资源量/t
Y1	25.25	6	3.7	207	3.7	51.2	77	1245	85
Y2	56.09	14	2.29	554	8.8	88.3	187	4848	332
Y3	25.36	7	7	12	8.8	10.2	1.7	211	14
Y4	91.37	23	0.8	103	7.19	24.1	25	2033	138
Y5	50.77	14	2.59	63	8	22.7	18	1058	72
Y6	76.34	20	3.59	32	6.5	13.4	7.4	882	60
Y7	41.85	11	6.8	350	8.8	74.9	134	3058	208
Y8	32.74	9	2.09	10.6	2.7	5.3	3.0	112	8
NTG	31.01	8	1.6	41	10	18.9	13.0	529	36

注：预测区编号参见图7－2；金资源量合计为951t。

牛头沟金矿区的面积采用1:5万化探普查所确定的异常区面积，为31.01km²。在8个金预测区中，Y4面积最大，为91.37km²；Y1面积最小，为25.25km²。

二、预测区面金属量

面金属量计算涉及到预测区范围和预测区区内元素背景值两个必备参数。豫西矿集区上述8个预测区的范围已明确圈定，预测区内的金背景值仍采用中国水系沉积物金元素含量中位值的1.4倍，即1.85ng/g。

豫西熊耳山矿集区8个预测区及牛头沟金矿区基于1:20万区域化探资料所计算的面金属量见表7-2。

在8个金预测区中，Y4面金属量最大，为4848km^2·ng/g；Y8面金属量最小，为112km^2·ng/g。

第四节 金资源量估算

一、比例系数及金资源量计算

面金属量法计算的关键之一是确定模型区与预测区的类比系数。由于本研究仅选择牛头沟金矿区作为研究程度较高的模型区，因此类比系数采用比例系数。

由于豫西熊耳山矿集区金预测区的面金属量计算是基于1:20万区域化探资料获得，因此模型区的比例系数也应选择基于1:20万区域化探资料计算获得的比例系数，即本章第二节计算获得的68.0×10^{6}t/km^2。

预测区的金资源量计算则采用式（7-6）来进行计算，即$R_a=68.0\times10^6P_a$，其中P_a为预测区的面金属量，R_a为预测区的金资源量，计算结果如表7-2所示。

豫西熊耳山矿集区上述8个金找矿预测区估算的总资源量约915t，若加上牛头沟模型区的36t金资源量，则估算的总金资源量约951t。

二、质量评述及注意事项

表7-2中豫西熊耳山矿集区内金资源量仅是依据预测区内金面金属量数据同时采用牛头沟金矿区的比例系数来进行计算获得的，未考虑除金以外的其他地球化学信息和地质信息。

（一）预测区内指示元素异常信息

虽然豫西熊耳山矿集区1:20万区域化探研究成果确定牛头沟金矿找矿指示元素为Au、W、Mo、Bi、Pb、Zn、Au、F、Co、Y共10项，其中Au可称为主成矿元素，其他九项为成矿伴生元素或找矿指示元素，但上述金预测区的圈定和金资源量的估算均未考虑除Au以外其他找矿指示元素的信息。

豫西熊耳山矿集区内金找矿预测区与10项找矿指示元素的关系如图7-3所示。

W在8个预测区内均发育有异常，除Y8外在其他7个预测区内异常强度大至中等，异常连续性较好，此处异常连续性可采用预测区内异常面积与预测区面积的比值来度量。

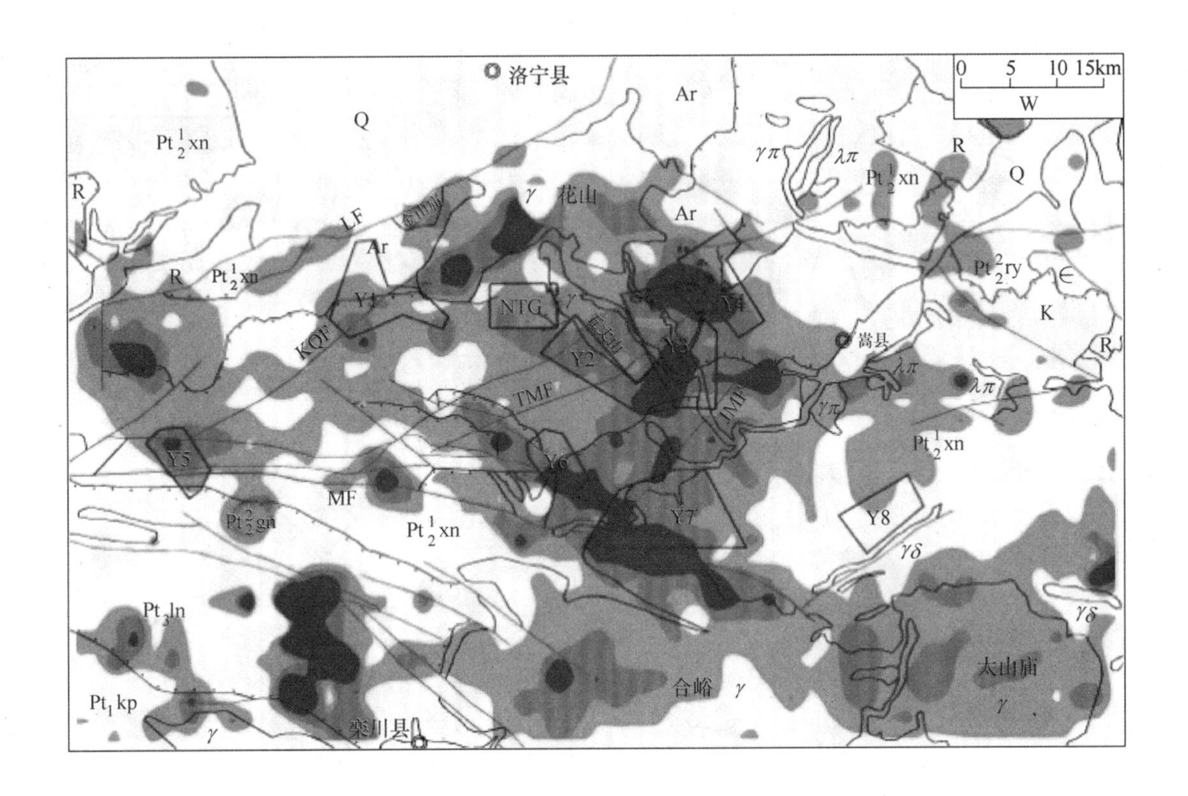
洛宁县
0 5 10 15km
W
Ar
Q
Pt_2^1xn
R
γ花山
LF
金山庙
Ar
R
Pt_2^1xn
Y1
NTG
Y2
Y3
Y4
KQF
TMF
JMF
嵩县
Pt_2^2ry
∈
K
Y5
Y6
Y7
Y8
MF
Pt_2^2gn
Pt_2^1xn
γδ
Pt_3ln
Pt_1kp
合峪 γ
太山庙
栾川县

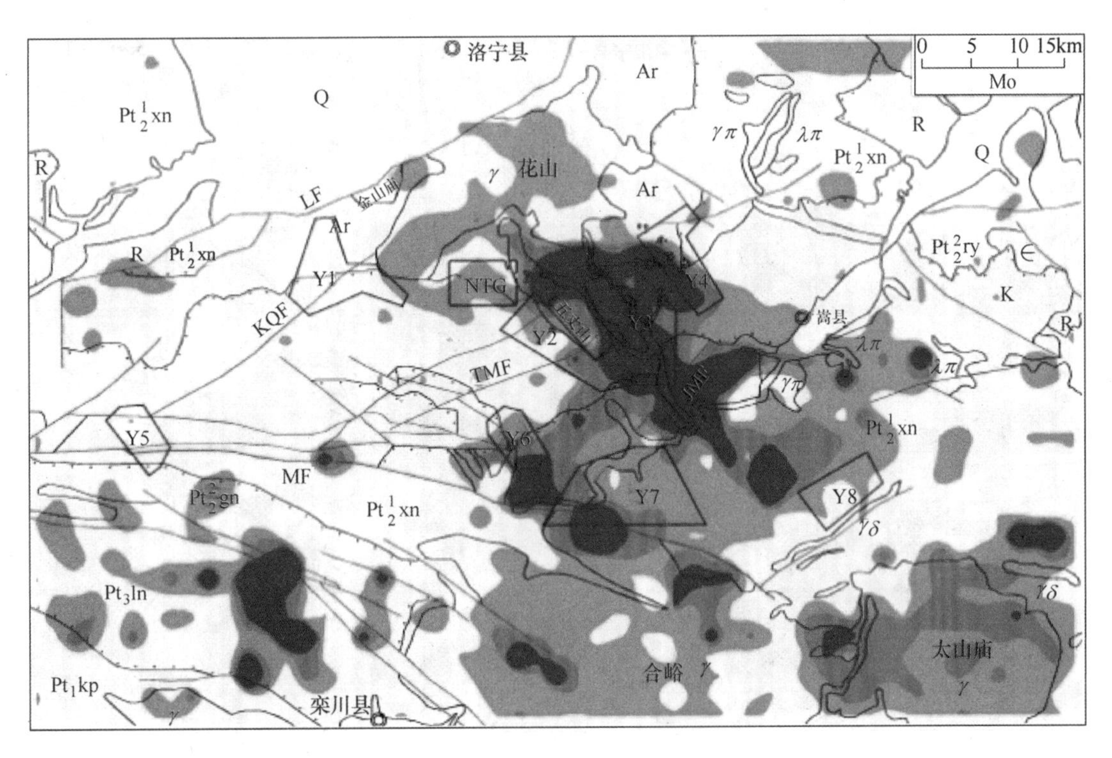
洛宁县
0 5 10 15km
Mo
Ar
Q
Pt_2^1xn
R
γ花山
LF
金山庙
Ar
R
Pt_2^1xn
Y1
NTG
Y2
Y3
Y4
KQF
TMF
JMF
嵩县
Pt_2^2ry
∈
K
Y5
Y6
Y7
Y8
MF
Pt_2^2gn
Pt_2^1xn
γδ
Pt_3ln
Pt_1kp
合峪 γ
太山庙
栾川县

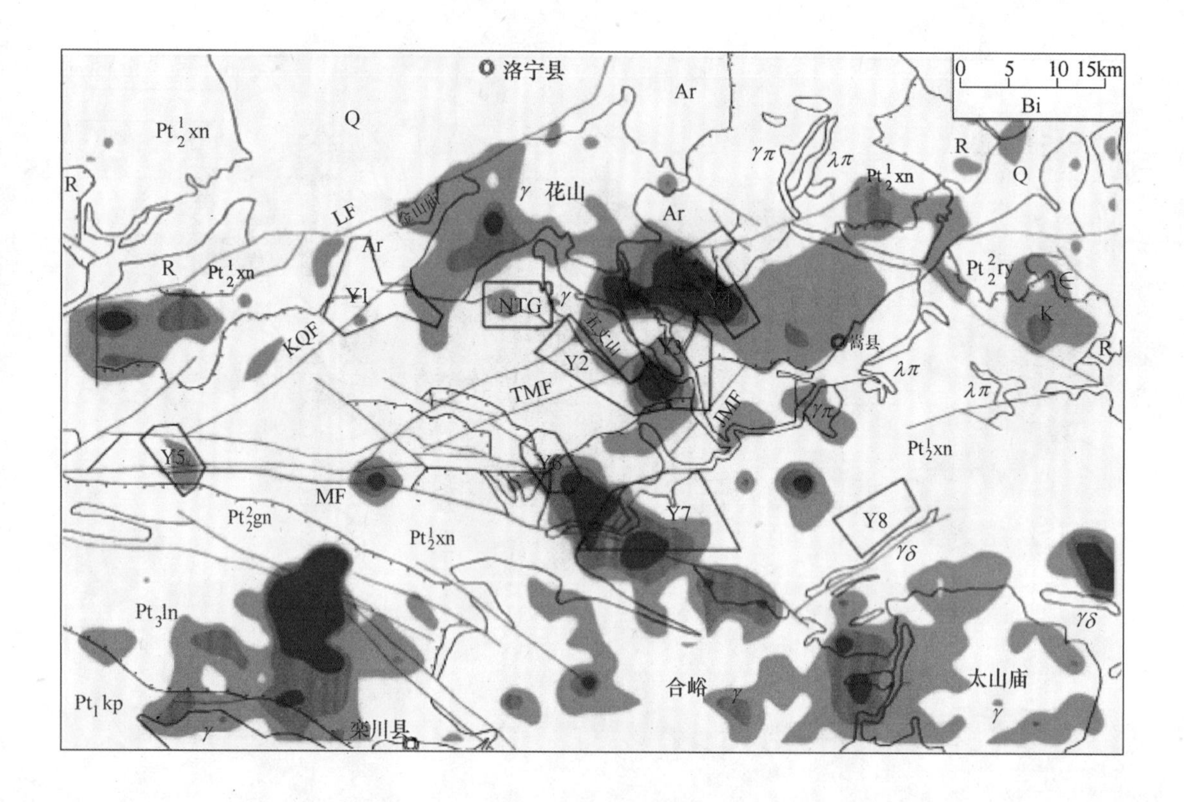

洛宁县
0 5 10 15km
Bi
Ar
Q
Pt_2^1xn
R
γπ
λπ
Pt_2^1xn
Q
γ 花山
LF
金山庙
Ar
Ar
R
Pt_2^1xn
Y1
NTG
γ
五丈山
Y2
Y3
Y4
KQF
TMF
IMF
Pt_2^2ry
∈
K
嵩县
R
λπ
λπ
γπ
Pt_2^1xn
Y5
Y6
MF
Pt_2^2gn
Pt_2^1xn
Y7
Y8
γδ
γδ
Pt_3ln
Pt_1kp
γ
栾川县
合峪
γ
太山庙
γ

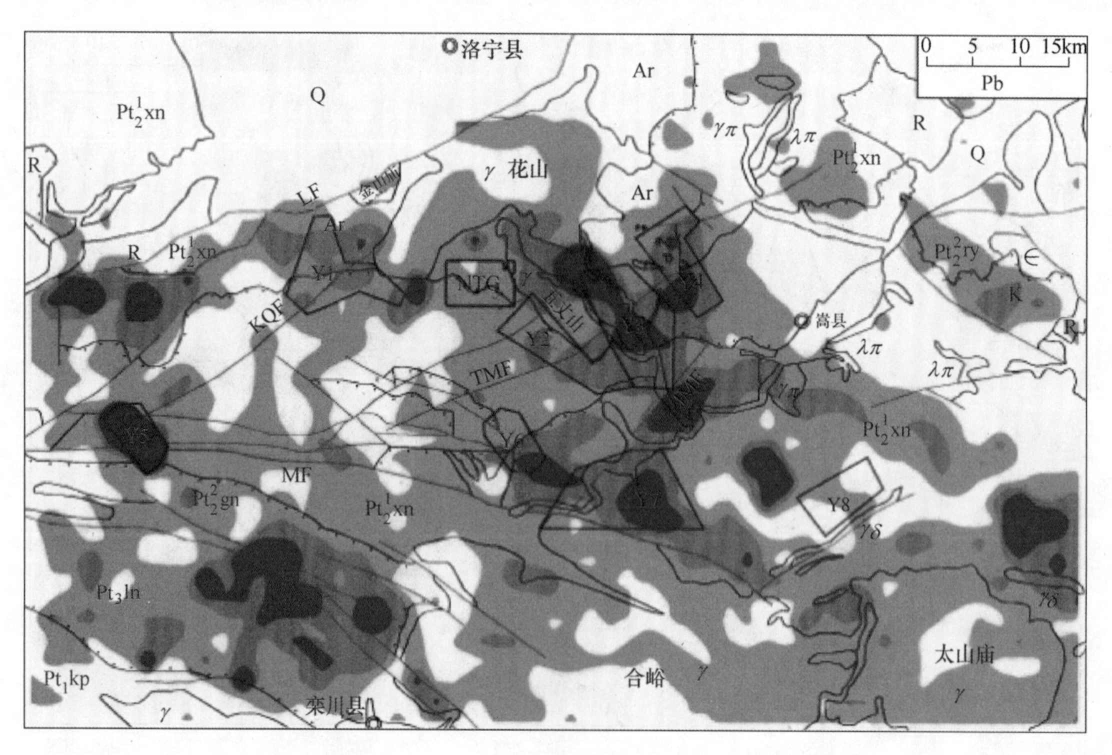

洛宁县
0 5 10 15km
Pb
Ar
Q
Pt_2^1xn
R
γπ
λπ
Pt_2^1xn
R
Q
γ 花山
LF
金山庙
Ar
Ar
R
Pt_2^1xn
Y1
NTG
γ
五丈山
Y2
KQF
TMF
IMF
Pt_2^2ry
∈
K
嵩县
R
λπ
λπ
γπ
Pt_2^1xn
Y5
Y6
MF
Pt_2^2gn
Pt_2^1xn
Y7
Y8
γδ
γδ
Pt_3ln
Pt_1kp
γ
栾川县
合峪
γ
太山庙
γ

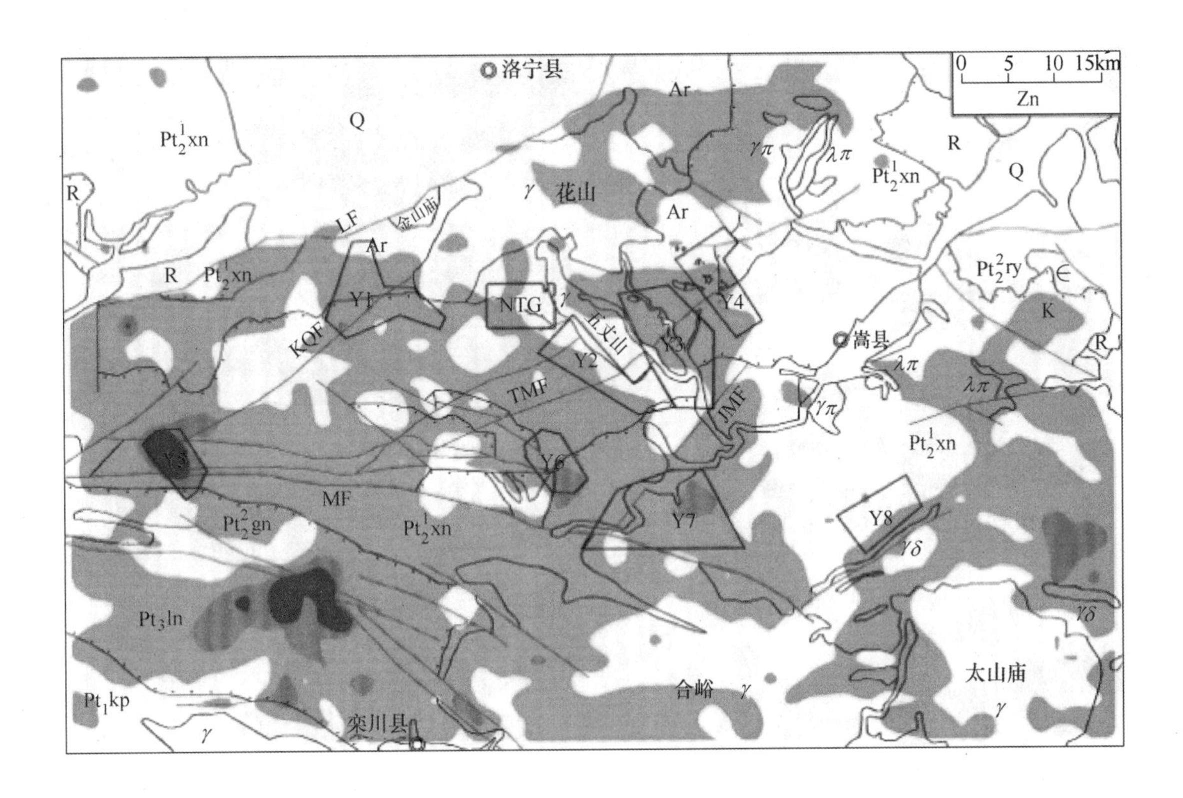
洛宁县
0 5 10 15km
Zn
Ar
Q
R
花山
金山庙
LF
Y1
NTG
五丈山
Y2
Y3
Y4
KQF
TMF
JMF
嵩县
Y5
Y6
Y7
Y8
MF
Pt3ln
Pt1kp
合峪
太山庙
栾川县

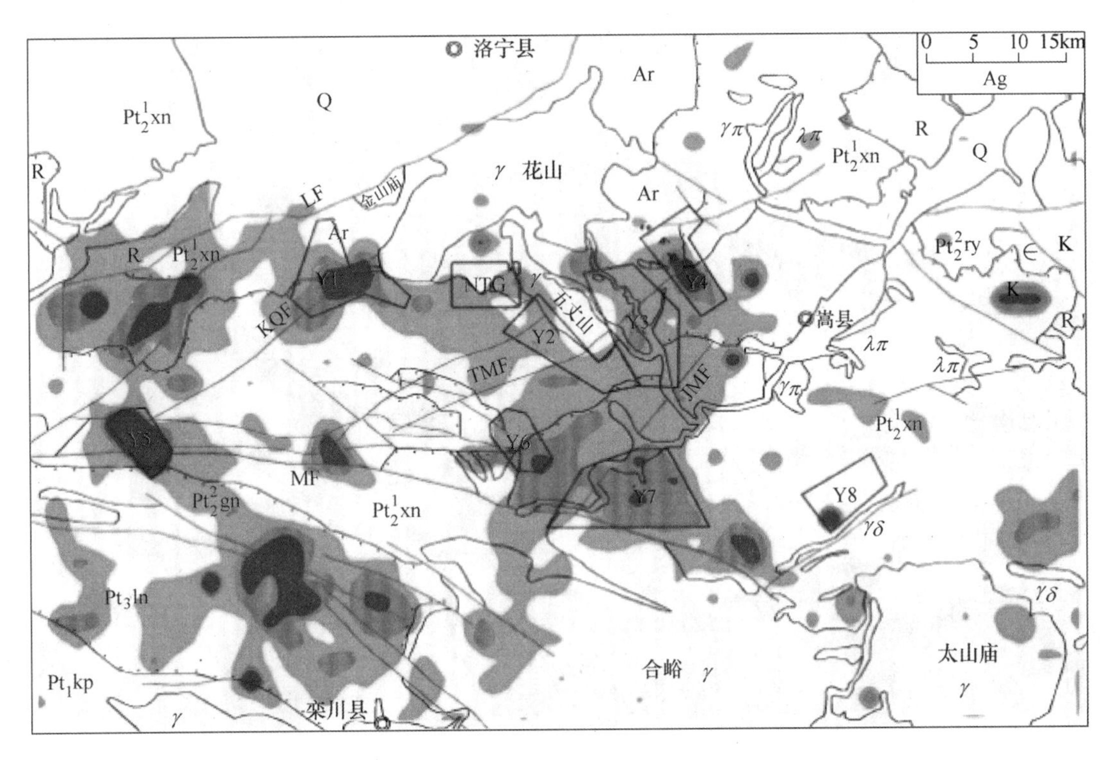
洛宁县
0 5 10 15km
Ag
Ar
Q
R
花山
金山庙
LF
Y1
NTG
五丈山
Y2
Y3
Y4
KQF
TMF
JMF
嵩县
Y5
Y6
Y7
Y8
MF
Pt3ln
Pt1kp
合峪
太山庙
栾川县

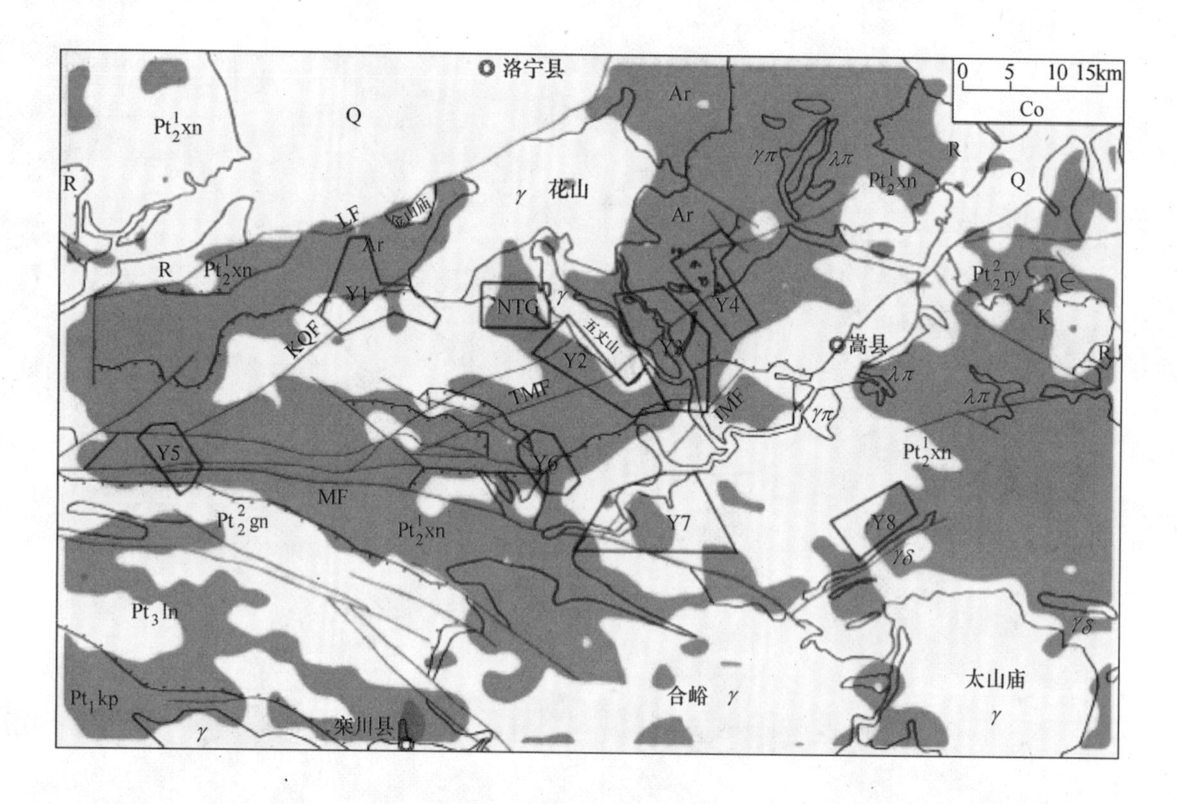
洛宁县
0 5 10 15km
Co
Pt_2^1xn
Q
Ar
R
$\gamma\pi$
$\lambda\pi$
Pt_2^1xn
R
Q
γ 花山
LF
金山庙
Ar
R
Pt_2^1xn
Y1
NTG
γ
Y4
Pt_2^2ry
∈
K
五丈山
KQF
Y2
Y3
嵩县
R
$\lambda\pi$
$\lambda\pi$
TMF
JMF
$\gamma\pi$
Y5
Y6
Pt_2^1xn
MF
Pt_2^2gn
Pt_2^1xn
Y7
Y8
$\gamma\delta$
Pt_3ln
$\gamma\delta$
太山庙
合峪 γ
γ
Pt_1kp
栾川县
γ

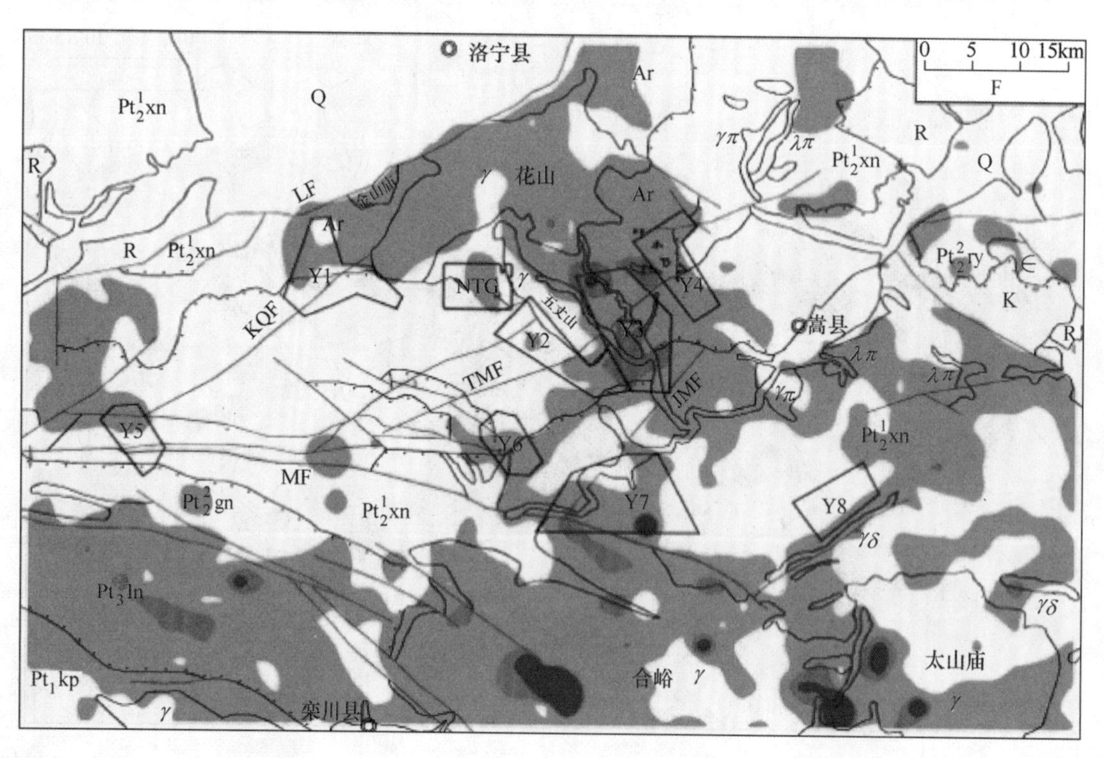
洛宁县
0 5 10 15km
F
Pt_2^1xn
Q
Ar
R
$\gamma\pi$
$\lambda\pi$
Pt_2^1xn
R
Q
γ 花山
LF
金山庙
Ar
Ar
R
Pt_2^1xn
Y1
NTG
γ
Y4
Pt_2^2ry
∈
K
五丈山
KQF
Y2
Y3
嵩县
R
$\lambda\pi$
$\lambda\pi$
TMF
JMF
$\gamma\pi$
Y5
Y6
Pt_2^1xn
MF
Pt_2^2gn
Pt_2^1xn
Y7
Y8
$\gamma\delta$
Pt_3ln
$\gamma\delta$
太山庙
合峪 γ
γ
Pt_1kp
栾川县
γ

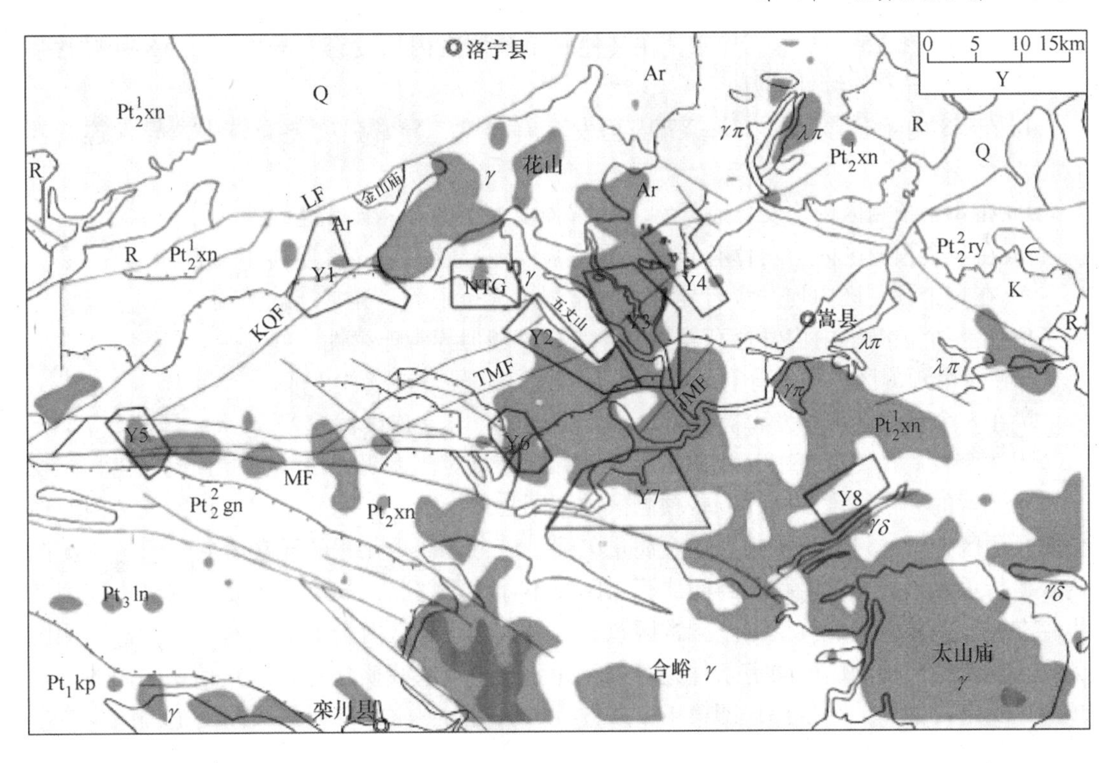

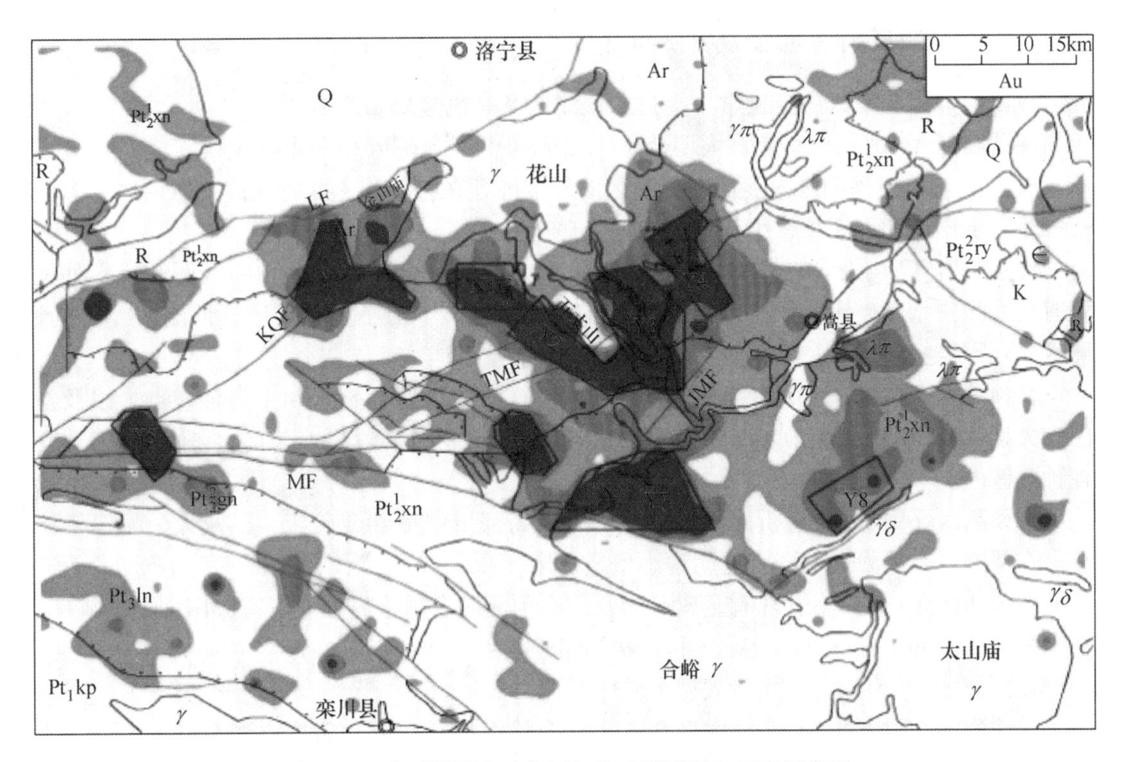

图 7-3 豫西熊耳山矿集区金找矿预测区与元素异常图

（蓝色区域为计算牛头沟金矿区面金属量的范围（NTG）和本次圈定的预测区范围及其编号（Y1～Y8）；元素异常图同图 6-3）

Mo 在 Y1 和 Y5 内基本无异常，在其他 6 个预测区内均发育有异常，除 Y8 外异常强度大至中等，异常连续性较好。

Bi 在 Y8 内无异常，在 Y1 ~ Y7 内均发育有异常，异常强度差异较大，异常连续性较差。

Pb 在 8 个预测区内均发育有异常，异常强度大至中等，异常连续性较好。

Zn 在 8 个预测区内均发育有异常，异常强度差异较大，异常连续性一般。

Ag 在 8 个预测区内均发育有异常，异常强度大至中等，异常连续性较好。

Co 在 8 个预测区内均发育有异常，异常强度弱但异常连续性较好。

F 在 8 个预测区内均发育有异常，异常强度弱，异常连续性一般。

Y 在 8 个预测区内均发育有异常，异常强度弱，异常连续性较差。

上述金找矿预测区范围与找矿指示元素异常信息对比表明：(1) 不同预测区内相同找矿指示元素的异常强度不同，同一预测区内不同找矿指示元素的异常强度也不同，因此在估算预测区金资源量时仅依据金面金属量欠妥，应考虑伴生元素的异常信息。(2) 预测区内找矿指示元素的异常区存在封闭、不封闭或不存在等情况，找矿指示元素的异常连续性也存在明显差异，因此仅依据金异常区范围，尤其是金异常内带范围来圈定金找矿预测区欠妥，建议找矿预测区的圈定条件应有关于伴生元素（或找矿指示元素）信息的表述，即预测区圈定可增加一个条件，即第 4 个条件，可概括为：主成矿元素预测区范围圈定应参考伴生元素（或找矿指示元素）的异常发育情况。

（二）预测区内有色金属矿产信息

豫西熊耳山矿集区内金异常、金找矿预测区及有色金属矿产如图 7 - 4 所示。

在预测区 Y1 内发育有上宫大型金矿床、虎沟中型金矿床和七里坪金矿点。三个金矿床（或点）均位于预测区内。但在预测区的外围尚存在吉家洼、西青岗坪、西山底、李岗寨等小型金矿床和青岗坪、小池沟等中型金矿床。

在预测区 Y2 内发育有槐树坪大型金矿床和万村小型金矿床，在预测区西北边界处发育有萑香洼中型金矿床，预测区西南边界外围发育有栗子沟小型金矿床。预测区 Y2 与预测区 Y3 无缝连接。

在预测区 Y3 内发育有瑶沟中型金矿床、大石门沟小型金矿床和土门金矿点，以及雷门沟大型钼矿床和后沟钼矿点。但东湾大型金矿床却位于预测区的南部边界附近，未包含在预测区内。

在预测区 Y4 内发育有祈雨沟大型金矿床和高都川中型砂金矿床，以及大公峪铅锌矿点。在预测区东部附近发育有上胡沟小型金矿床。

在预测区 Y5 内尚未发现有金属矿床，但在预测区东部边界处发育有康山大型金矿床，在预测区的西部发育有三门金矿点和直状沟铅锌矿点。

在预测区 Y6 内发育有北岭大型金矿床。

在预测区 Y7 内发育有前河大型金矿床、庙岭大型金矿床、店房中型金矿床、中营小型金矿点，以及蛇里沟中型银矿床和马老石沟小型银矿床。此外，在预测区的南部边界附近自西向东依次发育有汤池沟中型银矿床、鱼池岭超大型钼矿床和庄沟小型铅锌矿床。

在预测区 Y8 内目前尚未发现有色金属矿产。

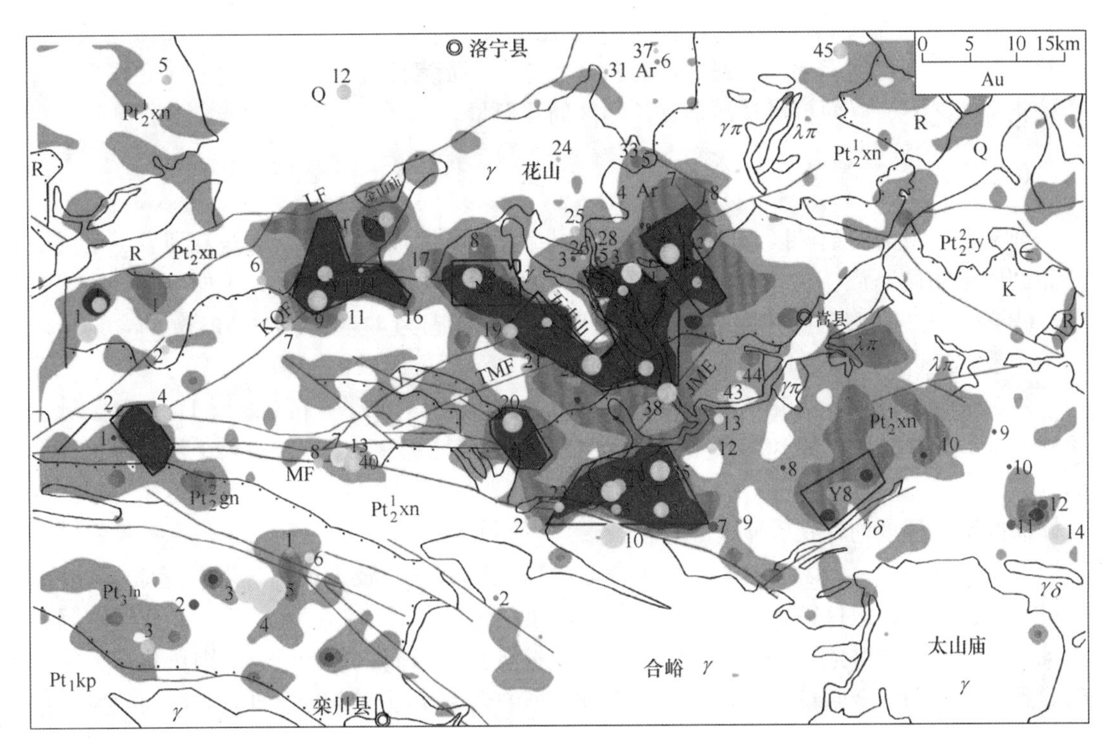

图7-4 豫西熊耳山矿集区金找矿预测区与矿产图

（Au异常外、中、内带起始值分别为1.85ng/g、3.7ng/g、7.4ng/g；
图中蓝色区域为计算牛头沟金矿区面金属量的范围（NTG）和本次圈定的预测区范围
及其编号（Y1～Y8）；底图为豫西熊耳山矿集区金属矿产简图（图1-3））

上述金找矿预测区范围与有色金属矿产信息的对比表明，仅依据金异常区范围，尤其是金异常内带范围来圈定金找矿预测区欠妥，因此找矿预测区的圈定条件应有关于矿产信息的表述，即预测区圈定的第5个条件，可概括为：预测区范围应尽量包含已知矿产地。

因此上述初步圈定的8个金找矿预测区范围需要进一步修改完善。

此外，上述8个金找矿预测区内有色金属矿产信息的发育情况存在明显差异，如金属矿种差异、金矿床规模差异等。因此，在估算金资源量时是否应考虑这些矿产信息方面的差异，计算资源量时是否需要引入有关矿产与地质等方面的校正系数来增加估值的科学性，还有待进一步验证。

（三）面金属量守恒与分散信息

前文基于牛头沟金矿区1∶5万化探普查数据的面金属量研究发现，随着研究区（或异常区）面积逐渐增大该区内元素的面金属量表现出逐渐减小的趋势。因研究区面积不同而引起面金属量的差异表明面金属量不具有总量守恒的特征。因此即使基于相同比例尺的化探数据，因模型区与预测区面积存在显著差异，在估算资源量时其类比系数可能需要进行面积校正，以便更科学地估算预测区的资源量。

前文通过对比牛头沟金矿区基于1∶5万化探数据计算的面金属量和基于1∶20万化探数据计算的面金属量存在显著差异，进而引入分散系数 Dc（Dispersion coefficient）来描绘从1:5万化探普查到1:20万区域化探因工作比例尺不同而造成元素面金属量的分散情况。因此当基于不同比例尺化探数据进行资源量估算时，元素面金属量的分散系数应作为计算的校正系数之一，以便更科学地估算预测区的资源量。

（四）元素背景值波动信息

前文基于牛头沟金矿区NTG11D06柱样风化壳的研究成果表明，从基岩到表层土壤因样品的风化程度不同，微量元素在介质中的含量也表现出明显的差异，如Au、Ag、W、Bi、Pb等。在NTG11D06柱样中，样品的WIG变化范围为41~90，Au和Ag的含量变化达两个数量级以上，W、Bi、Pb的含量变化也达一个数量级以上（马云涛等 2015）。

牛头沟金矿区1:5万化探普查样品的WIG变化范围为29~431，该区1:20万区域化探样品（8个数据点）的WIG变化范围为41~67。豫西熊耳山矿集区1:20万区域化探样品（1772个数据点）的WIG变化范围为24~421。这说明牛头沟金矿区和熊耳山矿集区内样品的风化程度均存在明显差异。

对于发育自同一母岩的介质，如果样品的风化程度差异较大，则其微量元素如Au的含量差异也较大，但这种元素含量的变化是由于风化作用所致，并非反映成矿作用。因此在计算面金属量时对预测区内所有样品（即数据点）采用同一背景值，则因风化富集作用而导致所计算的面金属量偏大，进而导致所估算的金属资源量偏大。如果能够消除风化作用的影响而获得可靠的背景值，则可估算出更为合理的金属资源量。

小 结

（1）地球化学定量预测的方法主要有面金属量法、丰度估计法（或称金属量估计法）和地球化学块体法，三者的实质均为类比法。面金属量法的原理是利用次生晕和分散流资料对矿体进行定量评价，因此其适用范围应为成矿带范围或矿田范围。

（2）按照金背景值取1.85ng/g，牛头沟金矿区基于1:5万化探数据金元素的面金属量为3264km^2·ng/g，基于1:20万化探数据金元素的面金属量为529km^2·ng/g。从1:5万化探普查到1:20万区域化探因工作比例尺不同而造成金面金属量分散而降低，其分散系数为0.162。

（3）基于豫西熊耳山矿集区金异常特征，在该区初步圈定出8个预测区，采用1.85ng/g作为金背景值计算了8个预测区的金面金属量。

（4）基于在牛头沟金矿区1:20万区域化探资料计算获得的比例系数68.0×10^6t/km^2初步估算了豫西熊耳山矿集区内8个预测区的金资源量，包含模型区约915t。

（5）在金预测区范围圈定时除依据金异常发育特征外，还应考虑研究区内已知金属矿产地信息、伴生元素（或找矿指示元素）的异常发育情况等。在依据比例系数估算资源量时除依据资源量与面金属量的关系外，还应考虑模型区与预测区的地质矿产相似程度、伴生元素的异常发育程度、面金属量的守恒与分散程度以及风化作用对背景值的影响等因素。

熊耳山矿集区金资源量定量预测

矿集区地球化学定量预测经常采用面金属量法，该方法可以划分为预测区圈定、面金属量计算、资源量估算以及资源量校正等步骤。

第一节　预测区圈定

一、预测区圈定原则

基于豫西熊耳山矿集区 1∶20 万区域化探主成矿元素金与找矿指示元素的异常特征以及有色金属矿产信息等资料分析，熊耳山矿集区金预测区圈定原则可概括为：

（1）预测区需存在金异常，异常具有明显浓度分带则更优。

（2）预测区面积需有一定的规模，以保证面金属量计算具有一定的稳健性。

（3）预测区范围可以选择不封闭的异常区，但以封闭的异常区作为预测区可能更优。

（4）主成矿元素预测区范围圈定应参考伴生元素（或找矿指示元素）的异常发育情况。

（5）预测区范围应尽量包含已知矿产地。

二、地球化学综合异常图

研究伴生元素（或找矿指示元素）综合异常特征的方法通常是绘制地球化学综合异常图。综合异常图的编制主要依据综合解释的需要而确定，可以是多个元素的空间叠合，也可以是应用多元素数据处理获得的归一化结果按照单元素异常的划分方法来圈定异常（向运川等　2010）。

本书选择牛头沟金矿床为典型矿床且已确定除 Au 以外的 9 项找矿指示元素。因此地球化学异常图的信息应反映 9 项找矿指示元素的异常信息。此处采用归一化指标来综合 9 项找矿指示元素的异常特征。9 项找矿指示元素含量数据形成归一化指标的计算步骤如下：

（1）将每项元素含量数据除以各自的异常下限形成无量纲的数据。元素异常下限值取其中国水系沉积物中位值的 1.4 倍，中国水系沉积物中位值数据引自迟清华和鄢明才

(2007)。

(2) 将小于1的数据(即背景区数据)用0来替换,将大于或等于1的数据(即异常区数据)用1来替换。即用1来代表异常区,用0来代表背景区。

(3) 将替换后的9项元素的数据累加形成归一化指标,其数据变化范围为0~9,且均为整数。

将上述9项找矿指示元素数据归一化形成的综合指标按照单元素方法绘制地球化学图,即将网格数据采用间隔为1的等差方式绘制等值区及等值线(图8-1)。

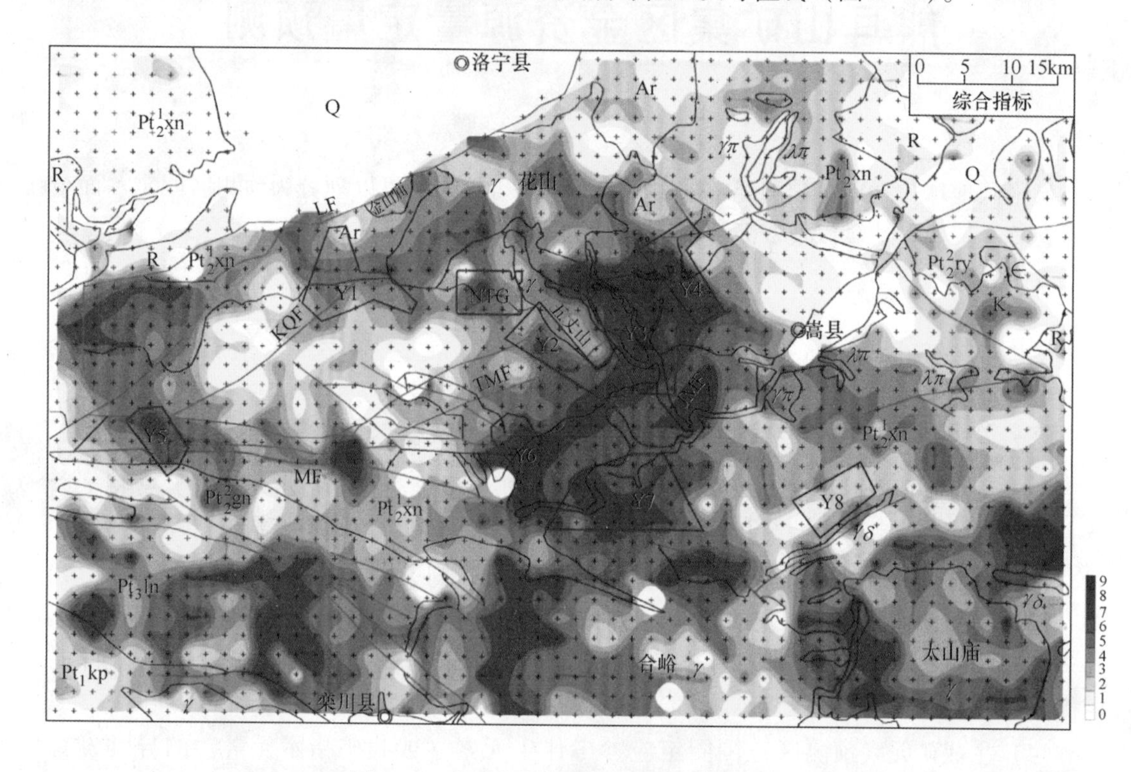

图8-1 找矿指示元素综合指标地球化学图

(十字线点为综合指标的网格数据点位;图中蓝色区域为计算牛头沟金矿区面金属量的范围(NTG)和原圈定的预测区范围及其编号(Y1~Y8);底图为豫西熊耳山矿集区地质简图(图1-2))

从图8-1可以看出:(1) 综合指标异常下限取值若为1,则其异常范围除西北角和东北角外基本涵盖了整个研究区,即大部分区域在9种元素中至少1种元素存在异常。这种确定异常区域的方法在空间分析中相当于求9项元素异常区的并集,即逻辑或的关系。该方法所确定的异常区域范围最大。(2) 综合指标异常下限取值若为9,则所圈定的异常区内9种元素均存在异常,这种确定异常区域的方法在空间分析中相当于求9项元素异常区的交集,即逻辑与的关系。该方法所确定的异常区域范围最小。

为了避免取9项元素异常区的逻辑或造成异常区面积最大以及取逻辑与造成异常区面积最小的弊端,本节基于图8-1中综合指标的空间分布特征建议综合指标异常下限取值为5,即所圈定的异常区在9种元素中至少有5种元素存在异常。

综合指标异常下限取值为5时的异常区如图8-2所示,图中综合指标异常不进行浓度分带，采用面色表示。

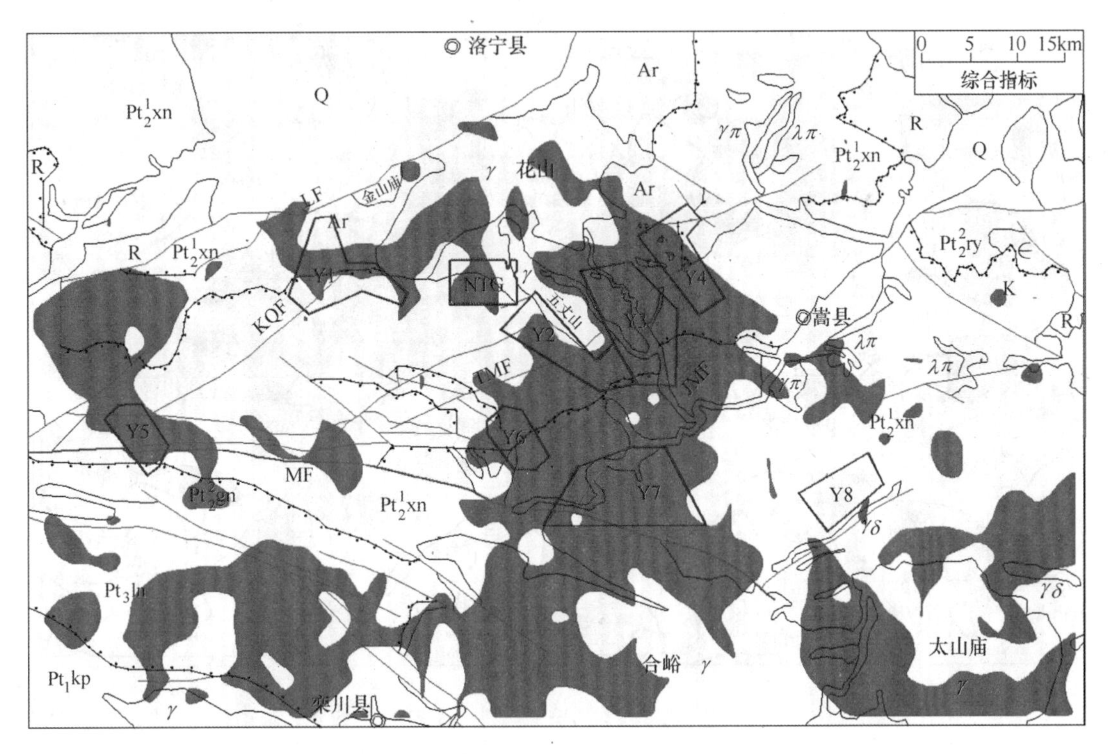

图 8－2 找矿指示元素综合指标异常图

（蓝色区域为计算牛头沟金矿区面金属量的范围（NTG）和原圈定的预测区范围及其编号（Y1 ~ Y8）；底图为豫西熊耳山矿集区地质简图（图 1－2））

上述伴生元素综合指标的异常区范围为圈定熊耳山矿集区金预测区提供了参考。

三、金预测区圈定

基于预测区圈定的 5 条原则和 9 项伴生元素综合指标异常区范围（图 8－2）及熊耳山矿集区有色金属矿产信息（图 1－3），对原圈定的 8 个金找矿预测区范围进行了调整，同时又增加了两个金找矿预测区，编号为 Y9 和 Y10（图 8－3）。

前文研究发现从 1∶5 万化探到 1∶20 万化探牛头沟金矿区金面金属量存在明显的分散稀释作用，因此建议在采用类比法估算金资源量时最好采用相同比例尺的化探数据来进行计算，这样可以避免因分散稀释作用不同而引入估算误差。由于本次金资源量定量预测基于的数据为 1∶20 万区域化探数据，因此在基于 1∶20 万化探金异常信息、找矿指示元素综合异常信息以及熊耳山矿集区金属矿产地信息圈定金预测区时也对模型区，即牛头沟金矿区的范围进行了调整，以便更好地进行类比估算预测区的金资源量。牛头沟金矿区的面积由基于 1∶5 万化探普查所确定的 31.01km^2 调整为 74.83km^2（图 8－3）。

在上述 10 个金预测区，Y1 面积最大，为 212.3km^2，是牛头沟金矿模型区面积 74.83km^2 的 2.84 倍；Y9 面积最小，为 33.11km^2，是模型区面积的 44.2%。

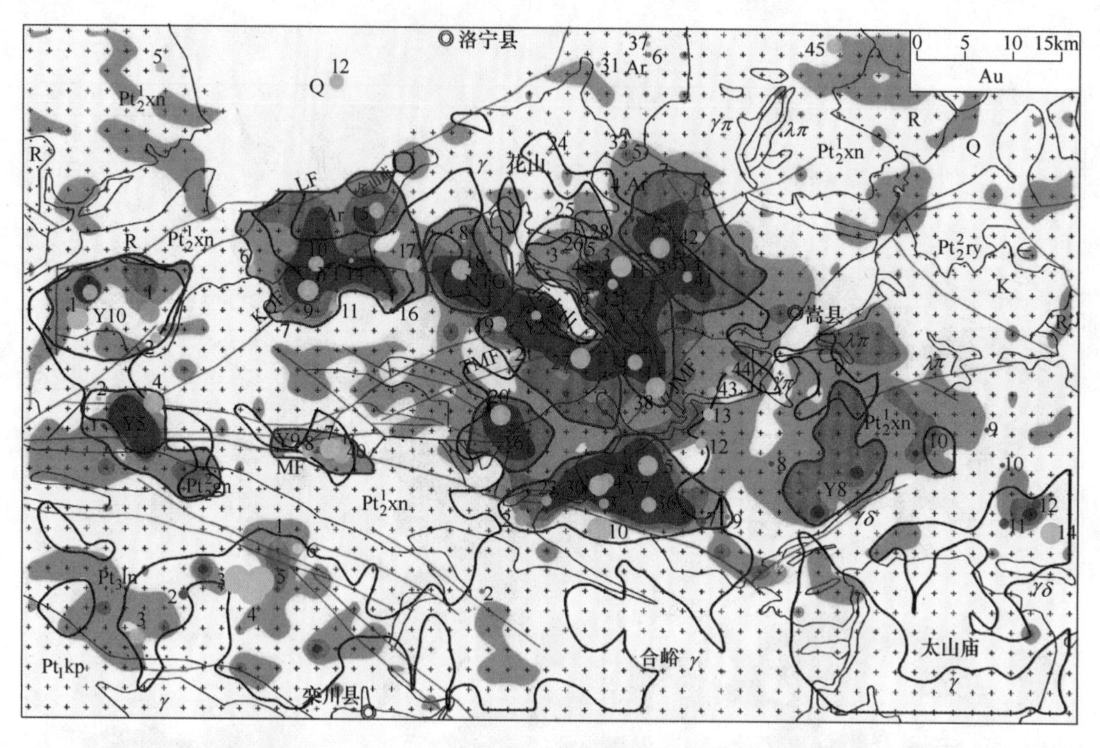

图 8－3 豫西熊耳山矿集区金异常图及金找矿预测区

（十字线点为网格数据点位，点间距为 2km；Au 异常外、中、内带起始值分别为 1.85ng/g、3.7ng/g、7.4ng/g；图中黑色粗线区域为 9 项找矿指示元素综合指标的异常区；蓝色粗线区域为计算牛头沟金矿区面金属量的范围（NTG）和所圈定的预测区范围及其编号（Y1～Y10）；底图为豫西熊耳山矿集区金属矿产简图（图 1－3））

第二节 金面金属量及金资源量初步估算

一、面金属量计算

面金属量计算涉及到异常区（或模型区与预测区）范围和异常区内元素背景值两个必备参数。在模型区与预测区范围圈定之后（图 8－3）则计算面金属量所需的面积参数已确定。金元素的背景值仍采用中国水系沉积物金元素含量中位值的 1.4 倍，即 1.85ng/g。

由于定量预测所基于的化探数据为网格化数据，因此面金属量的计算采用式（7－2）来计算。豫西熊耳山矿集区内牛头沟金矿区（即模型区）和 10 个金找矿预测区的参数统计见表 8－1。

表 8－1 豫西熊耳山矿集区金预测区参数统计

预测区编号	面积 /km^2	数据个数	最小值 /$ng \cdot g^{-1}$	最大值 /$ng \cdot g^{-1}$	中位值 /$ng \cdot g^{-1}$	平均值 /$ng \cdot g^{-1}$	标准差 /$ng \cdot g^{-1}$	面金属量 /$km^2 \cdot ng \cdot g^{-1}$	金资源量 /t
NTG	74.83	22	1.6	41	5.4	9.51	10.6	573	36
Y1	212.3	53	1.6	554	4.4	26.1	101	5148	324

续表 8－1

预测区编号	面积/km²	数据个数	最小值/ng·g⁻¹	最大值/ng·g⁻¹	中位值/ng·g⁻¹	平均值/ng·g⁻¹	标准差/ng·g⁻¹	面金属量/km²·ng·g⁻¹	金资源量/t
Y2	114.6	27	1.39	63	6.59	13.9	16.0	1381	87
Y3	142.9	37	1.89	32	6.8	9.22	7.29	1053	66
Y4	127.6	32	2.4	350	6.4	28.9	83.3	3453	217
Y5	84.65	20	1.6	207	3.25	17.4	45.7	1316	82
Y6	46.00	12	3.79	12	7.9	7.76	3.25	272	17
Y7	162.1	40	0.8	103	7.39	15.1	21.8	2148	135
Y8	79.85	20	2.09	10.6	4.59	5.08	2.19	258	16
Y9	33.11	10	1.5	6.5	2.2	2.69	1.47	27.7	2
Y10	118.6	32	0.89	141	2.25	6.66	24.5	571	36

注：预测区编号参见图 8－3；金资源量值计算采用式（7－6），金资源量合计 1018t。

在上述 10 个金预测区，Y1 面金属量最大，为 5148km²·ng/g；Y9 面金属量最小，为 27.7km²·ng/g。

作为模型区的牛头沟金矿区面金属量为 573km²·ng/g，计算时所采用的面积为 74.83km²、金背景值为 1.85ng/g。在前文按照 1:5 万调查所圈定的面积为 31.01km²，金背景值仍为 1.85ng/g 时所计算获得的金面金属量为 529km²·ng/g。尽管两次计算所采用的面积差达 1 倍以上（74.83/31.01 － 1 = 1.41），但面金属量值的误差仅为 8.3%（573/529 －1 =8.3%），即模型区面积的大小对面金属量的影响不很明显。这与前文在牛头沟金矿区基于 1:5 万化探金外、中、内带异常区面金属量的研究认识“随着异常范围的增大面金属量具有降低的趋势”不一致。因此模型区与预测区面积存在显著差异时对资源量估算的影响仍需深入研究。

二、金资源量初步估算

在基于模型区与预测区面金属量估算资源量时，尽管影响资源量估算的因素有地质相似程度、伴生元素的指示程度、面积差异程度等因素，但在不考虑这些因素影响时可以采用简单面金属量比例系数来进行资源量初步估算。

牛头沟金矿区累计探明金金属量为 36t，上述 1:20 万区域化探牛头沟矿区金的面金属量为 573km²·ng/g。按照面金属量法进行定量估算金资源量时，其比例系数 k = 36t/573km²·ng/g = 62.8 × 10⁶t/km²。

预测区的金资源量计算则采用式（7－6）来进行计算，即 $R_a = 62.8 \times 10^6 P_a$，其中 P_a 为预测区的面金属量，R_a 为预测区的金资源量，计算结果见表 8－1。

在上述 10 个金预测区，Y1 金资源量最大，为 324t；Y9 金资源量最小，为 2t。但由金矿产信息可知在 Y9 预测区内已发现有红庄大型金矿床，因此仅采用面金属量比例系数来进行资源量估算过于简单。

豫西熊耳山矿集区上述 10 个金找矿预测区初步估算的金总资源量约 982t，若加上牛头沟模型区的 36t 金资源量，则初步估算的金总资源量约 1018t。

第三节 资源量计算校正

由于仅采用面金属量比例系数来进行资源量估算方法过于简单，估算的资源量可能与实际情况差异较大，因此需考虑影响资源量估算的因素，如面金属量的守恒与分散情况、矿体的剥蚀情况、模型区与预测区的地质相似程度、元素背景值的波动情况等。

一、面金属量守恒与分散

（一）面金属量的守恒

H. E. Hawkes（1976）提出了矿体规模与汇水盆地大小、矿体品位和出露面积关系的经验公式：

$$A_m(Me_m - Me_b) = A_a(Me_a - Me_b) \quad (8-1)$$

式中，A_m 为矿体出露面积；Me_m 为矿体金属含量；Me_b 为背景区金属含量；A_a 为异常上游汇水盆地面积；Me_a 为水系中异常区金属含量（王学求 2003）。式（8－1）左边为矿体在地表的面金属量，右边为异常区的面金属量，式（8－1）为面金属量守恒公式。

实际上，式（8－1）左边应为原生晕的面金属量，它是岩石异常区的面金属量，矿体出露区的面金属量仅是原生晕面金属量的一部分。由于矿体出露区的面金属量在整个原生晕面金属量中占主导地位，因此可以用矿体出露区的面金属量来代替整个原生晕面金属量，即式（8－1）左边的计算结果。

牛头沟金矿区基于1∶5万化探调查按照面积31.01km^2 所计算的面金属量为3264km^2·ng/g。

按照图2－1，牛头沟金矿区脉状金矿体在地表的出露面积为0.105km^2，其中松里沟矿段为0.055km^2、小岭（包含阴寺沟和南沟）矿段为0.029km^2、上庄矿段为0.021km^2。含矿角砾岩体在地表的出露面积为0.176km^2，其中沙土凹矿段为0.124km^2，木耳沟矿段为0.052km^2。两种类型的矿体在地表的总出露面积为0.284km^2。

若假设面金属量守恒，即原生晕的面金属量可由矿体出露区的面金属量来代替，且原生晕面金属量与次生晕面金属量（即1∶5万化探普查所获得的面金属量）相同，则由式（8－1）可推算出牛头沟金矿区地表出露矿体的平均品位为3264km^2·ng/g÷0.284km^2＋1.85ng/g≈11494.8ng/g≈11.5g/t。即平均品位为11.5g/t的矿体依据目前在地表的出露范围（0.284km^2）可形成面金属量为3264km^2·ng/g的面积为31.01km^{2}的异常区。

（二）面金属量法的修正

面金属量守恒公式中没有矿体深度和异常区深度的概念，若假设式（8－1）涉及的矿体深度为h_m，异常区涉及的深度为h_a，在面金属量守恒且金属量也守恒的条件下，则$h_m = h_a$。

牛头沟金矿区主矿体位于松里沟矿段，其主矿体平均品位为1.13g/t。若假设牛头沟矿区整个矿体的平均品位或地表出露矿体的平均品位也为1.13g/t，则比较符合实际情况，但与按照面金属量守恒所计算出的平均品位11.5g/t明显不同。

假设在现有面金属量为3264km^2·ng/g和面金属量所涉及的深度h_a不变的情况下，按照目前矿体的地表出露范围（0.284km^2）及矿体平均品位为1.13g/t估算，则需要

11.5/1.13=10.2 倍的 h_a 深度的矿体遭受剥蚀导致矿质分散才能形成上述规模的面金属量。即此时 $h_m=10.2h_a$（h_a 的值假设不变）。

由上述分析可知，面金属量的大小并不与目前所保有矿体储量多少有关，而与已经剥蚀矿体的储量有关。因此基于简单面金属量估算的资源量存在误区，不能利用保有储量与面金属量来获得类比系数进行资源量估算，必须借助于矿体的剥蚀系数来进行资源量估算。

假设矿体的总储量为 R_{mt}，矿体的剥蚀系数为 F_m，F_m 取值范围为 0~1，则矿体的剥蚀量为 F_mR_{mt}，矿体保有储量或目前矿产资源量 R_m 则等于 $(1-F_m)R_{mt}$。采用面金属量法进行资源量估算时，比例系数 k 的计算方法由式（7-3）修正为：

$$F_mR_{mt}=F_m\frac{R_m}{1-F_m}=R_m\frac{F_m}{1-F_m}=kP_m \tag{8-2}$$

式中，P_m 为矿体所在模型区的面金属量。同理，线性系数 a、b 的计算方法由式（7-4）修正为：

$$F_mR_{mt}=F_m\frac{R_m}{1-F_m}=R_m\frac{F_m}{1-F_m}=a+bP_m \tag{8-3}$$

式中，a、b 为线性系数，分别代表直线的截距和斜率。同样，当采用非线性拟合，如幂函数拟合时其方程可表示为：

$$F_mR_{mt}=F_m\frac{R_m}{1-F_m}=R_m\frac{F_m}{1-F_m}=f(P_m)=aP_m^b \tag{8-4}$$

式中，a、b 分别为拟合系数。

假设预测区的面金属量为 P_a，预测区待估算的矿产资源量为 R_a，预测区的资源剥蚀系数为 F_a，F_a 取值范围为 0~1，则预测区矿产资源量 R_a 的计算公式为：

$$R_a\frac{F_a}{1-F_a}=kP_a \tag{8-5}$$

$$R_a\frac{F_a}{1-F_a}=a+bP_a \tag{8-6}$$

$$R_a\frac{F_a}{1-F_a}=f(P_a)=aP_a^b \tag{8-7}$$

式中不涉及模型区与预测区各自所控制的深度、岩石的密度等信息。式（8-5）、式（8-6）和式（8-7）分别与式（8-2）、式（8-3）和式（8-4）相对应。

（三）面金属量的分散

当研究区内矿体或原生晕基岩遭受剥蚀分散形成次生晕（土壤介质）或分散晕（水系沉积物介质）时，在异常区封闭、背景值固定且背景区有少量金属加入时即可形成异常区条件下的面金属量守恒。在实际地球化学调查中，研究区内异常封闭和背景值固定的条件容易满足，但当少许金属量加入到背景区且不足以引起背景变为异常时，这部分加入到背景区的金属量则被背景所掩盖或“蒸发”了，从而将导致面金属量分散，降低而不守恒。

在牛头沟矿区 1∶5 万化探普查中，矿区金异常不封闭，在选定金背景值为 1.85ng/g 时金的面金属量为 $3264\mathrm{km}^2\cdot\mathrm{ng/g}$。在 1∶20 万化探调查中，金背景值同样选定为 1.85ng/g，金异常在牛头沟金矿区也不封闭，按照 1∶5 万化探圈定的异常区范围计算其面金属量为

529km^2 · ng/g。造成二者面金属量的显著差异可能存在两方面的原因：（1）异常不封闭；（2）工作比例尺不同。

因此前文引入分散系数 *Dc*（Dispersion coefficient）来描绘从1:5万化探普查到1:20万区域化探因工作比例尺不同而造成元素面金属量的分散情况并计算获得牛头沟金矿区金面金属量的分散系数为 Dc_4 =0.162，同时建议选择相同工作比例尺的化探数据来进行面金属量的计算和资源量估算。

二、成晕剥蚀系数

矿体剥蚀系数的概念涉及矿体储量、深度、地球化学指标三个方面的内涵。以图8-4矿体不同剥蚀深度示意图为例，左图代表矿体的轴向延伸已查明，即储量已知，右图代表矿体延伸较大且储量未知。E地形起伏线示意矿体为隐伏矿体，在地表无成矿元素的异常出现。

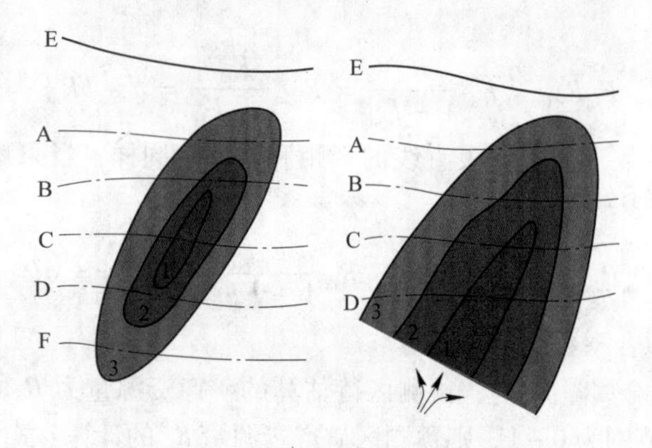

图8-4 矿体不同剥蚀深度示意图

（A~F示意不同高程面，1~3示意元素异常浓度分带或矿体品位分带，箭头示意成矿流体运移方向）

对于图8-4右图矿体而言，随着剥蚀深度A到D加深，主成矿元素在地表形成地球化学异常的面积和强度均增加，即面金属量逐渐加强。但对于图8-4左图矿体（该类型在实际中最为常见），当矿体剥蚀至A时主成矿元素在异常面积和强度两方面有可能与剥蚀至F时相似，因此在定性或定量评价异常时需要考虑矿体的剥蚀程度。

基于原生晕分带理论，矿体剥蚀至A与F地形面时，成矿指示元素的异常面积和强度将存在明显差异。矿体剥蚀至A地形面时，地表元素异常以前缘晕指示元素异常为主导，当矿体剥蚀至F地形面时，地表元素异常则以后尾晕指示元素异常为主导。因此基于原生晕分带特征的地球化学矿体剥蚀系数便被勘查地球化工作者所提出和广泛使用（马振东等 2014，龚鹏和马振东 2013，王卫星等 2012，程乃福等 2011，Chen et al 2008，魏明秀 2001，李惠等 1999a，姚俭和何汉泉 1997；Liu和Xu 1995），这种基于原生晕分带特征所构建的地球化学矿体剥蚀系数必然要与矿体的储量或深度相关联。

对于已探明的矿体（图8-4左图），可假设不同剥蚀深度（如A到F）分别计算出基于储量的矿体剥蚀系数和基于深度的矿体剥蚀系数。通过不同标高系统的地球化学剖面研究，可探索原生晕元素组合指标与储量剥蚀系数或深度剥蚀系数的关系，即构建基于原生晕的地球化学矿体剥蚀系数。在研究程度较低的矿区，矿体的储量剥蚀系数或深度剥蚀系数一般难以获得，但所构建的地球化学矿体剥蚀系数则相对易于获得。在矿区原生晕勘查中，地球化学矿体剥蚀系数可以帮助我们来推测隐伏矿体的延伸潜力。

在地表地球化学勘查中，次生晕（土壤地球化学异常）和分散晕（水系沉积物地球化学异常）通常对原生晕（岩石地球化学异常）具有较好的继承性。这种继承性包括元素组合和元素含量两个方面，因此基于原生晕的矿体剥蚀系数也可尝试于土壤和水系沉积物地球化学调查工作中，建议将这种地球化学矿体剥蚀系数称为成晕剥蚀系数，适用于岩石、土壤和水系沉积物的勘查地球化学研究方面。

（一）成晕剥蚀系数的研究概况

矿体成晕剥蚀系数的构建是基于原生晕分带理论，以主成矿元素为标准，将其他成矿指示元素划分为前缘晕、矿体晕和后尾晕。如李惠等（1999a）汇集了中国63个典型金矿床的原生晕轴向分带序列资料，通过对58个典型金矿床原生晕轴向分带序列的概率统计得出了中国金矿床原生晕综合轴向（垂直）分带序列，自上至下是：

B－As－Hg－F－Sb－Ba→Pb－Ag－Au－Zn－Cu→W－Bi－Mo－Mn－Ni－Cd－Co－V－Ti

矿体前缘及上部　　　　矿体中部　　　　矿体下部及尾晕

即以Au为主成矿元素时，前缘晕元素组合为B、As、Hg、F、Sb、Ba，矿体晕元素组合为Pb、Ag、Zn、Cu，后尾晕元素组合为W、Bi、Mo、Mn、Ni、Cd、Co、V、Ti。

在上述原生晕轴向（垂向）分带序列的基础上，李惠等（1999b，1999c，1999d）提出地化参数a=前缘晕组合元素（含量、累加、累乘等）/后尾晕组合元素（含量、累加、累乘等）和地化参数b=后尾晕组合元素/前缘晕组合元素来判断矿体的剥蚀程度或指示原生晕的叠加特征。

姚俭和何汉泉（1997）在研究诸暨铜岩山矿区剥蚀程度时利用前缘晕组合元素累乘与后尾晕元素组合累乘之比构建了矿体剥蚀系数。魏明秀（2001）在研究山东界河金矿小涝洼矿区剥蚀程度时利用前缘晕元素As与主成矿元素Au的含量比值构建了判断矿床剥蚀程度的剥蚀判别指数。朴寿成等（2005）在研究内蒙古金厂沟梁金矿床39号脉时提出利用前缘晕组合元素累加与后尾晕元素组合累加之比来判断矿体的空间延伸及叠加情况。王超等人（2006）在研究山东招远上庄金矿原生晕特征时也利用前缘晕组合元素累加与后尾晕组合元素累加之比来判断矿体空间延伸及隐伏矿叠加情况。这些研究均是基于原生晕轴向分带理论来构建指数以反映矿体剥蚀程度的，其方法实质上均与李惠等人（1999b）所提出的地化参数a相一致，即基于岩石地球化学测量和原生晕分带特征来构建剥蚀系数。

张荣国和夏广清（2010）在研究内蒙古达塞脱东区土壤地球化学异常特征时发现研究区异常元素存在明显的水平分带性，借鉴原生晕轴向分带规律的元素组合特征，定性指出以前缘晕组合元素为主的异常区矿体剥蚀程度低，以后尾晕组合元素为主的异常区矿体剥蚀程度高。程乃福等人（2011）在安徽省蔡家山金异常区开展1∶1万土壤测量时，基于原生晕水平分带理论，利用前缘晕元素Sb、Hg衬值累加与矿体晕元素Au、Ag衬值累加的比值构建了剥蚀程度指标。杨宏林等人（2013）在研究陕西安康梅子铺金矿区1∶5000土壤化探异常时利用前缘晕元素As和矿体晕元素Au的比值来判断矿体的剥蚀程度。这些研究是将原生晕分带特征应用到地表并将岩石介质推广到土壤介质来定性或定量判断矿体的剥蚀程度。

康太翰和于洪顺（1997）提出异常元素水平分带的计算方法，基于1∶5万水系沉积物化探数据研究了3个金矿床找矿指示元素的水平分带特征，利用前缘晕、矿体晕和后尾晕指示元素的空间分布特征定性分析了矿床的剥蚀程度。在全国矿产资源潜力评价地球化学定量预测研究中，马振东等（2014）借鉴原生晕轴向分带理论，利用1:20万水系沉积物区域化探数据加上矿体后尾晕与后尾晕加上前缘晕的比值，将该比值称为剥蚀系数，同时利用前缘晕、矿体晕、后尾晕各自组合元素的规格化面金属量（Normalized Areal Productivity，简写为NAP，其实质为异常衬度的面金属量）累加绘制三角图，同时假定剥蚀系数的值在［0，1］区间内且前缘晕端元的剥蚀系数为0、后尾晕端元的剥蚀系数为1，以此来判断矿床的剥蚀程度（龚鹏和马振东 2013）。这种剥蚀系数的构建方法在省级地球化学定量预测中得到推广应用（王卫星等 2012）。这些研究是将原生晕分带特征应用到地表，并将岩石介质推广到水系沉积物介质来构建成晕剥蚀系数以判断矿体的剥蚀程度。

综上所述，成晕剥蚀系数是基于原生晕分带理论，将成矿或找矿指示元素划分为前缘晕、矿体晕和后尾晕组合，进而根据元素含量数据构建地化参数，即反映矿体剥蚀程度的地球化学综合指标。这种综合指标可应用到岩石、土壤、水系沉积物介质中来指示某一剥蚀面矿体的剥蚀程度。本节建议将这一反映矿体剥蚀程度的地球化学综合指标称为成晕剥蚀系数，其数据可限定在［0，1］区间内。

（二）成晕剥蚀系数的计算公式

按照目前成晕剥蚀系数的研究概况，本节提出成晕剥蚀系数这一概念，并提出其相应的计算公式。设某一元素的含量用C来表示，C_a为该元素的异常下限。在某一研究区内（并非为该元素的异常区）按照以下步骤来计算成晕剥蚀系数：

（1）成矿或找矿指示元素含量数据C，需满足$C \geqslant 0$。

（2）确定指示元素的异常下限C_a。当取样介质为土壤或水系沉积物时建议元素异常下限C_a值分别取其中国土壤或中国水系沉积物中位值的1.4倍（佟依坤等 2014），中国土壤与中国水系沉积物中位值数据引自迟清华和鄢明才（2007）。

（3）将元素i含量C_i除以其异常下限C_{ai}形成无量纲数据K_{ai}（即$K_{ai}=C_i/C_{ai}$），在异常区K_{ai}即为元素i的异常衬度。

（4）将K_{ai}小于1的数据（即背景区数据）用1来替换。即背景区（包括低异常区）元素的衬值K_a均为1。

（5）将替换后的数据取以10为底的对数，即$\lg K_{ai}$，此时$\lg K_{ai} \geqslant 0$。

（6）确定前缘晕组合元素，如As、Sb、Hg、F；矿体晕组合元素，如Cu、Pb、Zn、Ag；后尾晕组合元素，如W、Mo、Bi、Co。

（7）a 对样品点j（$1 \leqslant j \leqslant n$，$n$为样品数），分别计算前缘晕（front halo）、矿体晕（ore halo）和后尾晕（rear halo）组合元素的$\lg K_{aj}$累加值S_{fh_j}、S_{oh_j}和S_{rh_j}。如以As、Sb、Hg、F作前缘晕组合元素、Cu、Pb、Zn、Ag作矿体晕组合元素、W、Mo、Bi、Co作后尾晕组合元素为例：

$$S_{fh_j}=\lg K_{ajAs}+\lg K_{ajSb}+\lg K_{ajHg}+\lg K_{ajF}$$
$$S_{oh_j}=\lg K_{ajCu}+\lg K_{ajPb}+\lg K_{ajZn}+\lg K_{ajAg}$$
$$S_{rh_j}=\lg K_{ajW}+\lg K_{ajMo}+\lg K_{ajBi}+\lg K_{ajCo}$$

（8）a 计算样品点j的成晕剥蚀系数F_j。基于后尾晕（rear halo）和矿体晕（ore halo）

元素组合的剥蚀系数记为 F_{ro_j}，基于矿体晕和前缘晕（front halo）元素组合的剥蚀系数记为 F_{of_j}，基于后尾晕和前缘晕元素组合的剥蚀系数记为 F_{rf_j}，计算如下：

$$F_{ro_j} = S_{rh_j}/(S_{rh_j} + S_{oh_j}) \tag{8-8}$$

$$F_{of_j} = S_{oh_j}/(S_{oh_j} + S_{fh_j}) \tag{8-9}$$

$$F_{rf_j} = S_{rh_j}/(S_{rh_j} + S_{fh_j}) \tag{8-10}$$

上述计算公式中分母为0时其值为空值，即剥蚀系数无意义。

(9)a 上述三个剥蚀系数综合构成成晕剥蚀系数 F_j，其计算如下：

$$F_j = 0.25F_{ro_j} + 0.25F_{of_j} + 0.50F_{rf_j} \tag{8-11}$$

当 $S_{fh_j} = 0$ 时 $F_j = F_{ro_j}$ (8-12)

当 $S_{rh_j} = 0$ 时 $F_j = F_{of_j}$ (8-13)

当 $S_{oh_j} = 0$ 时或 $S_{fh_j} = S_{rh_j} = 0$ 时 F_j 为空值 (8-14)

(7)b 对研究区（如取所有样品点的平均值）分别计算前缘晕、矿体晕和后尾晕组合元素的 $\lg K_a$ 累加值 S_{fh}、S_{oh}和 S_{rh}。如以 As、Sb、Hg、F 作前缘晕组合元素、Cu、Pb、Zn、Ag 作矿体晕组合元素、W、Mo、Bi、Co 作后尾晕组合元素为例，则

$$S_{fh} = \lg K_{aAs} + \lg K_{aSb} + \lg K_{aHg} + \lg K_{aF}$$

$$S_{oh} = \lg K_{aCu} + \lg K_{aPb} + \lg K_{aZn} + \lg K_{aAg}$$

$$S_{rh} = \lg K_{aW} + \lg K_{aMo} + \lg K_{aBi} + \lg K_{aCo}$$

(8)b 计算研究区的成晕剥蚀系数 F。基于后尾晕和矿体晕元素组合的剥蚀系数记为 F_{ro}，基于矿体晕和前缘晕元素组合的剥蚀系数记为 F_{of}，基于后尾晕和前缘晕元素组合的剥蚀系数记为 F_{rf}，计算如下：

$$F_{ro} = S_{rh}/(S_{rh} + S_{oh}) \tag{8-15}$$

$$F_{of} = S_{oh}/(S_{oh} + S_{fh}) \tag{8-16}$$

$$F_{rf} = S_{rh}/(S_{rh} + S_{fh}) \tag{8-17}$$

上述计算公式中分母为0时其值为空值，即剥蚀系数无意义。

(9)b 上述三个剥蚀系数综合构成成晕剥蚀系数 F，其计算如下：

$$F = 0.25F_{ro} + 0.25F_{of} + 0.50F_{rf} \tag{8-18}$$

当 $S_{fh} = 0$ 时 $F = F_{ro}$ (8-19)

当 $S_{rh} = 0$ 时 $F_j = F_{of}$ (8-20)

当 $S_{oh} = 0$ 时或 $S_{fh} = S_{rh} = 0$ 时 F 为空值 (8-21)

上述成晕剥蚀系数计算式（8-11）和式（8-18）采用的权重0.25、0.25 和0.50 为经验给定值，可根据实际情况进行校正调整。成晕剥蚀系数 F 或 F_j 的取值范围在［0, 1］区间内。

（三）牛头沟金矿区成晕剥蚀系数

在前文1:20 万区域化探异常研究中已确定牛头沟金矿区的找矿指示元素为 Au、W、Mo、Bi、Pb、Zn、Ag、Co、Y、F 共计10 项。按照李惠等人（1999a）所总结的中国金矿床原生晕综合轴向（垂直）分带序列，Co、W、Mo、Bi 为后尾晕元素组合，Au、Pb、Zn、Ag 为矿体晕元素组合，F 为前缘晕元素。Y 在李惠等人（1999a）的研究中并未讨

论，但依据 Y 元素在花岗岩及伟晶岩中比较富集的特征，本节将其视为金矿体的后尾晕指示元素。由于 Au 为主成矿元素，在金预测区圈定和金面金属量计算中均已发挥重要作用，因此在剥蚀系数计算中不考虑主成矿元素 Au。由此可以得出，在 1∶20 万区域化探调查中牛头沟金矿区的前缘晕指示元素为 F，矿体晕指示元素为 Pb、Zn、Ag，后尾晕指示元素为 Y、Co、W、Mo、Bi。即指示元素组合以后尾晕和矿体晕为主，缺乏前缘晕组合元素，这表明牛头沟金矿床的剥蚀程度较大。

根据成晕剥蚀系数的计算方法可知，当某元素不存在异常时即使其被选为指示元素，计算结果也不影响成晕剥蚀系数的值。鉴于此，按照李惠等人（1999a）的研究结果建议选择 W、Mo、Bi、Co 为金矿体的前缘晕元素组合，Cu、Pb、Zn、Ag 为矿体晕元素组合，As、Sb、Hg、F 为后尾晕元素组合。表 8－2 所示为在牛头沟金矿区内选择六个样品点的 12 项指示元素含量数据计算成晕剥蚀系数的过程。

表 8－2 成晕剥蚀系数计算流程

步骤	项目	样号	W	Mo	Bi	Co	Cu	Pb	Zn	Ag	As	Sb	Hg	F
1	C[①]	1171	4.69	1.5	0.31	24.7	19	37.79	90	91	5.3	0.47	30	828
		1116	5.59	1.15	0.1	15	19	42.2	93	120	3.4	0.62	30	532
		1424	0.74	0.58	0.92	0.93	0.84	1.01	0.85	0.80	0.46	0.38	0.40	1.47
		1270	10.02	1.82	0.57	12.5	14	30	91	57	2.7	0.25	40	866
		1221	2.2	0.62	0.36	16.39	29	58.79	109	130	8.1	0.44	30	571
		1273	2.2	0.68	0.4	13.39	19	33.7	77	76	6.3	0.75	20	421
2	C_a[②]	—	2.52	1.18	0.43	16.94	30.8	33.6	98	108	14	0.97	50	686
3	K_a	1171	1.86	1.28	0.71	1.46	0.62	1.12	0.92	0.84	0.38	0.49	0.60	1.21
		1116	2.22	0.98	0.23	0.89	0.62	1.26	0.95	1.11	0.24	0.64	0.60	0.78
		1424	0.74	0.58	0.92	0.93	0.84	1.01	0.85	0.80	0.46	0.38	0.40	1.47
		1270	3.98	1.55	1.31	0.74	0.45	0.89	0.93	0.53	0.19	0.26	0.79	1.26
		1221	0.87	0.53	0.83	0.97	0.94	1.75	1.11	1.21	0.58	0.46	0.60	0.83
		1273	0.87	0.58	0.92	0.79	0.62	1.00	0.79	0.71	0.45	0.78	0.40	0.61
4	K_a[③]	1171	1.86	1.28	1	1.46	1	1.12	1	1	1	1	1	1.21
		1116	2.22	1	1	1	1	1.26	1	1.11	1	1	1	1
		1424	1	1	1	1	1	1.01	1	1	1	1	1	1.47
		1270	3.98	1.55	1.31	1	1	1	1	1	1	1	1	1.26
		1221	1	1	1	1	1	1.75	1.11	1.21	1	1	1	1
		1273	1	1	1	1	1	1	1	1	1	1	1	1
5	$\lg K_a$	1171	0.27	0.11	0	0.16	0	0.05	0	0	0	0	0	0.08
		1116	0.35	0	0	0	0	0.10	0	0.05	0	0	0	0
		1424	0	0	0	0	0	0.01	0	0	0	0	0	0.17
		1270	0.60	0.19	0.12	0	0	0	0	0	0	0	0	0.10
		1221	0	0	0	0	0	0.24	0.05	0.08	0	0	0	0
		1273	0	0	0	0	0	0	0	0	0	0	0	0
6	分组	—	前缘晕				矿体晕				后尾晕			

续表 8－2

	样品号	1171	1116	1424	1270	1221	1273		参数	研究区
7a	S_{rh_j}	0.54	0.35	0	0.91	0	0	7b	S_{rh}	1.80
	S_{oh_j}	0.05	0.15	0.01	0	0.37	0		S_{oh}	0.58
	S_{fh_j}	0.08	0	0.17	0.1	0	0		S_{fh}	0.35
8a	样品号	1171	1116	1424	1270	1221	1273	8b	参数	研究区
	F_{ro_j}	0.92	0.70	0	1	0	空值		F_{ro}	0.76
	F_{of_j}	0.38	1	0.06	0	1	空值		F_{of}	0.62
	F_{rf_j}	0.87	1	0	0.9	空值	空值		F_{rf}	0.84
9a	样品号	1171	1116	1424	1270	1221	1273	9b	参数	研究区
	F_j	0.76	0.70	0.06	空值	空值	空值		F	0.77

①Ag、Hg 含量单位为 ng/g，其他元素含量单位为 μg/g；

②C_a 值取其中国水系沉积物中位值的 1.4 倍；

③将 K_a 小于 1 的数据用 1 来替换。

由于单样品点数据计算成晕剥蚀稀释时可能会遇到无法计算的空值，因此建议对某一区域，如某一预测区作为研究区来计算该区的总体成晕剥蚀系数 F（即按照(7)b～(9)b 来进行计算），这样不仅可以在很大程度上避免 F 取空值的概率，同时可以将研究区的成晕剥蚀系数与研究区的面金属量联系起来，为资源量定量预测提供计算参数。

牛头沟金矿区（即模型区）和 10 个金找矿预测区的成晕剥蚀系数计算结果如表 8－3 所示。

表 8－3　豫西熊耳山矿集区金预测区成晕剥蚀系数

预测区编号	NTG	Y1	Y2	Y3	Y4	Y5	Y6	Y7	Y8	Y9	Y10
面积/km^2	74.83	212.3	114.6	142.9	127.6	84.65	46	162.1	79.85	33.11	118.6
Au 平均值/$ng \cdot g^{-1}$	9.51	26.1	13.9	9.22	28.9	17.4	7.76	15.1	5.08	2.69	6.66
Au 面金属量/$km^2 \cdot ng \cdot g^{-1}$	573	5150	1379	1053	3453	1313	272	2155	258	27.7	571
成晕剥蚀系数 F	0.87	0.75	0.85	0.79	0.78	0.53	0.80	0.78	0.78	0.75	0.72

注：预测区编号参见图 8－3；成晕剥蚀系数计算采用式（8－18）～式（8－21）。

牛头沟金矿区和 10 个金找矿预测区的成晕剥蚀系数如图 8－5 所示。牛头沟金矿区具有该区最大的成晕剥蚀系数，为 0.87。自牛头沟金矿区向东、南、西三方向成晕剥蚀系数均有逐渐减小的规律。在 Y5 预测区出现最小的成晕剥蚀系数，为 0.53，该区地层除早元古代熊耳群外还发育有中元古代官道口群（图 8－5）。

三、背景值与面金属量

前文研究表明对于发育自同一母岩的介质，如果样品的风化程度差异较大，则其微量元素如 Au 的含量差异也较大，但这种元素含量的变化是由于风化作用所致，并非反映成矿作用。因此在计算面金属量时对预测区内所有样品（即数据点）采用同一背景值则因风化富集作用而导致所计算的面金属量偏大，进而影响金属资源量的估算。如果能够消除风

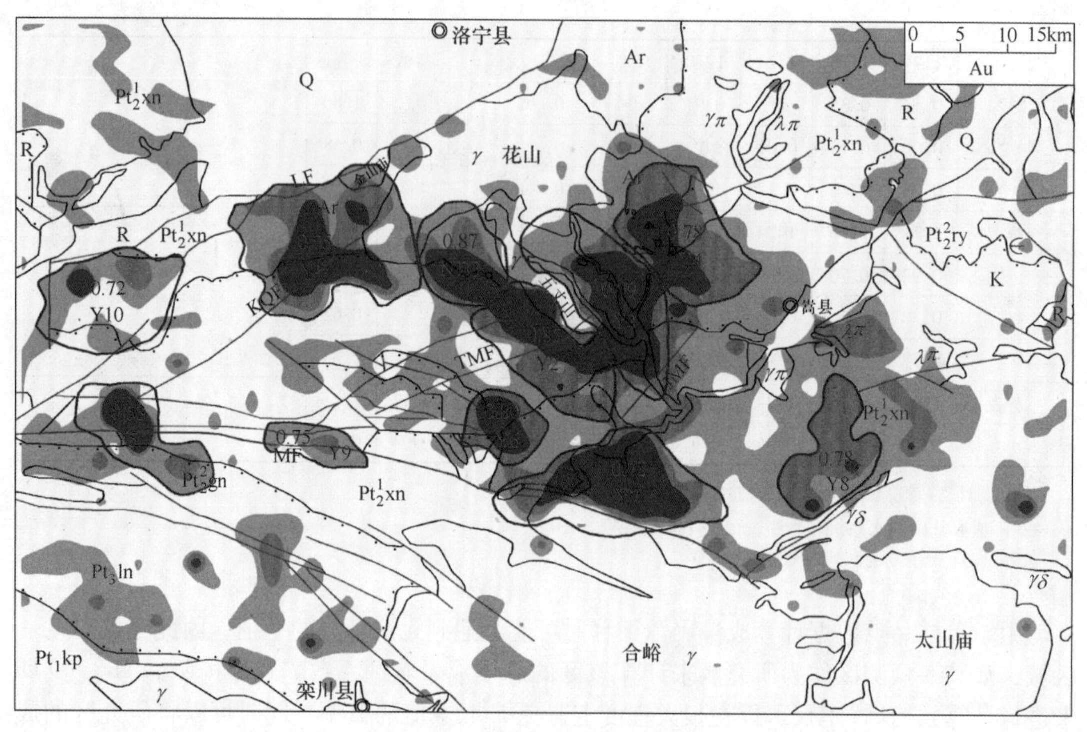

图 8-5 豫西熊耳山矿集区金找矿预测区成晕剥蚀系数

化作用的影响而获得可靠的背景值，则可估算出更为合理的金属资源量。

（一）背景值

由于本次研究的 NTG11D06 风化剖面位于矿区内，其未风化基岩也曾遭受蚀变，因此未能得出定量表征风化过程中 Au 含量变化的经验方程。此处借鉴 Gong 等人（2013）基于胶东玲珑花岗岩风化剖面所提出的经验方程：

$$\ln C_{\mathrm{bAu}} = -0.0731 \times \mathrm{WIG} + 5.75 \text{ 或 } C_{\mathrm{bAu}} = 314.2\mathrm{e}^{(-0.0731 \times \mathrm{WIG})} \qquad (8-22)$$

来计算消除风化作用后的 Au 背景值（C_{bAu}），单位为 ng/g。

（二）面金属量计算方法

基于上述变化背景值来计算金预测区的面金属量，具体计算步骤如下：

（1）依据式（8-22）计算金预测区内每个样品的 Au 背景值，即 C_{bAu}。

（2）由于在区域化探样品分析中常用 Au 分析方法的检出限为 0.2ng/g，故将 C_{bAu} 小于 0.2ng/g 的数据用 0.2ng/g 来替换。这种替换同时也可以弥补超出式（8-22）适用范围时所计算的无意义数据。

（3）用样品点的实测 Au 含量值（C_{Au}）减去该点 Au 的背景值（C_{bAu}）获得 ΔC_{Au}，即 $\Delta C_{\mathrm{Au}} = C_{\mathrm{Au}} - C_{\mathrm{bAu}}$。

（4）将 ΔC_{Au} 小于 0 的值用 0 来替换，即元素含量低于经验方程所确定的背景值时均将其 ΔC_{Au} 视为 0。

（5）研究区元素 i 的面金属量的计算公式采用：

$$P = \sum_{i=1}^{n}(C_i - C_{bi})S_i = \sum_{i=1}^{n}\Delta C_i S_i \quad (8-23)$$

式中，P 为研究区的面金属量；n 为研究区的数据个数（或样品点数）；C_i 为研究区第 i 点的元素含量值；C_{bi}为研究区第 i 点的元素背景值；S_i 为研究区第 i 点的控制面积；以 Au 为例，元素含量单位为 ng/g，面积单位可采用 km^2。

当数据点为规则网格数据，即每一样品点所控制的面积相等时，式（8－23）可简化为：

$$P = S\overline{\Delta C} \quad (8-24)$$

式中，S 为研究区的面积；$\overline{\Delta C}$为研究区 ΔC 的平均值。

（三）预测区面金属量

牛头沟金矿区（即模型区）和 10 个金找矿预测区的面金属量计算结果见表 8－4。

表 8－4 豫西熊耳山矿集区金预测区面金属量

预测区编号①	NTG	Y1	Y2	Y3	Y4	Y5	Y6	Y7	Y8	Y9	Y10
面积/km^2	74.83	212.3	114.6	142.9	127.6	84.65	46	162.1	79.85	33.11	118.6
平均值/$ng \cdot g^{-1}$	9.51	26.1	13.9	9.22	28.9	17.4	7.76	15.1	5.08	2.69	6.66
Au 面金属量/$km^2 \cdot ng \cdot g^{-1}$②	573	5150	1379	1053	3453	1313	272	2155	258	27.7	571
$\overline{\Delta C}_{Au}$/$ng \cdot g^{-1}$	5.6	22.2	8.21	5.23	24.2	14.4	1.93	9.35	0.033	0.511	4.76
Au 面金属量/$km^2 \cdot ng \cdot g^{-1}$③	419	4713	941	747	3088	1219	89	1516	3	17	565
相对误差/%④	－27	－8	－32	－29	－11	－7	－67	－30	－99	－39	－1
成晕剥蚀系数 F	0.87	0.75	0.85	0.79	0.78	0.53	0.8	0.78	0.78	0.75	0.72

①预测区编号参见图 8－3；
②面金属量计算采用式（7－2），Au 背景值为 1.85ng/g；
③面金属量计算采用式（8－24），Au 背景值依据式(8－22)计算获得；
④相对误差 =（面金属量③ － 面金属量②）/面金属量② × 100%。

按照波动背景值的方法计算表明，牛头沟金矿区的面金属量为 419km^2 · ng/g。在 10 个预测区中，Y1 具有最大的面金属量，可达 4713km^2 · ng/g；Y8 具有最小的面金属量，仅为 3km^2 · ng/g。

相对于 Au 定值背景值（1.85ng/g）的面金属量而言，牛头沟金矿区的面金属量减小 27%，Y1 预测区的面金属量减小 8%，但 Y8 预测区的面金属量减小达 99%。此外，Y6、Y9、Y2、Y3 四个预测区的面金属量也显著减小。仅 Y10 预测区的面金属量几乎不变，即与定值背景值所确定的面金属量相一致。

第四节 金资源量定量预测

前文基于所确定的预测区圈定原则以牛头沟金矿区为模型区在豫西熊耳山矿集区圈定了 10 个金找矿预测区。基于面金属量守恒与分散的分析，对面金属量类比法估算资源量进行了校正，提出了包含剥蚀系数的面金属量法估算资源量的计算公式。为了合理估算资源量，提出并构建了成晕剥蚀系数，基于波动背景值改进了面金属量的计算方法。在上述改进的基础上对豫西熊耳山矿集区10个金预测区进行金资源量估算。

模型区及10个预测区的面积数据来源于表8-1。

金背景值（C_{bAu}）的计算采用式（8-22），ΔC_{Au}的计算采用式（8-23），面金属量的计算采用式（8-24）。面金属量数据来源于表8-4。

模型区及预测区的成晕剥蚀系数计算采用式（8-18）~式（8-21），成晕剥蚀系数数据来源于表8-3。

金资源量的计算公式采用式（8-2）和式（8-5）。计算结果如表8-5所示。

表8-5 豫西熊耳山矿集区金预测区资源量计算

预测区编号	NTG	Y1	Y2	Y3	Y4	Y5	Y6	Y7	Y8	Y9	Y10	来 源
面积/km^2	74.83	212.3	114.6	142.9	127.6	84.65	46	162.1	79.85	33.11	118.6	表8-1
$\overline{\Delta C}_{Au}$/$ng \cdot g^{-1}$	5.6	22.2	8.21	5.23	24.2	14.4	1.93	9.35	0.033	0.511	4.76	表8-4
Au面金属量/$km^2 \cdot ng \cdot g^{-1}$	419	4713	941	747	3088	1219	89	1516	3	17	565	表8-4
成晕剥蚀系数F	0.87	0.75	0.85	0.79	0.78	0.53	0.8	0.78	0.78	0.75	0.72	表8-3
金资源量/t	36	903	95	114	501	622	13	246	0.49	3.3	126	合计：2660t

注：预测区编号参见图8-3。

选择牛头沟金矿区金资源量为36t作为标准，采用修正的面金属量法类比计算结果显示，Y1预测区具有最大的金资源量，达903t，Y8预测区具有最小的金资源量，仅0.49t。豫西熊耳山矿集区内模型区与预测区金资源量合计约2660t。具体预测结果与金矿床的关系如图8-6所示。

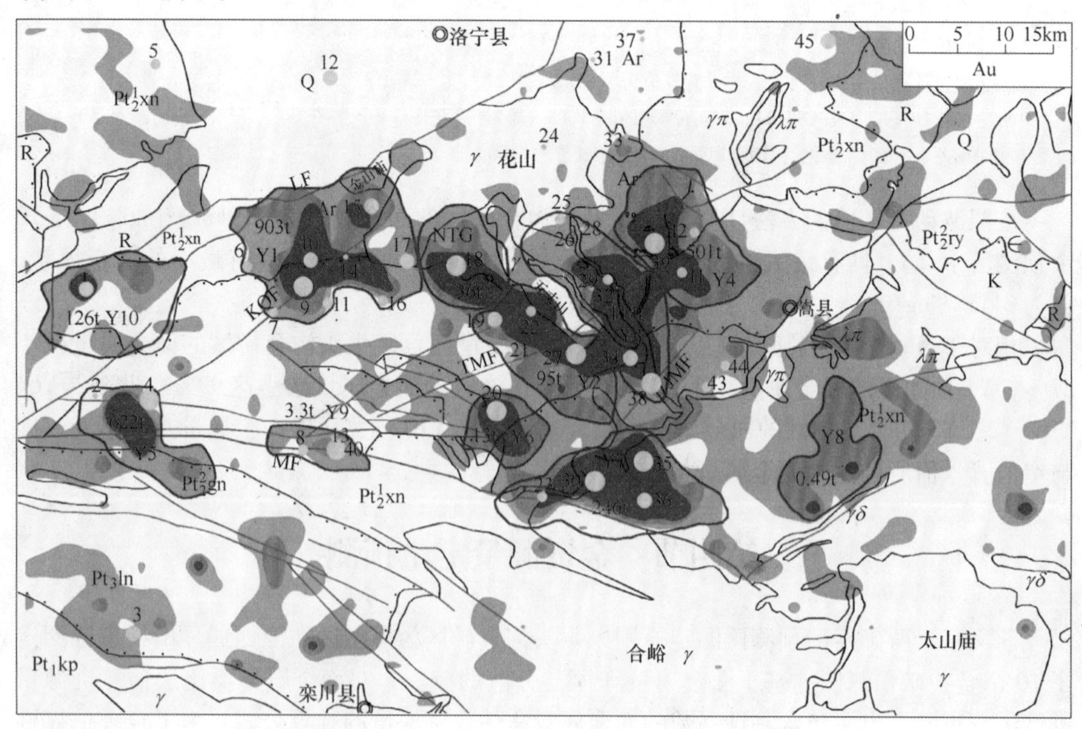

图8-6 豫西熊耳山矿集区金找矿预测区金资源量

上述基于修正的面金属量类比法从勘查地球化学的角度对豫西熊耳山矿集区的潜在金资源量进行了估算，建立了勘查地球化学对矿产资源潜力评价的方法技术和工作流程。这为其他矿集区金属资源量地球化学定量预测提供了技术参考。

通过图8－6中金矿床与地球化学定量预测的结果对比可以发现，部分预测区如Y9内已发现有红庄大型金矿床（侯红星和张德会 2014），Y6内已发现有北岭大型金矿床（孟宪峰 2011）等，这与地质结果存在明显的出入。因此地球化学定量预测的方法技术仍需要进一步完善，如波动背景值的计算，类比参数由简单比例系数向线性系数或拟合系数的发展（需要多个模型区建模），成晕剥蚀系数的检验和改进等，这是今后地球化学定量预测研究的发展方向。

小 结

（1）依据主成矿元素与找矿指示元素的异常特征以及有色金属矿产信息确定了预测区的圈定原则，提出一种绘制地球化学综合异常图的方法，在豫西熊耳山矿集区内以牛头沟金矿区为模型区圈定10个金找矿预测区。

（2）通过面金属量守恒与分散特征分析提出面金属量的大小应该反映已剥蚀矿体的信息，基于剥蚀系数的概念修正了面金属量法估算金属资源量的计算公式（式（8－2）～式（8－7））。

（3）提出成晕剥蚀系数的概念，基于金矿床原生晕经验分带规律构建了金矿体成晕剥蚀系数的计算方法（式（8－18）～式（8－21）或式（8－11）～式（8－14）），进而计算了牛头沟金矿区及10个金预测区的成晕剥蚀系数。

（4）借鉴风化过程中金背景值与样品风化指标WIG的定量关系，计算了牛头沟金矿区及10个金预测区的金背景面，改进了面金属量的计算方法（式（8－22）～式（8－24））。

（5）以牛头沟金矿区为模型区，采用修正的面金属量法估算了熊耳山矿集区10个金找矿预测区的金资源量，包含模型区金潜在资源量约为2660t。

结　语

本书以实例形式提出了典型矿床地球化学建模的工作流程及矿集区金属资源量地球化学定量预测的方法技术。

典型矿床地球化学建模的内容主要包括矿床基本信息、矿区地质特征与勘查概况、区域及矿区岩石－蚀变岩－矿石地球化学特征、矿区土壤与水系沉积物调查地球化学特征等，最终确定典型矿床在不同采样介质中的地球化学找矿指示元素组合及其含量与继承性特征，为矿集区寻找类似矿床提供指导。豫西牛头沟金矿的地球化学找矿模型见表1。

表1　豫西牛头沟金矿地球化学找矿模型

序号	分　类	项目名称	项　目　描　述
1	基本信息	经济矿种	金
2	基本信息	矿床名称	河南牛头沟金矿床
3	基本信息	行政隶属地	河南省嵩县
4	基本信息	矿床规模	大型
5	基本信息	中心坐标经度	111.73°
6	基本信息	中心坐标纬度	34.18°
7	基本信息	经济矿种资源量	36t
8	基本信息	矿体出露状态	出露
9	地质特征	矿床类型	蚀变岩型－角砾岩型
10	地质特征	矿区地层与赋矿建造	太华群斜长片麻岩、熊耳群安山岩，二者均为赋矿建造
11	地质特征	矿区岩浆岩	五丈山花岗岩基、花岗斑岩与石英斑岩脉、角砾岩体
12	地质特征	矿区构造与控矿要素	发育北西向、北东向和近南北向三组断裂，北西向断裂为主控岩控矿断裂，断裂交汇处矿体或矿化增强
13	地质特征	矿体空间形态	受断裂破碎带控制，呈硅化体或脉状；受角砾岩体形态控制，透镜状、囊状
14	地质特征	矿石类型	蚀变岩型、角砾岩型和石英脉型
15	地质特征	矿石矿物	主要为黄铁矿，其次为黄铜矿、方铅矿、闪锌矿、辉钼矿、磁铁矿等
16	地质特征	矿区矿化蚀变	矿化蚀变主要有黄铁矿化、黄铜矿化、方铅矿化、辉钼矿化等；围岩蚀变主要有钾长石化、硅化、绿帘石化、绿泥石化、高岭土化、碳酸岩化等
17	地球化学特征	区域岩石	与上陆壳相比：富集热液成矿元素 Au、Ag，大离子亲石元素 Sr、Ba，高场强元素 Th、La，运矿元素 F，其富集系数均大于1.2
18	地球化学特征	蚀变岩与矿石	与区域岩石相比：富集 W、Mo、Bi、Cu、Pb、Zn、Cd、Au、Ag、As、Sb、Hg、Co、Y、F 共15项元素

续表 1

序号	分类	项目名称	项 目 描 述
19	地球化学特征	矿区土壤剖面	与中国土壤相比，富集 W、Mo、Bi、Cu、Pb、Zn、Cd、Au、Ag、F、Co、Sr、Ba 共 13 项元素，其富集系数均大于 1.2
20	地球化学特征	矿区化探普查	1. 与中国水系沉积物相比，富集 W、Mo、Bi、Cu、Pb、Zn、Cd、Au、Ag、Hg、F、Co、V、Cr、Sr、Ba、Y 共 17 项元素，其富集系数均大于 1.4； 2. 找矿指示元素组合为 Au、W、Mo、Bi、Cu、Pb、Zn、Cd、Ag、As、Sb、Hg、F、Co、Y 共 15 项
21	地球化学特征	区域化探	1. 与中国水系沉积物相比，富集 Au、W、Mo、Bi、Pb、Zn、Cd、Ag、F、Co、Sr、Ba、Nb、Th 共 14 项元素，其富集系数均大于 1.4； 2. 找矿指示元素组合为 Au、W、Mo、Bi、Pb、Zn、Ag、Co、Y、F 共 10 项

注：上陆壳元素含量数据引自 Taylor 和 McLennan（1995），其中 P、Hg、F 数据引自鄢明才和迟清华（1997）华北地台数据；中国土壤数据、中国水系沉积物数据引自迟清华和鄢明才（2007）。

在典型矿床地球化学找矿模型的基础上开展矿集区内同类矿产潜在资源量地球化学定量预测。金属矿产潜在资源量定量估算方法主要为面金属量类比法。在面金属量守恒与分散特征分析的基础上，本书指出面金属量的大小应该反映已剥蚀矿体的信息，基于剥蚀系数的概念修正了面金属量法估算金属资源量的计算公式。为了定量表征矿体的剥蚀程度，本书提出了成晕剥蚀系数的概念及其计算公式。以豫西熊耳山矿集区为例，本研究在熊耳山矿集区内圈定了 10 个金预测区，依据修正的面金属量法估算金属资源量的计算公式，对矿集区内金潜在资源量进行了地球化学定量预测。

在上述两项成果的研究过程中，本书附带提出以下几点认识：

（1）基于 Y 与 Ho 的相似地球化学性质提出了依据 La、Y 数据来推测样品稀土元素配分曲线形态的方法技术，其前提假设是从轻稀土到重稀土配分曲线呈现出规律性的变化趋势且不考虑铕异常，为样品物源示踪提供参考。

（2）发现片麻岩风化土壤风化程度从粗粒级到细粒级逐渐增强，但随着土壤样品粒度逐渐变细安山岩的风化程度却未表现出逐渐增强的特征。这种差异主要取决于基岩样品的结构（即结晶粒度），由此认为土壤样品粒级的粗细并不能较好地反映其风化程度的强弱。从基岩风化到土壤再到水系沉积物的地球化学过程中，样品的风化程度可用花岗岩风化指标 WIG 来进行定量表征。对于源自同一母岩的土壤样品，微量元素在其中的含量因其风化程度不同可表现出显著差异，这对勘查地球化学研究中确定元素异常下限具有重要参考价值。

（3）依据主成矿元素与找矿指示元素的异常特征以及有色金属矿产信息提出了圈定找矿预测区的原则；提出一种绘制地球化学综合异常图的方法。

尽管本项目修正了目前地球化学定量预测中所使用的面金属量类比法计算公式，但地球化学定量预测的方法技术仍需要我们今后共同来检验、完善和创新。如风化作用对背景值的影响；不同工作比例尺对面金属量守恒与分散的影响；类比参数由简单比例系数向线性系数或拟合系数的发展（需要多个模型区建模）；成晕剥蚀系数的检验和改进等，这是今后地球化学定量预测研究的发展方向。

参考文献

Celenk O, Clark A L, de Vletter D R. 1978. Workshop on abundance estimation [J]. Mathematical Geology, 10 (5): 473 - 480.

Chen Y Q, Huang J N, Liang Z. 2008. Geochemical characteristics and zonation of primary halos of Pulang porphyry copper deposit, Northwestern Yunnan province, Southwestern China [J]. Journal of China University of Geosciences, 19 (4): 371 - 377.

Deng J, Gong Q J, Wang C M, et al. 2014. Sequence of Late Jurassic - Early Cretaceous magmatic - hydrothermal events in the Xiong' ershan region, Central China: an overview with new zircon U - Pb geochronology data on quartz porphyries [J]. Journal of Asian Earth Sciences, 79: 161 - 172.

Deng X H, Chen Y J, Santosh M, et al. 2013. Genesis of the 1.76 Ga Zhaiwa Mo - Cu and its link with the Xiong' er volcanics in the North China Craton: implications for accretionary growth along the margin of the Columbia supercontinent [J]. Precambrian Research, 227: 337 - 348.

Gong Q J, Deng J, Wang C M, et al. 2013. Element behaviors due to rock weathering and its implication to geochemical anomaly recognition: a case study on Linglong biotite granite in Jiaodong peninsula, China [J]. Journal of Geochemical Exploration, 128: 14 - 24.

Gong Q J, Deng J, Yang L Q, et al. 2011. Behavior of major and trace elements during weathering of sericite - quartz schist [J]. Journal of Asian Earth Sciences, 42: 1 - 13.

Gong Q J, Zhang G X, Zhang J, et al. 2010. Behavior of REE fractionation during weathering of dolomite regolith profile in Southwest China [J]. Acta Geologica Sinica (English Edition), 84 (6): 1439 - 1447.

Han Y G, Zhang S H, Pirajno F et al. 2007a. Evolution of the Mesozoic granites in the Xiong' ershan - Waifangshan region, western Henan province, China, and its tectonic implications [J]. Acta Geologica Sinica, 81 (2): 253 - 265.

Han Y G, Li X H, Zhang S H, et al. 2007b. Single grain Rb - Sr dating of euhedral and cataclastic pyrite from the Qiyugou gold deposit in western Henan, central China [J]. Chinese Science Bulletin, 52 (13): 1820 - 1826.

Han Y G, Zhang S H, Pirajno F, et al. 2013. U - Pb and Re - Os isotopic systematics and zircon Ce^{4+}/Ce^{3+} ratios in the Shiyaogou Mo deposit in eastern Qinling, central China: insights into the oxidation state of granitoids and Mo (Au) mineralization [J]. Ore Geology Reviews, 55: 29 - 47.

Hawkes H E. 1976. The downstream dilution of stream sediment anomalies [J]. Journal of Geochemical Exploration, 6 (1 - 2): 345 - 358.

He Y H, Zhao G C, Sun M, et al. 2009. SHRIMP and LA - ICP - MS zircon geochronology of the Xiong' er volcanic rocks: implications for the Paleo - Mesoproterozoic evolution of the southern margin of the north China craton [J]. Precambrian Research, 168: 213 - 222.

Kröner A, Compston W, Zhang G W, et al. 1988. Age and tectonic setting of late Archean greenstone - gneiss terrain in Henan province, China, as revealed by single - grain zircon dating [J]. Geology, 16: 211 - 215.

Li N, Chen Y J, Pirajno F, et al. 2012. LA - ICP - MS zircon U - Pb dating, trace element and Hf isotope geochemistry of the Heyu granite batholith, eastern Qinling, central China: implications for Mesozoic tectonomagmatic evolution [J]. Lithos, 142 - 143: 34 - 47.

Li N, Chen Y J, Santosh M, et al. 2011. The 1.85 Ga Mo mineralization in the Xiong' er Terrane, China: implications for metallogeny associated with assembly of the Columbia supercontinent [J]. Precambrian Research, 186: 220 - 232.

Li Y F, Mao J W, Guo B J, et al. 2004. Re - Os dating of molybdenite from the Nannihu Mo (- W) orefield in the east Qinling and its geodynamic significance [J]. Acta Geologica Sinica, 78 (2): 463 - 470.

Liu C M, Xu W S. 1995. Primary geochemical anomalies in the Caijiaying Pb－Zn－Ag deposits, Hebei, China ［J］. Journal of Geochemical Exploration, 55: 25－32.

Mao J W, Xie G Q, Pirajno F, et al. 2010. Late Jurassic－Early Cretaceous granitoid magmatism in eastern Qinling, central－eastern China: SHRIMP zircon U－Pb ages and tectonic implications ［J］. Australian Journal of Earth Sciences, 57: 51－78.

Meng Q R, Zhang G W. 2000. Geologic framework and tectonic evolution of the Qinling orogen, central China ［J］. Tectonophysics, 323: 183－196.

Peng P, Zhai M G, Ernst R E, et al. 2008. A 1.78 Ga large igneous province in the north China craton: the Xiong' er volcanic province and the North China dyke swarm ［J］. Lithos, 101: 260－280.

Tang K F, Li J W, Selby D, et al. 2013. Geology, mineralization, and geochronology of the Qianhe gold deposit, Xiong' ershan area, southern North China craton ［J］. Miner Deposita, 48: 729－747.

Taylor S R, McLennan S M. 1995. The geochemical evolution of the continental crust ［J］. Reviews of Geophysics, 33 (2): 241－265.

Wang Z L, Gong Q J, Sun X, et al. 2012. LA－ICP－MS zircon U－Pb geochronology of quartz porphyry from the Niutougou gold deposit in Songxian county, Henan province ［J］. Acta Geologic Sinica, 86 (2): 370－382.

Ye H S, Mao J W, Li Y F, et al. 2008. SHRIMP zircon U－Pb and molybdenite Re－Os datings of the superlarge Donggou porphyry molybdenum deposit in the East Qingling, China, and its geological implications ［J］. Acta Geologica Sinica－English Edition, 82: 134－145.

Zhao T P, Zhai M G, Xia B, et al. 2004. Zircon U－Pb SHRIMP dating for the volcanic rocks of the Xiong' er Group: constraints on the initial formation age of the cover of the North China craton ［J］. Chinese Science Bulletin, 49 (23): 2495－2502.

Zhao T P, Zhou M F, Zhai M G, et al. 2002. Paleoproterozoic rift－related volcanism of the Xiong' er group, North China craton: implications for the breakup of Columbia ［J］. International Geology Review, 44: 336－351.

白德胜，郭景会，冯有利，等. 2007. 河南省嵩县东湾—蛮峪金矿床地质特征及找矿意义［J］. 资源调查与环境，28（4）：278－284.

毕献武，骆庭川. 1995. 洛宁花山岩体地球化学特征及成因的探讨［J］. 矿物学报，15（4）：433－441.

曹月怀，董方灵，徐青峰，等. 2010. 河南栾川三合金矿矿床地质特征及矿床成因研究［J］. 矿产与地质，24（5）：414－418.

陈书中. 2010. 洛宁县金鸡山金矿床地质特征及成因探讨［J］. 内蒙古科技与经济，（2）：101－102.

陈小丹，叶会寿，毛景文，等. 2011. 豫西雷门沟斑岩钼矿床成矿流体特征及其地质意义［J］. 地质学报，85（10）：1629－1643.

陈衍景，富士谷. 1992. 豫西金矿成矿规律［M］. 北京：地震出版社，1－234.

程广国，徐孟罗，王志光. 1997. 河南瑶沟金矿矿床地球化学特征及成矿预测模型［J］. 有色金属矿产与勘查，6（2）：100－105.

程乃福，李玉松，黄博. 2011. 安徽省蔡家山金异常远景潜力地球化学追踪研究［J］. 矿产与地质，25（4）：295－301.

程书乐，王怀智，胡静，等. 2011. 河南省砂金矿床地质特征［J］. 地质找矿论丛，26（1）：46－50.

迟清华，鄢明才. 2007. 应用地球化学元素丰度数据手册［M］. 北京：地质出版社，1－148.

戴宝章，蒋少涌，王孝磊. 2009. 河南东沟钼矿花岗斑岩成因：岩石地球化学、锆石 U－Pb 年代学及 Sr－Nd－Hf 同位素制约［J］. 岩石学报，25（11）：2889－2901.

邓小华，陈衍景，姚军明，等. 2008. 河南省洛宁县寨凹钼矿床流体包裹体研究及矿床成因［J］. 中国地质，35（6）：1250－1266.

邓小万，何邵麟，陈智，等. 2004. 贵州东部地球化学块体特征及找矿潜力分析［J］. 矿产与地质，18

(4)：318－322.

丁汉铎，王清利.2010. 河南省洛宁县西青岗坪地区地球化学异常及成矿前景［C］. 南宁：全国成矿理论与深部找矿新方法及勘查开发关键技术交流研讨会，51－59.

丁建华，肖克炎，刘锐，等.2007. 区域资源定量评价中面金属量法的应用——以东天山为例［J］. 矿床地质，26（2）：203，230－236.

丁连芳.1996. 豫西太华群微体植物的发现及其意义［J］. 地质论评，42（5）：459－464.

范宏瑞，谢奕汉，王英兰.1994. 豫西花山花岗岩基岩石学和地球化学特征及其成因［J］. 岩石矿物学杂志，13（1）：19－32.

付治国，靳拥护，燕长海，等.2008. 河南汝阳老代仗沟铅锌矿床趋势分析及成因研究［J］. 华南地质与矿产，（3）：29－39.

高建京，毛景文，陈懋弘，等.2011. 豫西铁炉坪银铅矿床矿脉构造解析及近矿蚀变岩绢云母$^{40}Ar-^{39}Ar$年龄测定［J］. 地质学报，85（7）：1172－1187.

高建京.2007. 豫西沙沟脉状 Ag－Pb－Zn 矿床地质特征和成矿流体研究［D］. 北京：中国地质大学（北京），1－91.

高林志，尹崇玉，王自强.2002. 华北地台南缘新元古代地层的新认识［J］. 地质通报，21（3）：130－135.

高昕宇，赵太平，原振雷，等.2010. 华北陆块南缘中生代合峪花岗岩的地球化学特征与成因［J］. 岩石学报，26（12）：3485－3506.

高亚龙，张江明，叶会寿，等.2010. 东秦岭石窑沟斑岩钼矿床地质特征及辉钼矿 Re－Os 年龄［J］. 岩石学报，26（3）：729－739.

高亚龙.2009. 东秦岭萑香洼金矿矿床地质及稳定同位素特征［J］. 矿物学报，（增）：10－12.

高阳，李永峰，郭保健，等.2010. 豫西嵩县前范岭石英脉型钼矿床地质特征及辉钼矿 Re－Os 同位素年龄［J］. 岩石学报，26（3）：757－767.

龚鹏，李娟，胡小梅，等.2012. 区域地球化学定量预测方法技术在矿产资源潜力评价中的应用［J］. 地质论评，58（6）：1101－1109.

龚鹏，马振东.2013. 矿产预测中区域化探异常的识别和评价［J］. 地球科学——中国地质大学学报，38（增）：113－125.

贡二辰.2008. 河南省洛宁县蒿坪沟银金多金属矿区地质特征及找矿方向分析［J］. 地质与勘探，44（1）：21－25.

关保德.1996. 河南华北地台南缘前寒武纪—早寒武世地质和成矿［M］. 武汉：中国地质大学出版社，1－330.

郭保健，李永峰，王志光，等.2005. 熊儿山 Au－Ag－Pb－Mo 矿集区成矿模式与找矿方向［J］. 地质与勘探，41（5）：43－47.

郭保健，徐孟罗，王志光，等.1997. 熊耳山北坡拆离断层带地球化学特征及其与金银矿化的关系［J］. 矿产与地质，11（1）：20－25.

郭波，朱赖民，李犇，等.2009. 华北陆块南缘华山和合峪花岗岩岩体锆石 U－Pb 年龄、Hf 同位素组成与成岩动力学背景［J］. 岩石学报，25（2）：265－281.

郭东升，陈衍景，祁进平.2007. 河南祈雨沟金矿同位素地球化学和矿床成因分析［J］. 地质论评，53（2）：217－228.

韩东昱，龚庆杰，向运川.2004. 区域化探数据处理的几种分形方法［J］. 地质通报，23（7）：714－719.

何邵麟，程国繁，刘应忠，等.2007. 黔西南金地球化学块体资源潜力与找矿方法研究［J］. 矿物学报，27（3－4）：477－482.

何世平，王洪亮，陈隽璐，等.2007. 北秦岭西段宽屏岩群斜长角闪岩锆石 LA－ICP－MS 测年及其地质意义［J］. 地质学报，81（1）：79－87.
河南省地质矿产局. 1989. 河南省区域地质志［M］. 北京：地质出版社，1－774.
侯红星，聂凤莲. 2006. 河南省狮子庙金矿田金矿成矿特征及找矿方向［J］. 地质找矿论丛，21（增）：43－47.
侯红星，张德会. 2014. 熊耳山地区红庄金矿床地质特征及成因［J］. 矿床地质，33（2）：350－360.
胡受奚，林潜龙，陈泽铭，等. 1988. 华北与华南古板块拼合带地质和成矿（以东秦岭—桐柏为例）［M］. 南京：南京大学出版社，1－558.
胡云绪，付嘉媛. 1982. 陕西洛南上前寒武系高山河组的微古植物群及其地层意义［J］. 中国地质科学院西安地质矿产研究所所刊，（4）：102－113.
黄萱，吴利仁. 1990. 陕西地区岩浆岩 Nd、Sr 同位素特征及其与大地构造发展的联系［J］. 岩石学报，（2）：1－11.
贾玉杰，龚庆杰，韩东昱，等. 2013. 化探方法技术之取样粒度研究——以豫西牛头沟金矿 1∶5 万化探普查为例［J］. 地质与勘探，49（5）：928－938.
蒋干清，周洪瑞，王自强. 1994. 豫西栾川地区栾川群的层序、沉积环境及其构造古地理意义［J］. 现代地质，8（4）：430－440.
靳遂道，高金民，雷新喜. 2013. 庄沟矿区铅锌矿矿床成因及找矿标志［J］. 内蒙古科技与经济，（4）：41，43.
康太翰，于洪顺. 1997. 利用异常元素水平分带序列评价矿床剥蚀程度——以兰家、八台岭、官马金矿为例［J］. 吉林地质，16（1）：57－62.
孔宏杰，张宇宏，程喜梅. 2011. 河南省嵩县万村金矿床地质特征及成矿规律分析［J］. 科技风，（12）：107.
雷振宇，周洪瑞，王自强. 1996. 豫西中元古代汝阳群层序地层初步研究［J］. 地球科学——中国地质大学学报，21（3）：272－276.
李国平，郭保健，李永峰. 2012. 河南小池沟金矿区脉状矿体空间分布规律研究［J］. 矿产勘查，3（6）：795－803.
李惠，张文华，刘宝林，等. 1999a. 中国主要类型金矿床的原生晕轴向分带序列研究及其应用准则［J］. 地质与勘探，35（1）：32－35.
李惠，张文华，刘宝林，等. 1999b. 金矿床轴向地球化学参数叠加结构的理想模式及其应用准则［J］. 地质与勘探，35（6）：40－43.
李惠，张文华，常凤池. 1999c. 大型、特大型金矿盲矿预测的原生叠加晕理想模型［J］. 地质找矿论丛，14（3）：25－33.
李惠，张文华，常凤池，等. 1999d. 金矿盲矿预测的原生晕轴向“反（向）分带”和地化参数轴向“转折”准则［J］. 桂林工学院学报，19（2）：114－117.
李诺，陈衍景，孙亚莉，等. 2009a. 河南鱼池岭钼矿床辉钼矿铼－锇同位素年龄及地质意义［J］. 岩石学报，25（2）：413－421.
李诺，陈衍景，倪智勇，等. 2009b. 河南省嵩县鱼池岭斑岩钼矿床成矿流体特征及其地质意义［J］. 岩石学报，25（10）：2509－2522.
李潘科，付法凯，汪江河，等. 2008. 河南省栾川县元岭金矿中深部找矿方向探讨［J］. 地质调查与研究，31（2）：113－118.
李钦仲，杨应章，贾金昌. 1985. 华北地台南缘（陕西部分）晚前寒武纪地层研究［M］. 西安：西安交通大学出版社，1－191.
李通国，王忠，张宏强. 2006. 应用地球化学块体预测西秦岭地区银资源量［J］. 物探与化探，30（6）：482－487.

李新，窦瑞月，刘申芬，等. 2008. 河南省栾川县大清沟钼矿成矿特征及找矿［J］. 资源环境与工程，22（3）：310－315.

李亚林，高风泉. 1997. 从豫西熊耳群金矿地质特征看陕西熊耳群找矿方向与前景［J］. 陕西地质，15（1）：51－59.

李永峰，毛景文，刘敦一，等. 2006. 豫西雷门沟斑岩钼矿 SHRIMP 锆石 U－Pb 和辉钼矿 Re－Os 测年及其地质意义［J］. 地质论评，52（1）：122－131.

李永峰. 2005. 豫西熊耳山地区中生代花岗岩类时空演化与钼（金）成矿作用［D］. 北京：中国地质大学（北京），1－135.

林慈銮. 2006. 河南鲁山地区太古代片麻岩系的地球化学、锆石年代学及其构造环境［D］. 西安：西北大学，1－82.

刘大文，谢学锦，严光生，等. 2002. 地球化学块体的方法技术在山东金资源潜力预测中的应用［J］. 地球学报，23（2）：169－174.

刘大文，谢学锦. 2005. 基于地球化学块体概念的中国锡资源潜力评价［J］. 中国地质，32（1）：25－32.

刘大文. 2002. 地球化学块体的概念及其研究意义［J］. 地球化学，31（6）：539－548.

刘国华，许令兵. 2012. 河南栗子沟金—银（铅）矿成矿特征及找矿方向［J］. 矿产勘查，3（3）：325－329.

刘国营，刘国庆. 2009. 青岗坪金矿床地质特征及成因探讨［J］. 桂林工学院学报，29（3）：323－326.

刘红樱，周顺之，胡受奚. 1996. 熊耳群及其金成矿背景研究中存在的几个问题［J］. 地质找矿论丛，11（4）：1－12.

刘玉清. 2009. 嵩县油路沟铅矿区矿床成因浅析［J］. 郑州：河南地球科学通报，120－123.

卢欣祥，尉向东，董有，等. 2004. 小秦岭—熊耳山地区金矿特征与地幔流体［M］. 北京：地质出版社，1－128.

卢映祥，薛顺荣，肖克炎，等. 2010. 面金属量法在香格里拉地区铜多金属矿资源潜力定量评价应用［J］. 地质与勘探，46（2）：238－243.

罗建民，侯云生，张新虎，等. 2006. 甘肃省金矿资源预测模型及潜力评价［J］. 矿床地质，25（1）：53－59.

骆文轩. 2008. 河南洛宁范庄金银多金属矿地质特征及成矿预测研究［D］. 长沙：中南大学，1－86.

马红义，吕伟庆，张云政，等. 2007. 河南汝阳东沟超大型钼矿床地质特征及找矿标志［J］. 地质与勘探，43（4）：1－7.

马丽芳，乔秀夫，闵隆瑞，等. 2002. 中国地质图集［M］. 北京：地质出版社，94－95.

马云涛，龚庆杰，韩东昱，等. 2015. 安山岩风化过程中元素行为——以豫西熊耳山地区为例［J］. 地质与勘探，51（3）：545－554.

马振东，龚鹏，胡小梅，等. 2014. 中国铜矿地质地球化学找矿模型及地球化学定量预测方法研究［M］. 武汉：中国地质大学出版社，1－444.

毛景文，谢桂清，张作衡，等. 2005. 中国北方中生代大规模成矿作用的期次及其地球动力学背景［J］. 岩石学报，21（1）：169－188.

门道改，伏雄，许旷忠，等. 2012. 河南省西峡县土门金铁矿床地质特征及成因初探［J］. 中国科技信息，（15）：42－43.

孟宪锋. 2011. 河南省栾川县北岭金矿区地球化学特征［J］. 黄金，32（6）：9－12.

潘磊，韩靖龙. 2012. 洛宁七里坪金矿床地质特征及其成矿机理分析［J］. 环境科学，（5）：155.

裴玉华，严海麒，马雁飞. 2007. 河南嵩县—汝州熊耳群古火山机构与矿产的关系［J］. 华南地质与矿产，（1）：51－58.

朴寿成，孙景贵，江裕标，等．2005．内蒙金厂沟梁金矿床39号脉含矿性地球化学预测［J］．黄金，26（12）：11－15．

齐金忠，李汉光，葛良胜，等．2005．祈雨沟隐爆角砾岩型金矿床构造应力、成矿流体及元素地球化学［M］．北京：地质出版社，1－131．

乔秀夫，张德全，王雪英，等．1985．晋南西阳河群同位素年代学研究及其地质意义［J］．地质学报，（3）：258－269．

任富根，李惠民，殷艳杰，等．2000．熊耳群火山岩系的上限年龄及其地质意义［J］．前寒武纪研究进展，23（3）：140－146．

任富根，李维明，李增慧，等．1996．熊耳山—崤山地区金矿成矿地质条件和找矿综合评价模型［M］．北京：地质出版社，1－136．

任志媛．2012．小秦岭东部樊岔和义寺山金矿床地质矿化特征与矿床成因［D］．武汉：中国地质大学（武汉），1－106．

佘宏全，李光明，董英君，等．2009．西藏冈底斯多金属成矿带斑岩铜矿定位预测与资源潜力评价［J］．矿床地质，28（6）：803－814．

沈福农．1994．河南鲁山太华群不整合的发现和地层层序厘定［J］．中国区域地质，（2）：135－140，147．

师淑娟，王学求，宫进忠．2011．金的地球化学异常与金矿床规模之间关系的统计学特征——以河北省为例［J］．中国地质，38（6）：1562－1567．

石铨曾，陶自强，庞继群，等．1996．华北板块南缘栾川群研究［J］．华北地质矿产杂志，11（1）：51－59．

石铨曾，尉向东，李明立，等．2004．河南省东秦岭山脉北缘的推覆构造及伸张拆离构造［M］．北京：地质出版社，1－204．

宋要武．2002．河南省栾川县马圈一带银铅锌多金属找矿方向探讨［J］．前寒武纪研究进展，25（3－4）：179－182，189．

孙大中，胡维兴．1993．中条山前寒武纪年代构造格架和年代地壳结构［M］．北京：地质出版社，1－180．

佟依坤，龚庆杰，韩东昱，等．2014．化探技术之成矿指示元素组合研究——以豫西牛头沟金矿为例［J］．地质与勘探，50（4）：712－724．

王超，孙华山，曹新志，等．2006．山东招远上庄金矿原生晕特征及深部成矿预测［J］．金属矿山，（11）：54－56，75．

王海华，陈衍景，高秀丽．2001．河南康山金矿同位素地球化学及其对成岩成矿及流体作用模式的印证［J］．矿床地质，20（2）：190－198．

王少怀，张国兰，裴荣富．2010．紫金山矿集区铜地球化学块体特征及找矿潜力［J］．地球学报，31（1）：90－94．

王少怀．2011．紫金山矿集区地球化学异常特征及找矿潜力预测［J］．大地构造与成矿学，35（1）：156－160．

王卫星，曹淑萍，程绪江，等．2012．矿产资源地球化学定量预测在蓟县夕卡岩型铜矿中的应用［J］．地质找矿论丛，27（4）：463－468．

王卫星，邓军，龚庆杰，等．2010a．豫西熊耳山五丈山、花山、合峪花岗岩体与金成矿关系［J］．黄金，31（4）：12－17．

王卫星，龚庆杰，邓军，等．2010b．河南嵩县地区石英斑岩地质与地球化学特征研究［J］．地质与勘探，46（2）：323－330．

王希今，胡忠贤，李永胜，等．2007．黑龙江省滨东地区 Cu－Pb－Zn－W－As－Sb－Bi－Au－Ag 地球化学块体矿产资源潜力预测［J］. 地质与资源，16（2）：91－94.
王学求. 2003. 大型矿床地球化学定量评价模型和方法［J］. 地学前缘，10（1）：257－261.
王学仁，尹凤娟，李文厚，等. 1990. 华北地台西南缘的上前寒武系［M］. 西安：西北大学出版社，1－135.
王义天，毛景文，卢欣祥. 2001. 嵩县祈雨沟金矿成矿时代的40Ar－39Ar年代学证据［J］. 地质论评，47（5）：551－555.
王跃峰. 2000. 栾川群大红口组火山岩研究初探［J］. 河南地质，18（3）：181－189.
王长明，邓军，张寿庭，等. 2007. 河南萑香洼金矿原生晕地球化学特征和深部找矿预测［J］. 地质与勘探，43（1）：58－63.
王志光，崔亳，徐孟罗，等. 1997. 华北地块南缘地质构造演化与成矿［M］. 北京：冶金工业出版社，1－310.
王志光，张录星. 1999. 熊耳山变质核杂岩构造研究及找矿进展［J］. 有色金属矿产与勘查，8（6）：388－392.
王子刚，杨怀辉，陈小生. 2012. 浅析虎沟金矿床金矿围岩蚀变类型及找矿意义［J］. 甘肃冶金，34（5）：56－62.
魏明秀. 2011. 山东界河金矿小涝洼矿区地球化学找矿研究［J］. 矿产与地质，15（1）：44－50.
魏庆国，姚军明，赵太平，等. 2009. 东秦岭发现～1.9Ga 钼矿床——河南龙门店钼矿床 Re－Os 定年［J］. 岩石学报，25（11）：2747－2751.
翁纪昌，高生淮，石聪，等. 2008. 栾川上房沟特大型钼矿床蚀变分带规律研究［J］. 中国钼业，32（3）：16－24.
翁纪昌，张云政，黄超勇，等. 2010. 栾川三道庄特大型钼钨矿床地质特征及矿床成因［J］. 地质与勘探，46（1）：41－48.
吴发富，龚庆杰，石建喜，等. 2012. 熊耳山矿集区金矿控矿地质要素分析［J］. 地质与勘探，48（5）：865－875.
吴新国，李文宣. 1994. 河南瑶沟金矿床形成机理［J］. 河北地质学院学报，17（6）：532－540.
向君峰，裴荣富，叶会寿，等. 2012. 南泥湖—三道庄钼（钨）矿床成矿流体的碳氢氧同位素研究及其启示［J］. 中国地质，39（6）：1778－1789.
向运川，任天祥，牟绪赞，等. 2010. 化探资料应用技术要求［M］. 北京：地质出版社，1－82.
谢学锦，刘大文，向运川，等. 2002. 地球化学块体——概念和方法学的发展［J］. 中国地质，29（3）：225－233.
谢学锦. 1995. 用新观念与新技术寻找巨型矿床［J］. 科学中国人，（5）：14－16.
辛志刚. 2010. 嵩县松里沟金矿床成矿地质特征及找矿方向［J］. 河南理工大学学报（自然科学版），29（4）：475－478.
邢矿. 2005. 豫西南栾川群地层特征及其与铅锌矿成矿关系研究［D］. 北京：中国地质大学（北京），1－77.
徐红伟，杨九鼎，王国库. 2009. 河南省嵩县槐树坪金矿成矿地质特征及成因分析［J］. 河南理工大学学报（自然科学版），28（6）：719－726.
徐勇航，赵太平，张玉修，等. 2008. 华北克拉通南部古元古界熊耳群大古石组碎屑岩的地球化学特征及其地质意义［J］. 地质论评，54（3）：316－326.
徐志刚，陈毓川，王登红，等，2008. 中国成矿区带划分方案［M］. 北京：地质出版社，1－138.
薛良伟，原振雷，张荫树，等. 1995. 鲁山太华群 Sm－Nd 同位素年龄及其意义［J］. 地球化学，24（增）：92－97.
鄢明才，迟清华. 1997. 中国东部地壳与岩石的化学组成［M］. 北京：科学出版社，292.

闫磊 . 2012. 豫西熊耳山地区牛头沟金矿地质特征及地球化学找矿模型［D］. 北京：中国地质大学（北京），1 – 54.

闫全人，王宗起，闫臻，等 . 2008. 秦岭造山带宽坪群中的变铁镁质岩的成因、时代及其构造意义［J］. 地质通报，27（9）：1475 – 1492.

阎玉忠，朱士兴 . 1992. 山西永济白草坪组具刺疑源类的发现及其地质意义［J］. 微体古生物学报，9（3）：267 – 282.

颜正信 . 2012. 河南省吉家洼金矿床构造控矿规律及深部成矿潜力预测［J］. 地质调查研究，35（4）：247 – 252.

燕建设，王铭生，杨建朝，等 . 2000. 豫西马超营断裂带的构造演化及其与金等成矿的关系［J］. 中国区域地质，19（2）：166 – 171.

杨宏林，王瑞廷，郑强，等 . 2013. 陕西安康梅子铺金矿区化探异常剖析及找矿潜力分析［J］. 西北地质，46（4）：182 – 193.

杨式溥，周洪瑞 . 1995. 豫西前寒武纪汝阳群遗迹化石［J］. 地质论评，41（3）：205 – 210.

杨长秀 . 2008. 河南鲁山地区早前寒武纪变质岩系的锆石 SHRIMP U – Pb 年龄、地球化学特征及环境演化［J］. 地质通报，27（4）：517 – 533.

姚俭，何汉泉 . 1997. 诸暨铜岩山矿区剥蚀程度地球化学判别指标之研究［J］. 浙江地质，13（1）：64 – 71.

姚军明，赵太平，李晶，等 . 2009. 河南祈雨沟金成矿系统辉钼矿 Re – Os 年龄和锆石 U – Pb 年龄及 Hf 同位素地球化学［J］. 岩石学报，25（2）：374 – 384.

姚松明，韩光照，王中义，等 . 2013. 前河金矿田萁沟矿区构造特征及找矿方向［J］. 矿产与地质，27（5）：377 – 380.

姚伟宏，王志军 . 2006. 河南嵩县牛头沟金矿区断裂构造性质及其控矿作用探讨［J］. 黄金，27（5）：17 – 20.

叶会寿，毛景文，李永峰，等 . 2006. 豫西南泥湖矿田钼钨及铅锌银矿床地质特征及其成矿机理探讨［J］. 现代地质，20（1）：165 – 174.

叶会寿，毛景文，徐林刚，等 . 2008. 豫西太山庙铝质 A 型花岗岩 SHRIMP 锆石 U – Pb 年龄及其地球化学特征［J］. 地质论评，54（5）：699 – 711.

尹崇玉，高林志 . 1995. 中国早期具刺疑源类的演化及生物地层学意义［J］. 地质学报，69（4）：360 – 371.

印修章，胡爱珍 . 2004. 以闪锌矿标型特征浅论豫西若干铅锌矿成因［J］. 物探与化探，28（5）：413 – 417.

于伟 . 2011. 河南上宫金矿深部成矿特征及找矿预测［J］. 西部探矿工程，（7）：113 – 117.

翟雷，叶会寿，周珂，等 . 2012. 河南嵩县庙岭金矿地质特征与钾长石 $^{40}Ar/^{39}Ar$ 定年［J］. 地质通报，31（4）：569 – 576.

张国伟，孟庆任，于在平，等 . 1996. 秦岭造山带的造山过程及其动力学特征［J］. 中国科学（D 辑），26（3）：193 – 200.

张国伟，张本仁，袁学诚，等 . 2001. 秦岭造山带与大陆动力学［M］. 北京：科学出版社，1 – 863.

张荣国，夏广清 . 2010. 内蒙古达塞脱东区土壤地球化学异常特征及找矿效果［J］. 矿产与地质，24（4）：353 – 356，367.

张寿广，万渝生，刘国惠，等 . 1991. 北秦岭宽坪群变质地质［M］. 北京：北京科学技术出版社，1 – 119.

张宇宏，孔宏杰，朱连武 . 2011. 河南省嵩县马老石沟银矿区矿床地质特征与找矿方向［J］. 能源科技，（23）：222.

张元厚，张世红，韩以贵，等 . 2006. 华熊地块马超营断裂走滑特征及演化［J］. 吉林大学学报（地球科学版)，36（2)：169－176，193.

张智慧，涂恩照，台本华．2013. 河南嵩县店房金矿区稳定同位素特征及其深部成矿示踪意义[J]．黄金，34（9)：11－15.

赵鹏大，胡旺亮，李紫金．1994. 矿床统计预测［M］．北京：地质出版社，1－314.

赵太平，周美夫，金成伟，等．2001. 华北陆块南缘熊耳群形成时代讨论［J］．地质科学，36（3)：326－334.

郑榕芬．2006. 河南省熊耳山沙沟银铅锌矿床地质特征、矿物组合及银的富集规律研究［D］．北京：中国地质大学（北京)，1－87.

周珂，叶会寿，毛景文，等．2009. 豫西鱼池岭斑岩型钼矿床地质特征及其辉钼矿铼－锇同位素年龄［J］．矿床地质，28（2)：170－184.

周晓玉，张同林．2011. 嵩县大石门沟金矿床地质特征及找矿标志［J］．科技创新导报，(25)：96－97.

周晓玉，张同林．2012. 嵩县安沟铅矿床成矿地质特征及找矿标志［J］．河南地球科学通报，111－114.

周永恒，张璟，徐山，等．2011. 辽东地区硼找矿概率—地球化学块体资源评价［J］．地球科学——中国地质人学学报，36（4)：747－754.